高素质农民培育

—— 系列读物 ——

林下高效种植养殖模式及实用技术

陈泽雄　吕玉奎　主编

中国农业出版社

北　京

内 容 提 要

本书内容共分三篇。第一篇概述发展林下高效种植养殖的意义、林下高效种植养殖的发展原则和发展前景，第二篇着重介绍了林菜、林药、林菌、林花草、林油、林粮等六大类六十四小类的林下种植模式及技术要点，第三篇重点讲授了林禽、林畜、林特等三大类九小类的林下养殖模式及技术要点。

本书内容通俗易懂、新颖实用，可用作乡村农民学校高素质农民科技培训和林下种植、养殖企业技术培训教材，也可供广大林下种植户、养殖户和林下种植、养殖企业员工在生产过程中学习应用，以及基层林业技术推广人员和有关科技人员更新知识参考。

编辑委员会

主　编： 陈泽雄　吕玉奎

副主编： 李月文　闫　瑞

编　委（按姓氏拼音排序）：

陈泽雄　李月文　刘春生　吕玉奎

唐　静　王　玲　闫　瑞　杨文英

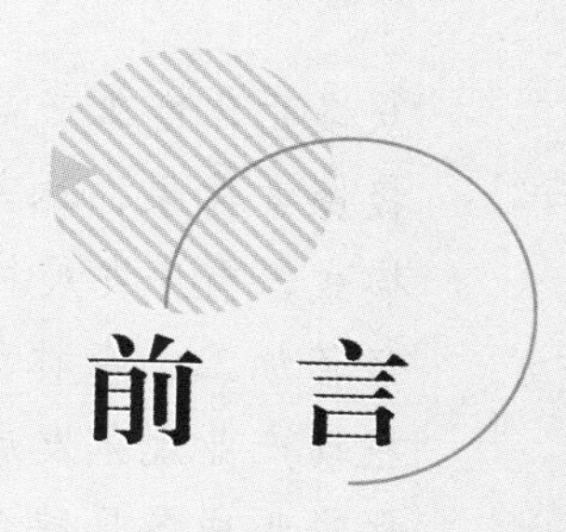

前　言

发展林下高效种植养殖业是借助林地的生态环境，合理利用林地的优良资源和林荫优势，以科技为支撑，在林下开展丰富多彩的林业、农业、牧业等生产经营活动，以实现农业、林业和牧业各业资源共享、优势互补、循环相生、协调发展的复合经营生态农业模式。2012 年 7 月 30 日印发的《国务院办公厅关于加快林下经济发展的意见》（国办发〔2012〕42 号），明确了要大力发展以林下种植、林下养殖、相关产品采集加工和森林景观利用等为主要内容的林下经济，并从加大投入力度、强化政策扶持、加大金融支持力度、加快基础设施建设、加强组织领导和协调配合等方面制定了政策措施。2020 年 11 月 18 日国家发展改革委、国家林草局、科技部、财政部、自然资源部、农业农村部、人民银行、市场监管总局、银保监会、证监会等 10 部门下发了《关于科学利用林地资源 促进木本粮油和林下经济高质量发展的意见》（发改农经〔2020〕1753 号），进一步明确了在保障森林生态系统质量前提下，积极发展林下种植养殖及相关产业。一是要充分利用林下空间，深入挖掘鸡、牛、猪、兔、蜂等优良地方品种资源潜力，将林下养殖统筹纳入畜禽良种培育推广、动物防疫、加工流通和绿色循环发展体系，促进林禽、林畜、林蜂等林下养殖业向规模化、标准化方向发展，更好满足人民群

众多元化畜禽产品消费需求。二是要紧密结合市场需求，积极探索林果、林药、林菌、林苗、林花等多种森林复合经营模式，有序发展林下种植业。三是要统筹推进林下产品采集、经营加工、森林游憩、森林康养等多种森林资源利用方式，推动产业规范发展。四是要全面提高优质生态产品供给能力，促进形成各具特色的、可持续的绿色产业体系。同时提出到2025年，林下经济年产值达1万亿元的目标。

目前，林下经济模式主要有林下种植和林下养殖两大类。林下高效种植养殖是发展林下经济、提高林地综合效益的有效措施和途径。十年树木是林业生产的基本特征。相对漫长的林木生产周期，对促进林业发展以及对退耕还林后农民增收致富是一个重要的制约因素。只有让林地早点下“金蛋”，才能更好地促进林业生态建设及产业发展，才能更好地以良好的经济效益巩固退耕还林成果，在兴林中富民，在富民中兴林。林下高效种植养殖模式正是林业快速发展的主要模式和新的亮点，也是维护国家生态安全和粮食安全两大战略的双赢选择，将对林业增产、林农增收、生态环境改善等发挥重要作用。

在国家林业和草原局、重庆市科技局的大力支持下，我们依托国家林业和草原局行业标准项目“双孢菇林下栽培技术规程”（2012－LY－154）、林业科技示范推广项目“林下食用菌循环利用技术示范推广”（渝林科推〔2009〕01号），重庆市科技局科技攻关项目“丰都县林下天麻种植配套技术研究与示范”（CSTC2010AC1187），基本科研业务专项“荣昌区麻竹林下套种中药材技术研究”（2013cstc-jbky-00705）等项目课题，完成了“重庆特色林下经济关键技术集成及产业化应用”项目，并于2017年7月荣获重庆市人民政府科技进步奖二等奖。为了更好地推广高效种植养殖新模式、新技术，结合近年来重庆林下经济研究、生产的学术成果和经验，编著了《林下高效种植养殖模式及实用技术》。

本书在编著过程中，得到了重庆文理学院、重庆市荣昌区林业局的大力支持，书中部分内容引自有关文献，在此一并致谢！

由于作者自身水平有限，本书遗漏、错误之处在所难免，尚祈读者批评指正。

编　者

2021年4月

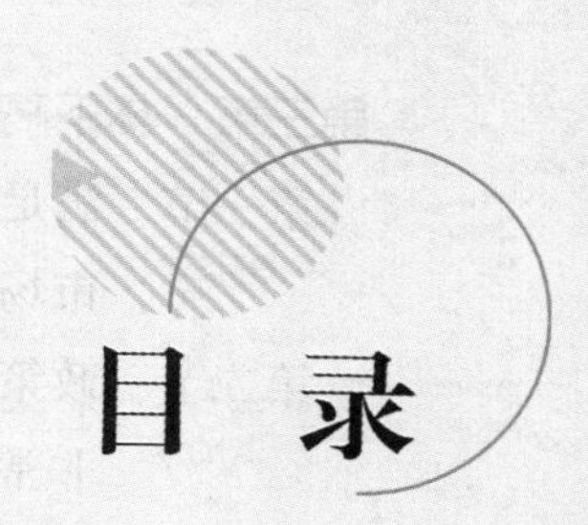

目录

第三篇　林下养殖

Part 01

第一篇 林下高效种植养殖概述

发展林下高效种植养殖，投入少、见效快、易操作、潜力大，对缩短林业经济周期，增加林业附加值，促进林业可持续发展，开辟林农增收渠道，发展循环经济，巩固生态建设成果，都具有重要意义。可以这么说，发展林下高效种植养殖，可使大地增绿、林农增收、企业增效、财政增源。

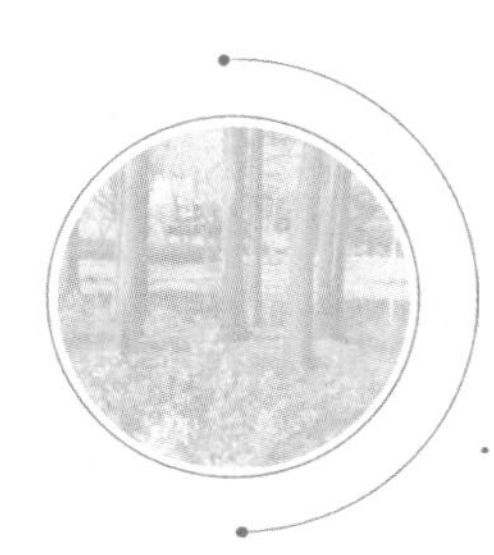

第一章 发展林下高效种植养殖的意义

林下高效种植养殖的目的在于提高持续稳定的生产力和保护生态环境，而不是破坏性地扩大自然资源的开发利用，这符合我国的可持续发展战略，因而在林业生产实践中大力推广林下高效种植养殖具有积极的现实意义。

第一节 带动周边相关行业发展，有利于提高林农的经济收入

当前，传统农业产品附加值较低，而且市场对传统农作物产品需求量不会有太大改变，农作物单产增加的空间已经很小，仅仅依靠单一的农作物生产实现增收的可能性不大，广大林农迫切需要转变生产观念，改换发展模式，开发多种经营。而充分开发利用闲置林下土地资源，发展林下高效种植养殖，实施林地多种复合经营，实现林下种植养殖的多样化产品生产和加工，不仅能够解决当前农村剩余劳动力就业问题，从而有效地实现林农增收，还能够改善传统家庭养殖模式下存在的环境污染问题，进而改善人居环境，让老百姓切实享受到林下高效种植养殖带来的实实在在的实惠。林下高效种植养殖具有模式多、品种多、投资少、周期短、见效快、产出高、操作简便等特点，可快速实现效

益提升，因而深受广大林农的热爱。

林区可以充分利用自身丰富的林业资源、林业生态良好、林下动植物及微生物种类丰富等有利条件，大力推广林下高效种植养殖模式，并注重与林区周边的服务、农产品加工及运输等相关产业统筹协调发展，让林农能够合理安排林业生产活动，进而有效利用农村劳动力资源，加快劳动力转化，使得林农在家门口就业、增收创富，切实提高林区居民经济收入。

第二节　保障生态资源可持续发展，有利于提升林地的综合效益

可持续发展一直是我国整体经济发展战略的首要目标。近年来，我国各级政府造林投入逐年加大，民间资金参与造林绿化的积极性不断提高，大户造林、企业造林、家庭造林、联营造林、社会团体造林等活动不断开展，全国林地面积和规模不断扩大，但森林资源培育生产周期长、经济效益低，又严重影响了社会造林积极性。想要更为充分地利用林地和进一步提高林地综合效益，那就只有改变传统单一的木材生产模式，通过发展林下高效种植养殖把单一林业引向复合林业，对林产资源和林地资源进行综合利用，使林业产业从单纯利用林产资源转向林产资源和林地资源结合利用，有效地拉长整个农林产业链条，使农林牧各业实现资源共享、协调发展，这样才能提高林地的综合利用效率及单位面积产值，实现林下经济利益的远近结合，协调发展，达到长期得林，近期得利，使林业产业得到持续长远的发展，而林下集约化经营又会在一定程度上反过来促进林业生产，形成生态产业和林业发展的良性循环。

当然，林下高效种植养殖业的发展，首先必须坚持生态优先，在确保不会对生态环境造成破坏的前提下实施，其次还必须

保证在林下种植养殖技术实施后能够有利于生态环境的保护，增强生态资源的循环再生功能，最后才考虑如何创造更多的经济价值。

林业收入的增加往往取决于林业产出，由于受各方面因素的限制，林业产量的提高十分有限，单单依靠增加林业产出来提高林业收入收效甚微。而充分利用林下空间较为广阔的优势，合理地利用林下闲置的土地和空间资源，发展林下高效种植养殖业，在不影响原本林业产出的前提下，开辟农民增收的新道路，能够显著增加林业附加值。这不仅是当前建设节约型社会以及循环经济发展的需求，同时也是促进林业经济可持续发展的方式，能够极大地促进林业资源利用率和林地产出率的提升，实现以短养长、长短结合、协调发展，从而促进林农增收，助力脱贫攻坚和乡村振兴。

第三节　缩短林业经济发展周期，助力国民经济整体持续发展

一般来说，林木从种植开始一直到成材采伐的生产周期都是比较长的，在成材采伐以前一般属于纯投入期，即投入大于产出，大多处于零收益甚至负收益状态。为了缓解林业投入资金紧张的状况，必须扩展经济收入来源，而发展林下高效种植养殖就是一种增加林业短期收益的可行性较高的措施。发展林下高效种植养殖，一方面能通过林下种植与林下养殖等方式提高林间土壤肥力，从而大幅度缩短林业经济发展周期；另一方面，可以合理利用有限的土地资源发展林下种植与养殖以提高林业产值，将林产资源扩展到林地资源，促进林业协调发展。此外，林下高效种植养殖属于集约化经营模式范畴，因此在促进林业可持续发展方面也发挥着积极的作用。

林下高效种植养殖是支撑各行各业及普通老百姓生活、生产等活动所需林业资源的重要来源，也是我国整体经济的主要项目。人民群众经济条件不断改善、生活水平不断提升，对木材、花卉、水果、中药材等农林业资源和木质制品的需求也日趋多样化，社会各行各业的生产经营发展也同样需要大量的木质制品或林业资源衍生品，因此，实现林下经济的可持续发展，也是实现社会经济均衡发展、促进整体经济可持续发展、带动当地人民群众经济增长的根本。

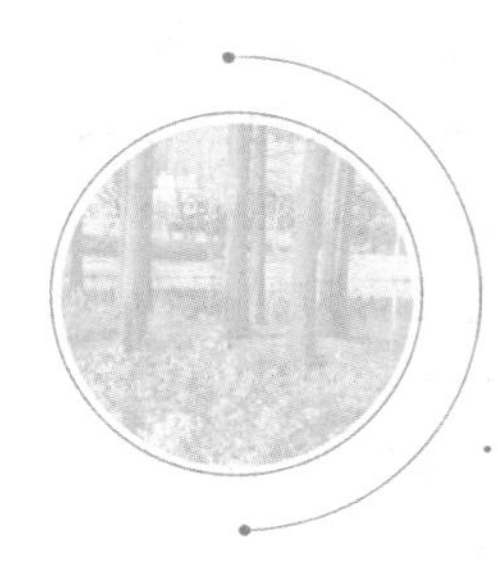

第二章 林下高效种植养殖发展原则

发展林下高效种植养殖的目的就是为了培育林区新的经济增长点，提高林地生产力，调整林业产业经济结构。发展林下高效种植养殖可以促使林业资源优势转变为产业优势，根据森林内原有的资源种类、环境条件进行多层次的林下经营结构规划。

发展林下高效种植养殖应该遵循：坚持生态优先，生态效益与经济效益协调发展的原则；坚持以人为本，政策扶持确保林农得到实惠的原则；坚持因地制宜，确保林下种植养殖发展符合实际的原则；坚持突出重点，确保林地综合效益持续提高的原则。

第一节 坚持生态优先，生态效益与经济效益协调发展的原则

发展林下高效种植养殖的初衷就是使现有的森林资源能够得到有效保护，并且只有在生态环境得到充分保护的前提下才能发展林下高效种植养殖。无论在林下种植何种作物或养殖何种动物，首先要保证林业资源的利用不会对生态环境造成破坏，在林下实施种植养殖技术后，能够有利于生态环境的保护，在这样的基础之上，再去创造更多的经济价值，才是最完善的，也是完全符合可持续发展要求的。

发展林下高效种植养殖，必须要将生态效益作为首要的安全底线。林下种植会造成一定的水土流失，使用化肥和农药会造成一定的污染，对林地进行清理时会造成树木幼苗受损，在林下放牧养殖时畜禽的践踏和啃食会导致林下植被特别是幼树的损伤从而影响树木的生长繁殖、导致林地表层土壤含水量和土壤结构等发生变化，但这些影响和变化都必须在森林生态系统可承受的范围内。当然，发展林下高效种植养殖的最终目的是在保护现有森林资源的前提下增加林农的收入。因此，无论采取哪种林下种植养殖模式，都应该在保护生态的前提下兼顾经济效益，也只有如此，才有可能推动林下高效种植养殖业的可持续发展。

第二节　坚持以人为本，政策扶持确保林农得到实惠的原则

林权制度改革后，林地大多数都已经确立了林权，并分散在每一个林农手中。因此，发展林下高效种植养殖时要充分尊重大多数林农的意愿，把决策权交给林农，保障广大林农的参与权、知情权和监督权，特别是在林地流转过程中，更要注重林农之间、林农与业主之间的利益协调。由于当前林下种植养殖业才刚刚起步，还有许多林地资源没有得到充分利用，林农对今后林下种植养殖的发展潜力也还没有认识到位，因此应该充分发动广大林农，带领广大林农多参观、多考察，提高他们的认识，并积极参与到林下高效种植养殖活动中，在林地资源得到充分保护的前提下，增加非林产收。同时，在发展林下种植养殖时，还要把林下种植户和林下养殖户的利益放在第一位，从政策上给予一定的扶持，让利于民。在坚决贯彻执行国家相关政策的基础上，尽量多争取出台一些地方政策，让扶持政策落到实处，让林下种植户和养殖户获得林下种植养殖所带来的实实在在的经济效益，充分

调动他们的积极性，不断扩大林下种植养殖规模，形成产业化经营。

第三节 坚持因地制宜，确保林下种植养殖发展符合实际的原则

以多山多丘陵的重庆为例（山地占 76%、丘陵占 18%），其东部、东南部和南部地势高，多为海拔 1 500 米以上的山地；西部地势低，大多为海拔 300～400 米的丘陵。由于地势起伏大，相对高差达 2 723.9 米，气候相差也较大，在发展林下种植养殖时，不可盲目借鉴外地经验，不能不加判断地引进物种进行种植或养殖，一定要针对森林所处区位、不同树种结构、不同林分结构、不同坡度，并充分考虑当地的土壤、气候等自然条件和交通、人口结构、消费习惯等因素，从物种的生物学特性与当地的生态学特性入手，结合当地企业与市场需求，合理确定林下高效种植养殖发展模式和发展规模，并请专家指导，具体分析和选择最适合当地发展的物种。

第四节 坚持突出重点，确保林地综合效益持续提高的原则

林下种植养殖其实是一种科学的经济活动，从物种选择到种植养殖技术的运用再到病虫害防治，都离不开专业技术知识的应用。林下种植养殖的成败关键在于专业技术的指导，只有运用科学技术的力量，通过不断的技术创新，才能真正实现林下经济价值与生态价值。适合林下高效种植养殖的品种众多，不可能全部都投入足够的人力、物力、财力去进行良种攻关，加之林区地势起伏大，气候差异也较大，森林类型多，适合发展的林下高效种

植养殖模式和品种必须根据当地土壤和气候等自然条件而确定。在广大林农长期的探索和林业科技工作者的不断研究中，各地积累了具有区域特色的林下种植养殖模式和经验，并通过“一县一业”或“一乡一品”的林下高效种植养殖实践，总结出了许多适合区域发展的成熟的林下高效种植养殖模式。各个区域在发展林下高效种植养殖时，应该首先突出能够体现本地特色的林下种植养殖这个重点，然后再逐步扶持筛选涉及面比较广或者是经济效益比较好的林下种植养殖模式技术进行研究、示范及推广，并从大局出发，作出长远规划，使种植养殖、加工、销售形成良好的产销衔接关系，持续提高林地综合生产效益，保持产前、产中、产后合作，让各方都能从中获得应有的利益，确保林下种植养殖模式的可持续发展，实现短期得利、长期得林的目标。

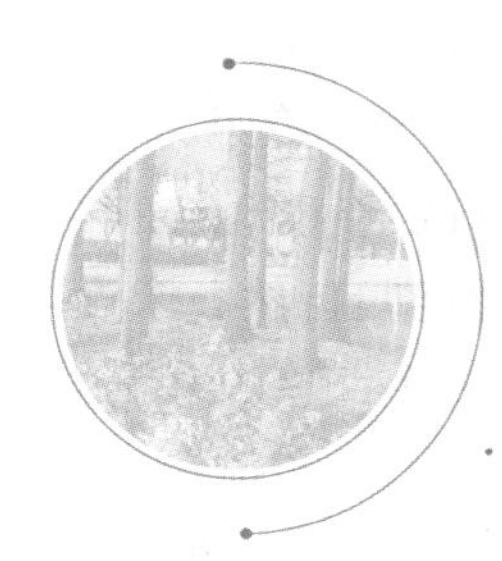

第三章 林下高效种植养殖的发展前景

林下种植养殖是一种既符合生态经济发展理念，又符合可持续发展理念的新兴产业。根据“近期得利、长期得林、远近结合、以短补长、协调发展”的原则，林下种植养殖发展了林菜、林药、林菌、林花草、林油、林粮等林下种植模式和林禽、林畜、林特等林下养殖模式，既有效弥补了传统林业“短板”，又充分利用了有限资源，最大限度地实现了经济效益和生态效益，其发展前景非常广阔。

通过优选林下高效种植养殖模式，按照“因地制宜、科学规划、合理布局、突出特色、讲求实效”的要求，实现林下种植养殖科学化、标准化、基地化和产业化，形成“上中下、短中长”的立体经营格局；以富民为目标，通过政策保障、技术服务和资金扶持，有效破解林农发展林下种植养殖难题，促进农村精准扶贫工作的深入开展。

第一节 满足社会日益增长的多样化需求的林下产品市场前景广阔

随着经济社会的不断发展，人民生活水平的不断提高，维护食品安全的需要越来越迫切，社会对绿色无污染的林下产品需求日益多样，且呈急剧增长态势。人们对林下种植的食用菌、蔬菜、粮油作物产品和林下养殖的禽类、畜类和林特产品等需求与日俱增，对林下种植的中药材日益青睐，对新鲜的空气、洁净的淡水、优美的环境等生态产品须臾不可或缺，对回归自然、亲近森林、走进郊野缓解精神压力的休闲方式更加向往。总的来看，林下产品无论是种植产品还是养殖产品，都是当今社会最短缺、最急需的产品，而这些产品绝大多数是耕地无法提供的，也是不能利用木材加工而成的，只能通过发展林下种植养殖，生产不可替代的绿色无污染的林下产品，才能满足社会日益增长的多样化需求，且市场需求前景广阔。各地政府和林农在选择林下种植养殖模式时，要全面分析当地林下环境的特征和开发情况，充分做好市场调研，有针对性地选择适合当地林下环境、市场需求量大的种植养殖品种，提高林下种植养殖的成功率，进而促进林农增收致富。

第二节　政策配套发展林下高效种植养殖前景非常广阔

在集体林权制度全面改革实施以后，集体林地逐渐开始采用承包到户的模式。据国家林业和草原局调查，全国已经确认权属承包到户的集体林地大约占据集体林地总面积的95%。为了解决林业周期长、见效慢的难题，2012年7月30日印发的《国务院办公厅关于加快林下经济发展的意见》（国办发〔2012〕42号），明确要加大投入力度、强化政策扶持、加大金融支持力度、加快基础设施建设、加强组织领导和协调配合等，支持和大力发展以林下种植、林下养殖、相关产品采集加工和森林景观利用等为主要内容的林下经济；2020年11月18日国家发展改革委、国家林草局、科技部、财政部、自然资源部、农业农村部、人民银行、市场监管总局、银保监会、证监会等10部门下发了《关于科学利用林地资源　促进木本粮油和林下经济高质量发展的意见》(发改农经〔2020〕1753号)，进一步明确了在保障森林生态系统质量前提下，充分利用林下空间，深入挖掘鸡、牛、猪、兔、蜂等优良地方品种资源潜力，将林下养殖统筹纳入畜禽良种培育推广、动物防疫、加工流通和绿色循环发展体系，促进林禽、林畜、林蜂等林下养殖业向规模化、标准化方向发展，更好满足人民群众多元化畜禽产品消费需求；同时要紧密结合市场需求，积极探索林果、林药、林菌、林苗、林花等多种森林复合经营模式，有序发展林下种植业。随着国家政策向林下种植养殖倾斜，并将其与新农村建设、扶贫开发等有机结合起来，发展林下种植养殖的成本将会越来越低，国家财政在这方面的拨款也会显著增加，并且随着林下经济收益的增长，其所拥有的劳动力数量也会越来越多，也可以带动广大林农就近就业从而增收致富。

同时，各级政府在不断完善交通运输、废弃物处理等基础设施和配套设施，各级林业科技推广机构也在对林农进行林下种植养殖基本生产和经营技术手段的培训，使林农掌握林下高效种植技术、林下养殖技术、林产品加工技术等，促进林农能够更好地应用这些技术来增收致富。另外，林农可着重突显林下种植养殖模式的经营特色，结合旅游，推动林下种植养殖的旅游化，增加增收致富渠道，因此发展前景非常广阔。

Part 02

第二篇

林下种植

林下种植一般是指以林地资源为依托，以现代科学技术为支撑，充分利用林下土地资源种植经济作物的一种林农复合经营新模式。主要通过林菜、林药、林菌、林花草、林油、林粮等多种复合经营形式，构建农林结合的复合式经营体系。这种模式，不仅能够更好地保护林地资源，还可以增加林农的收入，可谓一举两得。

第四章 林菜模式

林菜模式是指林木与蔬菜间套作种植的一种以短养长的经济效益较高的林下种植模式。一般根据林间光照强弱及各种蔬菜的不同需光特性，或者根据二者的生长季节差异，科学地选择种植种类、品种，发展耐阴蔬菜种植。林下种植的耐阴蔬菜主要有黄花菜、大葱、白菜、黄瓜、大蒜、萝卜、菜豆、洋葱、百合、山药、马齿苋、甘蓝、芹菜等。

由于一般蔬菜对阳光、水、肥要求高，林下种植蔬菜必须选择自然条件合适的地段。林下种菜，主要是秋末在落叶树开始脱叶时，利用林下种植大白菜、菠菜、萝卜、油菜、甘蓝、洋葱、大蒜、芥菜、黄瓜、大葱、大叶芹等蔬菜，这时尚未脱落的树叶和树枝可以为菜苗遮光、降温、保湿，提高菜苗的成活率。菜苗成活后，脱落的树叶则成为菜苗的有机肥料。冬季林中的自然温度较林外高2～3℃，落叶树的树干和树枝可起到遮霜、遮风、防寒的作用，可使种植的蔬菜安全过冬。这种林菜间作是共生共荣、相互转化的模式，真正做到了林菜轮番长、人地两不闲，并且能够显著增加收入。

第一节　林下马铃薯—西瓜—秋大葱高效栽培技术

在幼林地进行马铃薯—西瓜—秋大葱高效栽培，每亩[①]平均产马铃薯约 2 000 千克、西瓜约 3 500 千克、大葱约 3 500 千克。

一、马铃薯栽培技术

（一）选用优良品种

林下栽培马铃薯，因为春季适合马铃薯生长的时间较短（一般为 2 月下旬至 6 月中旬），所以必须选用结薯早、薯块膨大快、休眠期短、退化轻、早熟、高产、抗病、优质、商品性好的品种，如脱毒郑薯 5 号、郑薯 6 号、早大白、早 20 等。

林下马铃薯

（二）浸种与催芽

如果采用没有度过休眠期的脱毒种薯，须用 10 毫克/千克赤霉素水溶液整薯浸种 10 分钟后，用湿沙埋藏 24 小时再切块。如果选用 9 月中旬收获的内蒙古或东北地区繁殖种薯，休眠期已基本度过或即将度过，可浸种也可不浸种，但为保证每个薯块前后部芽眼出苗整齐一致，需要先用 5 毫克/千克赤霉素水溶液浸种 5 分钟，再沙藏 24 小时后切块。催大芽的要用沙藏，催小芽的可在切块伤口愈合干燥后，装筐并保湿，在室内催芽。室温保持 15～25℃即可。

---

① 亩为非法定计量单位，1 亩＝1/15 公顷，下同。——编者注

切块采用等分法，先将整个薯块纵切为2等份，然后从尾部向顶部切，一个切块上至少要有1个芽眼，切块平均重20克左右。刀口距芽眼越近，出芽越快，芽越壮。

（三）播种

直播的于2月上旬进行，催大芽的于2月下旬进行。足墒，施足底肥，深耕细耙，建棚。播种前10天扣棚膜提高棚内地温。地下10厘米地温稳定在5℃以上时即可播种。起垄栽培，垄距80厘米，先在垄上开沟，然后撒施硫酸钾型复合肥35～40千克/亩，或尿素18～20千克/亩、硫酸钾15千克/亩。深锄，肥料与土混匀后播种。一沟2行，行距20厘米，株距24厘米，三角形定苗。撒施杀灭地下害虫的毒饵后双向培土，厚度为薯块以上10厘米。整成土粒细碎的弧形垄面后覆盖地膜。最后密封棚口。覆盖4米宽农膜的小棚在棚内向阳的一边预留70厘米宽的空地以备栽植西瓜；6米宽以上的大棚种3垄马铃薯留70厘米的空地以备栽植西瓜。

（四）田间管理

播种后白天棚内气温保持25℃左右。当幼苗顶膜时及时引苗出膜并用湿土封闭破损的地膜，以保持地膜的作用和防止滋生杂草。经常使棚温保持在25～28℃，高于30℃时及时放风降温，防止病毒病的发生。干旱时适量浇水，浇水后注意中耕松土和防风排湿。等枝叶盖严地面后保证水分的供应，以促块茎迅速膨大确保高产。当叶片自然黄化、市场价格合适时及时收获上市。

（五）病虫害防治

坚持以农业防治、物理防治、生物防治为主，以化学防治为辅的综合防治措施。农业防治上做到合理密植，协调好植株间光、热、水、气分布；及时拔除病株、摘除病叶，人工进行田园清洁。物理防治可采用悬挂银灰膜条驱避蚜虫，或在棚内悬挂诱虫黄板吸引蚜虫等害虫。生物防治上积极保护和利用天敌防治病虫害，或采用印楝素、除虫菊素、苦参碱、苏云金杆菌等生物农药进行病虫害防治。

1. 马铃薯黑痣病

（1）症状。

①幼芽被侵染后出现黑斑坏死，阻滞幼苗生长，基部节上再长出芽条，出苗晚，幼苗弱。

②幼芽出土后染病，植株下部叶子发黄，茎基部形成褐色病斑块，并且常覆有紫色菌丝层；茎基部长出匍匐茎，且根量减少，植株长势弱。

③成苗期感病较轻也能导致植株长势弱，且受匍匐茎影响，常不能形成薯块或薯块较小和畸形；感病略重的植株立枯或萎蔫，新生薯容易脱落。

（2）药剂防治。可选用噁霉灵、甲霜灵拌种，或沟施。还可以使用32.5%苯甲·嘧菌酯悬浮剂50毫升/亩进行沟施，或20～30毫升/亩兑水进行叶面喷雾，兼具保护和治疗的双重作用，防治效果更全面。

2. 马铃薯黑胫病

（1）症状。该病苗期出现症状，植株矮小，叶色褪绿，叶上卷，茎基以上部位发黑腐烂，影响水分和营养输送，导致不能结薯，然后停止生长而腐烂发臭。根系不发达，容易拔出。

（2）药剂防治。可选用中生菌素、春雷霉素等拌种，或沟施。发病初期用25%络氨铜水剂600倍液灌根；或20%噻菌酮悬浮剂600倍液、20%喹菌酮可湿性粉剂1 500倍液喷雾防治。

3. 马铃薯疮痂病

（1）症状。该病主要危害马铃薯块茎，最初从皮孔侵入，在块茎表面产生浅褐色小点，逐渐扩大成褐色近圆形至不定形大斑，以后病部细胞组织木栓化，使病部表皮粗糙，开裂后病斑边缘隆起，中央凹陷，呈疮痂状，病斑仅限于皮部，不深入薯内；匍匐茎也可受害，多呈近圆形或圆形病斑。同时由于表皮组织被破坏，容易被其他病菌侵染，造成块茎腐烂。

（2）药剂防治。可选用中生菌素、春雷霉素等拌种，或沟施。也可用65%代森锰锌可湿性粉剂1 000倍液或72%农用硫酸链霉素可溶粉剂2 000倍液喷雾防治。

4. 马铃薯粉痂病

（1）症状。主要危害块茎及根部，有时茎也可染病。块茎染病初期在表皮上出现针头大的褐色小斑，外围有半透明的晕环，随后小斑逐渐隆起、膨大，成为直径3～5毫米的疱斑，其表皮尚未破裂，为粉痂的“封闭疱”阶段。后随病情的发展，疱斑表皮破裂、反卷，皮下组织呈橘红色，散出大量深褐色粉状物（孢子囊球），疱斑下陷呈火山口状，外围有木栓质晕环，为粉痂的“开放疱”阶段。根部染病于根的一侧长出豆粒大小单生或聚生的瘤状物。

（2）药剂防治。可选用枯草芽孢杆菌、胶冻样芽孢杆菌、巨大芽孢杆菌、解淀粉芽孢杆菌（复合微生物）拌种，或沟施。

5. 马铃薯早疫病

（1）症状。叶片染病病斑黑褐色，圆形或近圆形，具同心轮纹。湿度大时，病斑上生出黑色霉层，即病原菌分生孢子梗和分生孢子。发病严重的叶片干枯脱落，田间植株成片枯黄。块茎染病产生暗褐色稍凹陷圆形或近圆形病斑，边缘分明，皮下呈浅褐色海绵状干腐。该病近年呈上升趋势，有的地区其危害不亚于马铃薯晚疫病。

（2）药剂防治。在发病初期可选用70%代森锰锌可湿性粉剂500倍液或64%杀毒矾可湿性粉剂500倍液喷雾防治，每7～

10 天防治 1 次。

6. 马铃薯六月病

（1）症状。马铃薯六月病主要发生在夏季高温季节，昼夜温差大、降水偏多时，发病和传染加快，先从叶片背面发生散碎小斑，后叶片正面病斑快速扩张，病斑平滑深褐色，大小和形状无规则，无霉层，可以在 1～2 天内迅速扩散成条成片，严重时整株变黑，因此一定要注意提前预防六月病，增强长势提高抗病能力。

（2）药剂防治。可选择一些含量高、渗透性强的三唑类药剂进行防治，如戊唑醇、丙环唑、苯醚甲环唑等，并配合多元素叶面肥进行叶面喷雾防治。

7. 马铃薯晚疫病

（1）症状。主要侵害叶、茎和块茎。叶片染病，先在叶尖或叶缘发生绿褐色斑点，病斑周围具浅绿色晕圈，湿度大时病斑迅速扩大，呈褐色，并产生一圈白霉，即孢囊梗和孢子囊，尤以叶背最为明显，干燥时病斑变褐干枯，质脆易裂，不见白霉，且扩展速度减慢。茎部或叶柄染病，出现褐色条斑，发病严重的叶子萎垂，卷缩，终致全株黑腐，全田一片枯焦，散发出腐败气味。块茎染病，初生褐色或紫褐色大块病斑，稍凹陷，病部皮下薯肉呈褐色，慢慢向四周扩大或烂掉。

（2）药剂防治。发病初期可用 72%霜脲·锰锌可湿性粉剂 600～800 倍液，或 69%安克·锰锌可湿性粉剂 800～1 200 倍液喷雾防治。

8. 马铃薯枯萎病

（1）症状。地上部出现萎蔫，剖开病块茎，薯块维管束变褐色，湿度大时，病部常产生白色至粉红色菌丝。播种后发病，严重时常造成死苗缺垄达到 80%。如出苗后发病，茎叶打蔫，切断茎可见维管束变褐色，导致茎叶发黄后枯死。

（2）药剂防治。可选用 80%戊唑醇水分散粒剂 5 000～8 000

倍液叶面喷雾防治。

9. 马铃薯病毒病

（1）症状。马铃薯病毒病包括花叶病、卷叶病和纺锤块茎病。马铃薯花叶病又分普通花叶病、重花叶病、皱缩花叶病。普通花叶病患病植株叶脉间出现轻花叶症状，叶肉的颜色深浅不一；重花叶病顶部叶片先产生斑驳花叶或者枯斑，随后叶片两面形成黑色坏死斑，并蔓延到叶柄、主茎，最后全叶干枯坏死，但不脱落，植株则萎蔫；皱缩花叶病患病植株矮化，叶片严重皱缩、变小，叶脉、叶柄、茎上都有黑褐色坏死斑，严重时叶片自上而下枯死。

马铃薯卷叶病主要由蚜虫传播，症状主要为顶部幼嫩叶片褪绿，沿中心脉向上卷曲，病情严重时形成圆筒形，叶色变淡，叶片变小，厚而脆。

纺锤块茎病患病植株直立、分枝少，叶片上举，叶小且卷曲。病情严重时植株矮化严重。感病块茎伸长，呈纺锤形，芽眼数量增多，并且突出，周围变褐色，表皮光滑。

（2）药剂防治。在发病初期及时使用药剂喷洒防治，以减轻病害。常用的药剂主要有20％病毒克星可溶性粉剂400倍液、15％病毒必克可湿性粉剂500～700倍液等。

10. 蚜虫

（1）寄主及危害特点。杂食性，寄主多，越冬寄主多为蔷薇科木本植物，夏寄主多为草本植物。以成虫和若虫群集叶背吸汁危害。还可传播马铃薯等蔬菜，鸢尾、小苍兰等花卉，烟草、芝麻等经济作物的病毒病。

（2）防治方法。可选用22.4％螺虫乙酯悬浮剂2 000～2 500倍液、20％吡虫啉可溶液剂1 000倍液、50％抗蚜威可湿性粉剂2 000倍液叶面喷雾防治。

11. 蝼蛄、蛴螬

（1）危害特点。蝼蛄将马铃薯的地下茎或根撕成乱丝状，导致地上部萎蔫或死亡；有时咬食芽块，造成缺苗。蛴螬以幼虫咬食和钻蛀马铃薯地下嫩根和块茎，导致地上部枯死；块茎被钻蛀后，导致生长不良和品质变劣，或引起腐烂。

（2）药剂防治。可用40%辛硫磷乳油按种茎重量的0.2%拌种防治；还可每亩用3%辛硫磷颗粒剂1.5～2千克，加细土10千克拌匀制成毒土，施入沟中或撒于根部防治。

二、西瓜栽培技术

（一）选用适用良种

此茬西瓜要求早熟、耐低温、耐弱光、生长健壮、易坐瓜、膨大快、口感好、全生育期90天左右的品种，如早美丽、花龙欣美、花龙抗茬王、绿龙抗美、春红5号等。

（二）培育壮苗

育苗床应选在背风向阳、距马铃薯地较近的地方。用5份充分腐熟的优质有机肥（猪粪、骡马粪最好），5份3年未种过葫芦科作物的沃土，堆在一起，按2千克/米^{3}加硫酸钾型复合肥，充分掺匀做育苗土。西瓜育苗可在“双膜双苫”的改良阳厢中或拱棚内进行。每亩栽植西瓜苗800株，需苗床6米^2。先筑成宽1.3米的厢，挖去表层5厘米深的土，然后铺电加温线，8米^{2}需要功率1 000瓦，厢中间稀一些，两边密一些。用10厘米×10厘米的塑料营养钵装满营养土排摆于苗床，挤紧。用常规催芽方法催芽，待80%以上种子露白后即可播种。播种前7～10天先扣膜提高苗床地温。播种当天先将营养钵浇足水，待明水渗干后每钵中间平放1粒带芽的种子，全部播完后，覆盖1层2厘米厚的细湿土，整平，覆地膜。最后密封棚膜，启动电加温线电源提高苗床温度。白天保持28～30℃，傍晚加盖草苫，夜间保持14～16℃。齐苗后白天保持25℃左右，夜间12℃左右，以防徒长。中午前后高温时段经常放风排湿，以防病害发生。4～5

叶期选晴天定植。

个别幼苗出土露白钩时去除地膜，以利子叶及时展开，避免形成高脚苗。

（三）定植时间和方法

3 月下旬至 4 月上旬定植。定植前先将营养钵浇透水。定植行内除底肥外，再集中施 1 次肥，以硫酸钾型复合肥为主，施膨化鸡粪 150 千克/亩，饼肥 75 千克/亩，与土掺匀后铺地膜栽植西瓜。4 米宽塑料膜小拱棚株距 25～35 厘米，6 米以上跨度大棚株距 50～60 厘米。先切开地膜挖好穴，轻轻把幼苗从营养钵中取出放在穴中，坨面稍高出地面。之后每穴浇灌 50%多菌灵可湿性粉剂 500 倍液 250 毫升，渗干后将定植沟封严。前 3 天棚温白天保持 28～30℃，夜间保持 16℃左右。缓苗后白天保持 25℃左右，夜间保持 12～14℃。

（四）田间管理

马铃薯收获前，瓜蔓长得过长时可临时插小架绑蔓，待马铃薯收获后整平地面进行压蔓。小棚定植的“二马分鬃式”压蔓，即隔 1 株向相反方向压 1 株。大棚栽培的向同一个方向压蔓。主蔓长 33 厘米摘心。摘心前去除所有侧蔓。实行双蔓整枝。第二个、第三个雌花进行人工辅助授粉留瓜。坐瓜前所有孙蔓全部摘除。瓜坐稳后不再整枝。视长势进行追肥。一般追施复合肥 20～30千克/亩，腐熟饼肥 30 千克/亩，在距瓜行 1 米远的地方结合浇水挖穴埋施。以后隔 7～10 天追施复合肥 10 千克/亩1 次。也可以叶面喷施 0.3%磷酸二氢钾。经常保持地面湿润。采摘前 10 天停止浇水。坐瓜后注意顺瓜。15～20 天后注意翻瓜、垫瓜。

（五）病虫害防治

采用绿色防控措施将病虫害消灭在萌芽阶段。

西瓜常见病虫害有猝倒病、炭疽病、蔓枯病、枯萎病、病毒病和蝇、叶螨、瓜蚜、美洲斑潜蝇等。

1. 农业防治

（1）清洁田园。一是清除瓜田附近沟边、路边的杂草，减少病虫害前期可利用的寄主；二是清除西瓜病株，应将病株拔除集中深埋或烧毁，不要随手丢弃在沟内或路边。

（2）叶面追肥。用0.2%磷酸二氢钾结合喷农药时一起混合叶面喷雾，可增强植株的长势，提高抗病能力。对于植株长势较弱的，可以增加0.2%～0.3%尿素混合喷施。对发病的西瓜植株进行叶面追肥，也可起到减缓病情的作用。

2. 生物防治

（1）使用2%宁南霉素200～250倍液，病毒病发病前或发病初期喷雾防治。

（2）用0.9%虫螨克3 000倍液喷雾可防治蚜虫。

3. 化学防治

（1）西瓜苗期猝倒病。西瓜苗期容易发生猝倒病，喷洒66.5%普力克水剂1 000～1 500倍液，或64%杀毒矾可湿性粉剂400～500倍液等，可有效防治该病。

（2）枯萎病。定植时用50%多菌灵可湿性粉剂2千克，掺细土100千克，施入定植穴内，也可定植后用50%多菌灵可湿性粉剂500倍液，或70%甲基硫菌灵可湿性粉剂1 000倍液灌根1次，每穴药液250毫升，同时也能预防炭疽病的发生。枯萎病发病初期，发现病株后，立即以病株根际为中心，挖深8～10厘米、半径10厘米的圆形坑，使主根部分裸露，用50%多菌灵可湿性粉剂500倍液或70%甲基硫菌灵可湿性粉剂1 000倍液灌根，每穴药液500毫升，可兼治蔓枯病。

（3）蔓枯病。可喷洒70%甲基硫菌灵可湿性粉剂800倍液，或64%杀毒矾可湿性粉剂500倍液防治。

（4）病毒病。病毒病主要是蚜虫传播，防治病毒病，应在蚜虫发生高峰前，喷20%吡虫啉可溶液剂1 500倍液防治。保护地可用熏蒸法，用1.5%蚜虱净烟剂300克/亩，在棚内多点均匀分布，傍晚时密闭大棚，依次点燃，闭棚12小时后放风；也可用80%敌敌畏150～200克/亩熏蒸，在大棚内均匀布点，先点燃小堆锯末，点燃后倒上敌敌畏熏蒸，此法一般在白天中午前后、棚内温度达30℃左右时进行，熏2小时后通风。发现病毒病植株，可喷20%病毒A可湿性粉剂600倍液，每7天喷1次，连喷2～3次。

（5）炭疽病。可在发病初期喷洒80%炭疽福美可湿性粉剂800倍液，或70%甲基硫菌灵可湿性粉剂500倍液，或50%施保功可湿性粉剂400～600倍液。保护地可采用烟雾熏蒸法，用45%百菌清烟剂200～250克/亩，8～10天熏1次，可同时兼治疫病。

（6）潜叶蝇。以幼虫在叶片内潜食叶肉形成许多弯曲的潜道，应掌握成虫发生盛期及时防治成虫，或在刚出现潜道时喷雾防治幼虫。可用0.9%虫螨克3 000倍液，或40%绿菜宝800倍液，或25%爱卡士1 000倍液等喷雾防治。

（六）适时采收

此茬西瓜属早熟品种，全生育期90天，坐果后26～28天成熟。一般在5月下旬至6月上旬成熟。

三、秋大葱栽培技术

（一）选用优良品种

此茬大葱春育苗，夏定植，品种应具备抗病、抗热、葱白长且不空心、品质优、单株重量大、叶片抗霜冻等特性，如郑研寒葱、章丘大葱、南胡大葱等。

（二）适时播种培育壮苗

1. 选地开厢　早春育大葱苗最好选择背风向阳、地势稍高、易浇能排、富含有机质、3年以上未种过百合科作物的地块。施腐熟细碎的优质农家肥6～8米^3/亩，深耕细耙，整平开厢。厢长20米、宽1.3米左右较好。播种前先清除厢面表层1厘米厚的细土，然后撒施硫酸钾型复合肥2.5千克/亩，与土掺匀耧平播种。

2. 播种 播种前先浇水，待明水渗干后均匀撒播。每亩栽大葱苗150棵，需用出苗率80%以上的种子400克/亩。播后上面覆盖1厘米厚的细湿土，整平，覆地膜。待个别幼苗出土露白钩时去除地膜。

3. 苗床管理 齐苗后适当控制苗床湿度，预防徒长。干旱时及时浇小水。3～4叶期间苗1次，株距1～1.5厘米。拔除杂草，经常保持土壤湿润。5叶期结合浇水追肥1次，追施尿素7～10千克/亩。

温馨提示

若遇阴雨天气，抢晴天喷药防病，代森锰锌、百菌清、杀毒矾交替使用。视情况7天喷药1次，连喷2～3次。

（三）定植

西瓜收获后及时清洁园地，平整土地并浇水，以防虚土开沟时“塌方”。视品种决定行株距，一般70～80厘米开深17厘米的沟，将沟侧斜坡上的虚土稍加镇压后定植。

1. 备苗 定植前先起苗，并分成大、中、小3级。大苗、中苗沟栽，小苗可平栽。分级后把葱根放入40%辛硫磷乳油600～800倍液中浸泡3～5分钟，以杀灭种蝇的幼虫根蛆。

2. 排葱 靠沟的一边排葱，株距3～5厘米。排完1段压1段农家肥，厚5厘米左右，并配以复合肥7.5千克/亩。开第二道沟时，将部分清除的虚土覆在第一道沟里的粪肥上，稍加镇压。新根发生前严禁浇水。

（四）田间管理

缓苗后及时中耕松土、平沟。长出1～2个新叶后追肥、培土、浇水，每次追施尿素10千克/亩。共追2～3次。假茎每长高8～10厘米培1次土，共培3～5次。雨季注意排水。

（五）病虫害防治

1. 病害 立秋后注意防治病害。葱的病害主要有霜霉病、紫斑病、白色疫病（干尖病）和锈病。霜霉病一般用75%百菌清可湿性粉剂600～1 000倍液喷雾防治，紫斑病一般用65%代森锌可湿性粉剂600～1 000倍液、64%杀毒矾可湿性粉剂500倍液喷雾防治。

2. 虫害 主要是葱蓟马、潜叶蝇、葱蝇。葱蓟马、潜叶蝇用50%辛硫磷乳油1 000倍液或80%敌敌畏乳油1 000～1 500倍液喷雾防治。葱蝇用90%敌百虫1 000倍液或50%辛硫磷乳油800倍液灌根防治。

（六）收获

11月上中旬在叶干枯前收获。收获时深挖轻拔，分级束成小捆上市。

第二节 林下马铃薯—西瓜—秋白菜高效栽培技术

在幼林地进行马铃薯—西瓜—秋白菜高效栽培，平均每亩可收获马铃薯约2 000千克、西瓜约3 500千克、白菜约5 000千克。

一、茬口安排

马铃薯2月下旬播种，5月底至6月初收获上市。西瓜2月下旬拱棚营养钵育苗，4月中下旬定植，6月中旬至7月中旬收获上市。白菜8月中旬直播，11月收获上市。

二、品种选择

马铃薯选用郑薯5号、郑薯6号等早熟品种，西瓜选用花龙抗茬早、墨龙、绿龙等早熟品种，白菜选用郑研小包28、郑研中包68、郑白4号、郑杂2号等品种。

三、栽培技术

（一）马铃薯栽培技术

1. 切块催芽　马铃薯一般在播前15～20天进行催芽，种薯催芽前应先进行暖种和晒种，即将种薯在晴天中午置于阳光下晾晒5～6天，其间于每日16:00后将晾晒的种薯归集在一起置于12～15℃的室内温暖处暖种。在催芽前1～2天对种薯进行切块，既可节约种薯，又可打破休眠。切块时将种薯沿顶向下纵切数块，每块带有1～2个健壮芽眼，每千克种薯可切40～50块，切块时必须先用75%酒精，或0.2%升汞水，或5%石炭酸，或0.1%高锰酸钾等对切刀进行消毒，也可将刀具在食盐水中煮沸消毒，以防止传播病菌，切到病薯时后面的种薯需要更换刀具。

催芽前用0.5～1.0毫克/千克赤霉素浸种，浸后立即取出摊开，晾4～8小时，可加快马铃薯催芽速度。晾晒后按一层种块一层湿沙的方式堆放4～5层，保持15～20℃的温度，待芽长至1～2厘米长时即可播种。

2. 播种　马铃薯根系浅，分枝少，主要分布在土表下30厘米处，因而要选择疏松肥沃土壤，冬耕晒垡，播前每亩施腐熟有机肥4 000～5 000千克、饼肥100千克、氮磷钾复合肥50千克，然后深耕细耙，整平地面，做垄栽培。在垄上按行距50～55厘米开沟，每隔3行留一空行种植西瓜，在种植沟内按株距25厘米在向阳面播种马铃薯，然后覆土10厘米厚，整平垄面后稍加镇压，每亩喷40%乙草胺水乳剂0.4千克进行封闭除草。播后20天即可出苗。

3. 田间管理　马铃薯出苗后浇一次齐苗水，苗高3～5厘米时定苗，每株只留一个主苗，其余芽苗应抹去，在生长旺盛初期应及时掐去花蕾，以减少养分消耗。现蕾开花期是薯块膨大关键时期，土壤要见干见湿，后期注意控制肥水；盛花期叶面喷洒50～100毫克/千克多效唑可湿性粉剂1～2次可防止植株徒长；结薯期可用营养肥料爱多收、磷酸二氢钾进行叶面追肥。

4. 病虫害防治　可参考本章第一节。

（二）西瓜栽培技术

1. 育苗　2月下旬拱棚内用营养钵育苗。浸种催芽前先晒种1天，以提高种皮通透性从而提高种子活力，降低苗期病害发生，提高种子出芽率。晒种后先用55℃温水烫种15分钟进行消毒，再用清水洗净后放在30℃温水中浸种5～10小时，捞出后装入纱布袋，置于30℃温棚内催芽2～3天。待西瓜种子有80%露白时即可播种。一般采用营养钵播种，每个营养钵播1粒种子后覆土1.5～2厘米厚，并在床面覆盖地膜保温保湿。播种后床温白天保持30℃±2℃，夜间保持22℃±2℃；待西瓜种子有70%出苗后揭去地膜，白天保持25℃左右，夜间保持15℃左右，持续7天；当第一片真叶露尖时提高床温，白天保持30℃左右，夜间保持18℃左右，直到幼苗长出2～3片真叶时进行低温炼苗，即白天床温保持22～24℃，夜间床温保持14～16℃，待10天后幼苗长出3～4片真叶时即可定植。

2. 定植　一般于4月中下旬，选择在晴天上午将西瓜定植到预留的空行中，定植前先将营养钵浇透水。在定植部位打一孔穴，将苗从营养钵中取出轻轻放入穴中，营养钵泥土略高出穴面，四周培上细土后浇足定根水，然后覆盖好地膜。

3. 田间管理　西瓜缓苗后，应加强肥水管理。5月中旬每亩追施尿素20千克、硫酸钾15千克、饼肥100千克。当主蔓长至

70厘米长时，及时整枝压蔓。整枝采用3～4蔓整枝，在坐瓜前严格整枝，去除多余的侧蔓及孙蔓。坐瓜后25天，应及时翻瓜，以促使果实均匀成熟，色泽一致。

温馨提示

在生育期间，若雨水较多，可考虑在田间铺盖一层麦秆或油菜秆，以固定茎蔓、降低田间湿度，减少烂蔓及病害的发生。

4. 病虫害防治

（1）病害。西瓜病害主要有枯萎病、蔓枯病、炭疽病。

①枯萎病、蔓枯病。发病初期在病株根部可用2%农抗120水剂200倍液灌根，每株250毫升，7～10天1次，连续3～4次。如果采用喷雾与灌根相结合的方法可提高防效。

②炭疽病。发病初期及时用70%甲基硫菌灵可湿性粉剂600倍液，或50%多菌灵可湿性粉剂500倍液，或70%代森锰锌可湿性粉剂600倍液，或2%农抗120水剂200倍液喷雾防治。

（2）虫害。西瓜害虫主要有蚜虫、红蜘蛛。

①蚜虫。可用20%速灭杀丁乳油2 000倍液，或50%抗蚜威可湿性粉剂2 000倍液，或20%灭扫利乳油2 500倍液，或10%吡虫啉可湿性粉剂3 000倍液喷雾防治。

②红蜘蛛。选用1.8%阿维菌素乳油1 000倍液，或21%灭杀毙乳油2 000倍液，或73%克螨特乳油1 200倍液喷雾防治。

（三）秋白菜栽培技术

1. 整地施底肥 西瓜拉秧后及时翻整地，结合深翻每亩施入厩肥或堆肥2 500千克和过磷酸钙20千克做底肥，然后深耕耙细，并按55厘米的行距起高垄，垄高15厘米。

2. 播种 一般白菜采用直播，当日平均气温达到23～25℃

时，在垄面上挖深 0.8～1 厘米的浅沟播种，每亩用种量50 克，播后均匀覆土并浇水。3 天后浇 1 次齐苗水。

3. 田间管理　白菜出苗后应分别在 2 叶期、4 叶期、7 叶期间苗 3 次。定苗后要追施 1 次提苗肥，每亩随水冲施稀薄人畜粪肥 500 千克、尿素 10 千克，并中耕除草 1 次。植株封行前施 1 次发棵肥，每亩施入畜粪肥 1 000 千克、尿素 15 千克。结球前期可在垄中央开浅沟追肥，每亩施尿素 25 千克。白菜包心紧实后即可采收上市。

4. 病虫害防治

（1）病害。白菜病害主要有霜霉病、软腐病。

①霜霉病。可用 64％杀毒矾可湿性粉剂 500 倍液、58％甲霜·锰锌可湿性粉剂 500 倍液、40％乙膦铝可湿性粉剂 200～300 倍液防治。

②软腐病。可选用 30％琥胶肥酸铜可溶粉剂 2 500 倍液、72％农用硫酸链霉素可溶粉剂 3 000 倍液进行喷雾防治。

（2）虫害。白菜害虫主要有蚜虫、红蜘蛛、茶黄螨、菜青虫、小菜蛾等。

①蚜虫。用 5％功夫菊酯乳油 2 000～3 000 倍液、10％吡虫啉可湿性粉剂 2 000～4 000 倍液、20％速灭杀丁乳油 2 000 倍液、50％抗蚜威可湿性粉剂 2 000 倍液、20％灭扫利乳油 2 500～3 000 倍液喷雾防治。

②红蜘蛛、茶黄螨。可用 42％三氯杀螨醇乳油 1 000～1 500 倍液、73％克螨特乳油 1 000 倍液、25％灭螨猛乳油 1 500 倍液、0.9％虫螨光乳油 1 500 倍喷雾防治。

③菜青虫。可用 Bt 乳剂 1 000 倍液、1.8％阿维菌素乳油 1 500 倍液、25％灭幼脲悬浮剂 800～1 000 倍液、20％氰戊菊酯乳油 2 000 倍液、20％灭扫利乳油 2 000 倍液、2.5％溴氰菊酯乳油 3 000 倍液等防治。

④小菜蛾。可选用青虫菌6号粉剂500～600倍液、20%除虫脲悬浮剂800～1 000倍液、5%氟啶脲乳油1 500倍液、1%海正灭虫灵乳油3 000倍液、2%苏·阿可湿性粉剂或2.5%天王星乳油3 000倍液、20%氰戊菊酯乳油2 000倍液、16%菜虫一次净乳油1 500倍液、3.2%田卫士乳油1 500倍液、5%增效氯氰菊酯乳油2 000倍液等喷雾防治。

第三节　林下马铃薯—春玉米—秋白菜高效栽培技术

在幼林地进行马铃薯—春玉米—秋白菜高效栽培，通过科学的肥水管理，积极倡导绿色生产，实行林粮菜种植，可有效解决蔬菜生产土壤连作障碍问题。

一、茬口安排

马铃薯于1月上中旬播种于120厘米宽的播幅中，两边各30厘米播幅留作3月底至4月初地膜双行播种春玉米；马铃薯4月下旬开始收获，玉米7月底收获并清田；8月中下旬白菜播种育苗，8月底至9月初定植于180厘米宽的播幅中。

二、品种选择

马铃薯选用商品性好、抗病、优质、产量高的超白、紫花白、特早60等品种。春玉米选用苏玉19、苏玉20、登海9号等品种。白菜选用改良青杂3号、87－114等品种。

三、栽培技术

（一）马铃薯栽培技术

1. 整地　耕翻土壤深度20厘米，结合耕翻整地开厢，厢面宽 180 厘米，同时开好田间内、外沟，并注意清沟理墒，做到雨停田干，降低田间湿度。

2. 播种　选择无虫眼、无病斑、芽眼多的种薯，于播种前 15～20 天切块，每块具 1～2 个芽眼，用小拱棚覆土催芽。于 1 月上中旬播种完毕，冷冬年份可适当提前，暖冬年份可适当延迟。马铃薯播种密度为 120 厘米播幅中播种 5 行，行距 30 厘米、穴距 20～25 厘米，14 穴/米^2。每穴播 1 块，芽眼侧放于播种沟内。播种结束后，覆盖地膜，用 200 厘米长竹片搭建小拱棚，覆盖好薄膜。

3. 施肥　播种前 1 个月，施优质腐熟农家肥 1 500～2 000 千克/亩、25%三元复合肥 50 千克/亩做基肥，提前施入，结合耕翻，充分与土混合均匀。视苗情长势，发棵初期追施腐熟人畜粪肥 500 千克/亩，加尿素 10～15 千克/亩，穴施。肥料施用应符合 NY/T 496 的规定。

4. 中耕除草　一般中耕 1 次，人工除草 1～2 次。中耕在发棵初期苗高 15～20 厘米时结合追肥进行；结合中耕进行第一次人工除草，初花期可视田间情况进行第二次人工除草；也可以在播种后出苗前喷洒乙草胺，盖膜后进行封闭除草。

5. 棚温管理　马铃薯播种后至出苗一般不需要揭棚膜通风，出苗后棚内温度高于 25℃，揭棚膜通小风；开花结薯期棚温保持 18～20℃。

6. 病虫害防治　可参考本章第一节。

7. 采收　马铃薯开花后 40～45 天，即 4 月下旬开始分批采收。

（二）春玉米栽培技术

1. 施肥整地　2 月初，在马铃薯两侧各 30 厘米播幅范围内施入有机肥 1 000 千克/亩、40%复混肥 20～23 千克/亩，翻耕使肥料与土壤充分混合，按垄面 50 厘米宽挖垄，在垄面上按株距 20～25 厘米、行距 35 厘米挖穴待播种。

2. 播种 3月底至4月初穴播，每穴2粒，用种量2.3～3千克/亩，播后覆盖地膜。出苗后及时破膜放苗。

3. 肥水管理 5叶期至拔节期施壮秆拔节肥，用农家粪肥300千克/亩加尿素10千克/亩；在玉米抽雄前、大喇叭口期施用催穗肥，在距玉米植株基部20～25厘米处施用BB肥（散装掺混肥料）15～20千克/亩加尿素10～15千克/亩，施肥后覆土。玉米生长期田间持水量保持在70%～80%。

4. 病虫害防治

（1）农业防治。选用抗病虫品种，通过健全田间水系、改善土壤通气状况、中耕除草、清洁田园、间作套种、水旱轮作等防治病虫害。

（2）物理防治。采用双波灯诱杀玉米螟，灯具排列成“品”字形，间距300米。

（3）生物防治。利用害虫天敌及使用杀虫微生物、Bt制剂等防治病虫害。

（4）药剂防治。茎腐病用70%甲基硫菌灵可湿性粉剂800倍液喷雾防治，安全间隔期7～10天。灰飞虱用20%吡虫啉可溶液剂1 000倍液喷雾防治，安全间隔期10～15天。蝼蛄、蛴螬用40%辛硫磷乳油800～1 000倍液灌根防治，安全间隔期10～15天。玉米螟用40%辛硫磷乳油40毫升加细沙10千克均匀拌成颗粒剂，于玉米心叶末期施于喇叭口内防治，每株施2克左右。

农药使用时应严格控制用量和安全间隔期。

5. 适时采收 在玉米籽粒饱满、含水适中、种皮薄、花丝变成棕色枯干时采收。

（三）秋白菜栽培技术

1. 播种　选择土壤疏松肥沃、排水良好的地块作为苗床，播种前25～30天施腐熟有机肥1 500～2 000千克/亩加蔬菜专用复合肥50千克/亩，并耕翻土壤20厘米深，整地耙平开厢，厢面宽180厘米，两侧各留30厘米过道，按120～150厘米宽做高床，床面做到细、净、平、软，苗床持水量70%～80%。播种前晒种1～2天，并用20%菜丰灵可湿性粉剂或50%多菌灵可湿性粉剂等药剂拌种。每亩大田需备苗床10米^2，用种子30～40克，均匀撒播。

2. 苗床管理　出苗后2叶1心时间苗、除草，去除弱苗、病苗、杂苗，一般白菜苗期不需要追肥，保持田间见干见湿即可，4～5叶时移栽，苗龄18～20天。

3. 定植　8月下旬至9月上中旬按（45～50）厘米×（45～50）厘米的株行距移栽定植，每亩栽植2 500～3 000株。

4. 肥水管理　莲座期施发棵肥，每亩追施粪水750～1 000千克，加尿素15～20千克。结球期应加强肥水管理，每亩追施人畜粪肥1 000～1 500千克，加40%复合肥20～25千克，施肥后及时浇水，保持地面见干见湿。

5. 中耕除草　封行前中耕除草2次，一般在移栽活棵时进行第一次中耕除草；结球期结合第二次追肥进行第二次中耕除草。

6. 病虫害防治

（1）农业防治。合理布局，实行轮作换茬；加强中耕除草，发现病株及时带出，降低病虫源数量；培育无病虫害壮苗；清沟理墒，及时排灌，严防积水；冬季耕翻冻垡，清洁田园，降低害虫越冬基数和病原菌数。

（2）生物防治。保护和利用蚜茧蜂等自然天敌，杀灭蚜虫等害虫。

（3）物理防治。采用45～55℃温水浸种30分钟或药剂拌种防病。根据害虫生物学特性，采用糖醋液、黄板、灯光诱杀。

（4）化学防治。霜霉病用90%乙膦铝可溶粉剂800倍液喷雾防治，安全间隔期8～10天。软腐病用72%农用硫酸链霉素可溶粉剂3 000～4 000倍液喷雾防治，安全间隔期8～10天。病毒病用20%病毒A可湿性粉剂800～1 000倍液喷雾防治，安全间隔期8～10天。蚜虫用20%吡虫啉可溶液剂500倍液喷雾防治，安全间隔期5～7天。斜纹夜蛾用5%氟铃脲乳油1 500～2 000倍液喷雾防治，安全间隔期10～15天。

温馨提示

用药期间须严格控制用量和安全间隔期。

7. 采收 11月中下旬开始分批采收上市。

第四节 林下马铃薯—夏秋黄瓜—大蒜高效栽培技术

在幼林地进行马铃薯—夏秋黄瓜—大蒜高效栽培，每亩可收获马铃薯约2 000千克、黄瓜约4 000千克、大蒜约3 000千克。

一、茬口安排

马铃薯采用保护地栽培，2月中下旬催芽，3月上中旬栽植，5月上中旬收获；夏秋黄瓜于6月中旬至7月上旬直播，9月初采收完；9月中下旬至10月上旬采用地膜覆盖栽植大蒜，于第二年5月下旬至6月上旬收获。

二、品种选择

（一）马铃薯

马铃薯要求薯形圆整、皮光滑、干净、无霉烂、无损伤等。

宜选鲁引1号、东农303。

（二）夏秋黄瓜

应以耐热、抗病品种为主，宜选用津春4号、津春5号、鲁秋1号等品种。

（三）大蒜

以选用品种纯正的苍山大蒜为宜。

三、栽培技术

（一）马铃薯栽培技术

1. 深翻整地、配方施肥 马铃薯栽培要求土壤疏松、土质肥沃的沙壤土。一般深耕30～40厘米，使结薯土层疏松通气。播前每亩施腐熟的优质圈肥3 000千克以上、三元复合肥25千克以上。在生长中期每亩追施配方肥40千克。

2. 种薯处理 2月中下旬选用无病虫、无冻害、大小适中的薯种纵向切块，切块后置于温床或塑料拱棚等保温设施内进行催芽，3月上中旬芽长1～2厘米时分级栽植。

3. 栽植方法 高垄栽植，垄面宽70厘米，垄沟宽30厘米、深15～20厘米，整平垄面，理顺垄沟。在垄面上按行距30厘米开10～15厘米深的栽植沟，先将肥水施在栽植沟底，然后按株距20～25厘米将芽向上的薯块按入土中，两行间薯块交叉相对，呈三角形，覆土、耧平，喷乙草胺除草剂，覆地膜。

4. 田间管理 当幼苗顶膜时及时破膜引苗。植株出现徒长时，可喷0.1%矮壮素或50～100毫克/千克多效唑。现蕾时及时摘去花蕾，结合喷施0.2%～0.3%磷酸二氢钾，促植株健壮以提高产量。覆膜栽培的前期一般不需浇水，待薯块膨大时及时浇水，保持土壤湿润。

5. 防治病虫害 可参考本章第一节。

6. 适时采收 一般在5月上中旬选择晴天采收，采收后分级，装运供上市。

（二）夏秋黄瓜栽培技术

1. 整地并重施有机肥 整地前每亩撒施优质腐熟有机肥4 000～5 000千克，整地深度15厘米，将有机肥均匀翻耕到土壤中。

2. 起垄 按照大行距80厘米、小行距50厘米起垄，垄高15～20厘米。同时挖好排水沟，以备雨后能及时排水，以免受涝。

3. 播种 播期可根据前茬作物腾茬早晚，安排在6月中旬至7月上旬，按照每亩栽植4 000～5 000株的苗量进行播种。

4. 田间管理

（1）定苗补苗。幼苗长出真叶时开始间苗、补苗。如遇夏季暴雨和病虫危害，可以适当晚定苗，宜在幼苗长出3～4片真叶时定苗，以免缺苗难补。

（2）中耕除草。出苗后及时进行浅中耕，促使幼苗早发。结瓜前多次中耕，防除杂草。

（3）排水。播种结束后，及时清理排水沟，加固土埂，一旦遇大雨，及时排除积水。

（4）整枝。定苗浇水后及时插架，并结合绑蔓进行整枝。夏秋栽培的品种多有侧蔓，基部侧蔓不留，中上部侧蔓可酌情多留几片叶摘心。

（5）追肥浇水。苗期可施少量化肥促苗生长，结瓜后，每亩追施三元复合肥10～15千克，10～15天追施1次，结瓜盛期肥水更要充足。处暑后天气转凉，可叶面喷施0.2%磷酸二氢钾或0.1%硼酸溶液，以防化瓜。

5. 病虫害防治

（1）病害。夏秋黄瓜主要病害有霜霉病、白粉病、细菌性角斑病、炭疽病和疫病等。霜霉病和疫病可用72%霜脲·锰锌可湿性粉剂600～800倍液喷雾防治；白粉病可用15%三唑酮可湿性粉剂 1 500 倍液喷雾防治；细菌性角斑病可用 20%噻唑锌悬浮剂 600～800 倍液或 2%春雷霉素水剂 500 倍液防治；炭疽病可用 50%炭疽福美可湿性粉剂 500 倍液防治。

（2）虫害。夏秋黄瓜害虫主要有蚜虫、茶黄螨等，可用吡虫啉、克螨特等，交替轮换使用，以提高防治效果。

6. 采收　黄瓜进入生殖生长旺盛期后及时采摘果实。采摘标准是果实表皮鲜嫩，瓜条直顺，未明显形成种子。

（三）大蒜栽培技术

1. 整地施肥　深翻 30 厘米，起垄晒垄，细耙整平垄面，沟内不能积水。大蒜喜欢有机肥，每亩可施腐熟有机肥 4 000～5 000千克，碳酸氢铵 50～60 千克，以及三元复合肥（15 -15 -15）60～80 千克做底肥。

2. 种蒜预处理　播前选无霉变、无机械损伤、充实饱满的种蒜，并分级，用多菌灵或代森锰锌浸种 0.5～1.0 小时消毒防病。用 40%辛硫磷乳油 800～1 000 倍液喷洒栽培垄，杀灭地蛆等地下害虫。根据分级分别播种促其生长整齐一致。

3. 播种　大蒜最适播期 10 月 5～10 日，此时段播种的大蒜能够在入冬前长至 5～6 片叶，最耐寒，最容易通过春化阶段，苍山大蒜薹、瓣兼用，适宜密度为 3 万～3.5 万株/亩。播种时南北向开厢，厢宽 1.5～2 米，厢面宽 1.2～1.7 米，步道宽 0.3 米，播时按 20～23 厘米行距开沟，沟深 12 厘米左右，开沟要求直且深浅一致。之后把蒜种直立放在沟内，株距 10 厘米左右，播一厢后，耧平，覆土 3～4 厘米厚，播后浇 1 次透水，以沉实土壤，促使蒜瓣扎根生芽。播后覆膜，并压土防风。

4. 田间管理

（1）引苗出膜。播后 7 天左右即可出苗，待苗长出 1 片展开叶时，破膜引苗出膜。

（2）冬前管理。在土壤封冻前浇 1 次大水，浇在膜上经苗孔渗入厢面土内。

（3）返青管理。翌年春季，种蒜瓣烂母时，浇 1 次水，每亩随水冲施尿素 10～15 千克。由于烂母及老根死亡而产生特殊气味，易招引葱蝇和种蝇产卵而发生地蛆危害，应用 40%辛硫磷乳油 1 500 倍液灌根防治。

（4）蒜薹生长期管理。蒜薹旺长期需肥水多。每亩随水冲施尿素 10～15 千克，收薹前 3～5 天停止浇水。发生大蒜灰霉病时，可用 50%速克灵可湿性粉剂 1 500～2 000 倍液喷雾防治；发生大蒜叶枯病时，可用 50%多菌灵可湿性粉剂 1 500 倍液喷雾防治。间隔 7～10 天一次，连续防治 2～3 次。

（5）蒜头生长期管理。收薹后以蒜头增重为主，视长势及时浇水、追肥。

5. 适时收获 蒜薹成熟后要适时收薹，否则影响蒜头产量。收薹最好在薹抽出叶鞘开始甩弯时，选择晴天的中午或午后收割。在蒜薹收后 18～20 天即可采收蒜头，以防散瓣。

第五节 林下大蒜—夏白菜—秋萝卜高效栽培技术

在幼林地进行大蒜—夏白菜—秋萝卜高效栽培，一般每亩可产大蒜约 3 000 千克、夏白菜约 4 000 千克、秋萝卜约 6 000 千克，种植效益较好。大蒜 9 月中下旬播种，第二年 5 月中下旬收获；夏白菜 5 月下旬播种，8 月中旬收获；秋萝卜 8 月中旬播种，11 月中下旬收获。

一、大蒜栽培技术

（一）品种选择

一般选用苍山大蒜。

（二）栽培要点

挑选蒜头大、瓣大、无虫蛀、无破损、无病斑的饱满蒜做种。用50%多菌灵可湿性粉剂500倍液浸种10～12小时，晾干后再播种，可提高出苗率。前茬作物收获后，耕翻土壤，每亩施优质腐熟有机肥4 000千克、磷肥50千克、硫酸钾50千克，结合施肥再施入3%辛硫磷颗粒剂2～3千克防治地蛆等地下害虫。一般行距20厘米、株距10～15厘米，播种深度3～4厘米，深浅、行距、株距要均匀，播后整平整细床面，覆盖地膜，地膜四周用土压紧。出齐苗后浇1次水，根据天气情况适时浇好封冻水，适量追肥。春节后及时浇返青水，结合浇水每亩冲施尿素20千克。蒜薹收获后蒜头进入膨大期，应及时浇水，保持地面湿润，收获前一般浇水2～3次。

当大蒜出苗50%以上时应及时破膜引苗，防止强光灼苗。

（三）病虫害防治

1. 病害 大蒜常见病害有灰霉病、叶枯病。灰霉病可用50%速克灵可湿性粉剂1 500～2 000倍液喷雾防治；叶枯病用50%多菌灵可湿性粉剂1 500倍液或80%代森锰锌可湿性粉剂600倍液喷雾防治。

2. 虫害 大蒜主要害虫是葱蝇和蚜虫，可选用40%辛硫磷乳油1 500倍液防治。

二、夏白菜栽培技术

夏白菜是介于夏、秋之间上市的白菜，此时正值蔬菜供应淡季，经济效益较高。但由于夏季气温高、雨水多，是病虫害高发的季节，在种植夏白菜时要把握住关键环节，一定要选准品种，采取适当的管理措施，才能做到稳产高产。

（一）品种选择

此茬白菜应具有耐热、抗病毒病、抗软腐病、耐强光、耐湿、生育期短、净菜率高、高产优质等特性，可选种早熟5号、豫早1号、豫早50、郑早50、夏阳50等适应夏播的白菜品种。

（二）精细整地

夏白菜生长旺盛，对水肥需求量大但不耐涝，生产上应采取重施基肥、高垄种植的栽培方式，以便于浇水能润透垄面和雨后排水。大蒜收获后及时整地，每亩施优质腐熟有机肥3 000～5 000千克、过磷酸钙30～50千克、氯化钾或硫酸钾10～20千克。施肥后精细整地，做成高垄，要求垄高15～20厘米、垄宽80厘米、沟宽50厘米。

（三）播种

5月下旬播种。播种方法分条播和穴播。条播每亩用种量约为0.25千克，穴播每亩用种量0.15千克。株行距40厘米×45厘米。

（四）田间管理

1. 及时浇水 夏白菜的播种期正值炎热季节，为保证播种后苗全、苗齐、苗壮，必须及时浇水。一般采用三水齐苗措施，即播后浇第一水，拱土浇第二水，苗出齐后浇第三水。

> **温馨提示**
>
> 浇水一方面满足夏白菜发芽出土的需要，更重要的是为了降低土壤温度，防止病毒病发生。如果播后遇到阴天，可减少浇水次数。

2. 苗期管理 早间苗（分次间苗），晚定苗，定壮苗。不论条播、穴播，一般要间苗3次。第一次在2片叶时进行（如不过分拥挤，可不间），第二次在3～4片叶时进行，第三次在5～6

片叶时进行，第三次间苗后即定苗。由于夏白菜生育期短，一般不蹲苗，肥水一促到底。及时浇水、松土，天气干旱无雨的情况下每隔2～3天浇1次小水，遇雨天田间有积水时要及时排出，防止幼苗受涝感病。

3. 中耕除草　中耕要浅，防止损伤根系，避免传播病毒病等病害。配合中耕去除杂草，同时注意浇水。干旱时，每隔5～6天浇1次水，保持田间土壤湿润，严防忽干忽湿。

4. 肥水管理　夏季温度高，土壤水分蒸发快，应始终保持土壤湿润。高温干旱天气，应加大浇水量，降水时及时排水，防止积水烂根。夏白菜包心前10～15天浇1次透水。结球期结合浇水每亩追施尿素15千克。

（五）病虫害防治

1. 病害　夏白菜的主要病害为霜霉病，可用杀毒矾或霜脲·锰锌喷雾防治。

2. 虫害　夏白菜的主要害虫有蚜虫、菜青虫、小菜蛾、甘蓝夜蛾等。蚜虫可用吡虫啉防治；菜青虫可用Bt乳剂防治；小菜蛾可用氟啶脲防治；甘蓝夜蛾可用虫螨腈防治。

无论防治哪种病虫害，在蔬菜上市前15天都要禁止喷药。

三、秋萝卜栽培技术

（一）品种选择

一般选用郑研791、郑研大青等优良萝卜品种。

（二）播种

秋萝卜宜在8月中旬播种，一般采用25厘米×25厘米的株行距挖穴直播，每穴播种3～4粒种子，播种深度1.5厘米。幼苗4～5片真叶时定苗，每穴留苗1株。

（三）田间管理

生长前期正处于高温多雨季节，应及时中耕除草，掌握“先浅后深再浅”的原则，定苗后第一次中耕要浅，划破地皮即可，以后适当加深，尽量避免伤根，防止烂根。肉质根开始膨大时，结合灌水追肥，每亩追施复合肥 15～20 千克。肉质根生长盛期每亩再追施尿素 10 千克，促进肉质根生长。收获前 5～6 天停止灌水。

（四）病虫害防治

1. 病害 萝卜病害主要有软腐病、霜霉病。软腐病可用72%农用硫酸链霉素可溶粉剂 5 000 倍液或 77%可杀得可湿性粉剂 600～800 倍液喷雾防治。霜霉病可用 40%乙膦铝可湿性粉剂 300 倍液或 65%代森锌可湿性粉剂 500 倍液喷雾防治。

2. 虫害 萝卜害虫主要有蚜虫、菜青虫等。蚜虫可选 2.5%蚜虱立克乳油 3 000 倍液或 4.5%高效氯氰菊酯乳油 1 000～1 500 倍液防治。菜青虫可用 40%辛硫磷乳油 1 000 倍液喷雾防治。

（五）适期收获

当肉质根充分肥大后即可收获，储藏的萝卜应在上冻前及时收获。

第六节 林下大蒜—夏秋黄瓜—菜豆高效栽培技术

幼林地进行大蒜—夏秋黄瓜—菜豆高效栽培，可实现一年三种三收，一般每亩可产大蒜约 3 000 千克，黄瓜约 3 000 千克，菜豆约 1 000 千克，种植效益较好。大蒜 9 月中下旬播种，第二年 5 月中下旬收获；夏秋黄瓜 5 月下旬播种，8 月中旬收获；菜豆 7 月中下旬播种，9 月下旬收获。

一、大蒜栽培技术

具体栽培技术参照本章第五节。

二、夏秋黄瓜栽培技术

（一）品种选择

夏秋黄瓜应选择抗热、耐涝、抗病、高产、生长势强的品种，如津优 1 号、津春 4 号、津春 5 号、津杂 2 号、燕白黄瓜等。

（二）适期播种

在蒜头即将收获时将有机肥施入大蒜种植行间，然后用土拌匀，耙平。待收获蒜头后，按 70 厘米的行距、25 厘米的穴距在厢面上挖种植穴，每厢 2 行。先将黄瓜种子用 0.1%磷酸三钠溶液浸泡消毒，然后按每穴 3～4 粒将黄瓜种子点播于种植穴中，每亩留苗 3 500 株。

（三）田间管理

夏秋黄瓜苗长有 3～4 片真叶时，每穴留苗 1 株并定苗。定苗后浅中耕 1 次，同时每亩施入硫酸铵 10 千克促苗早发。定苗浇水后随即插架，厢沟边相邻的 2 行扎成“人”字形架。结合绑蔓进行整枝，并适时对主蔓进行摘心。

（四）病虫害防治

贯彻“预防为主，综合防治”的植保方针，利用农业防治、物理防治、化学防治及生物防治相结合的方法，消除病虫害发生的根源，防止蔓延。

危害夏秋黄瓜的病害主要有霜霉病、炭疽病、白粉病、疫病、细菌性角斑病等。霜霉病、疫病可选用 72%霜脲·锰锌可湿性粉剂 600～800 倍液，或 69%烯酰·锰锌可湿性粉剂 600 倍液喷雾防治。炭疽病可选用 50%炭疽福美可湿性粉剂 500 倍液喷雾防治。白粉病可选用 15%三唑酮可湿性粉剂 1 500 倍液喷雾防治。细菌性角斑病可选用 20%噻唑锌悬浮剂 600～800 倍液或 2%春雷霉素水剂 500 倍液喷雾防治。每隔 7～10 天喷雾 1 次，连续喷 3～4 次。

危害夏秋黄瓜的害虫主要有蚜虫、红蜘蛛、蓟马、白粉虱等，可用 4.5%高效氯氰菊酯乳油＋10%吡虫啉可湿性粉剂防治，或 0.9%爱福丁 2 号乳油1 500倍液喷雾防治。

黄瓜开摘后不能喷任何农药。

（五）适时采摘

植株基部第一批瓜宜早采摘，以利于植株进入生殖生长旺盛期。当进入生殖生长旺盛期后，应尽可能采摘嫩瓜，一般应在达到品种所特有的长度时最大限度地采摘，这样既可保证质量又可提高产量，且上市销售价格好。当早霜临近时，黄瓜生长缓慢，应比生殖生长旺盛期延缓 1～2 天采摘。

三、菜豆栽培技术

（一）品种选择

应选用早熟、耐老品种，蔓性品种如绿珠、78－209，矮生种如 86－1、美国供给者等。

（二）播种

1. 适期播种　7 月中下旬于黄瓜行间做垄直播。播种过早，开花结荚时正值炎夏高温，容易引起落花落荚；播种过迟，气温下降，豆荚不易成熟，产量下降。

2. 播种规格　蔓性种行距 60～70 厘米，穴距 30～40 厘米，每穴播 2～3 粒种子，每亩用种量 2.5～3 千克；矮生种行距 35～40 厘米，穴距 20 厘米，每穴 3～4 粒种子，每亩用种量 3.5～4 千克。

（三）田间管理

1. 及时定苗　苗出全后要及时定苗，每穴留苗 2 株，去小留大、去弱留强。定苗后浇 1 次水。

2. 中耕除草　苗期进行浅中耕，保持土壤的透气性。如久旱不雨，及时浇水。在浅中耕的同时，清除田间杂草，防止草欺苗。

3. 及时搭架　蔓性种蔓长 2.7～3 米，抽蔓前需搭“人”字形架。插架后，在架的两头插上 1～2 根撑杆加固，提高抗风能力。

4. 人工引蔓　当菜豆苗抽蔓后，在晴天午后及时进行人工引蔓。引蔓过迟容易引起秧蔓互相缠绕，影响开花、结荚。

5. 水肥管理　水分管理原则是干花湿荚，前控后促。施肥原则是花前少施，花后多施，结荚期重施。肥料品种应氮、磷、钾肥配合施用，重视增施钾肥。

（1）及时追好上架肥。苗期每亩用人畜粪 2 000～2 500 千克进行穴施。

（2）重施花荚肥。菜豆结荚以后，应重点浇水、追肥。一般结荚期需追肥 2～3 次，每次每亩用 45%复合肥 25～30 千克或硫酸铵 15 千克；还可结合喷药防治病虫害，加入适量的微肥、磷酸二氢钾等，进行叶面追肥。结荚期如遇久旱不雨，一般 5～7 天浇 1 次水，保持田间最大持水量为 60%～70%。

（3）及时“翻花”。菜豆在开花结荚后期生长衰弱，可通过促进菜豆“翻花”来提高产量。具体做法：在采收后期摘除下部老黄叶，连续追肥 2～3 次，促进抽生侧枝恢复生长，并由侧枝继续开花结荚，可延长采收期 10～15 天，增产 20%～25%。

（四）病虫害防治

1. 病害　菜豆病害主要有锈病、根腐病、叶烧病、炭疽病等。

锈病用 20%三唑酮乳油 2 000 倍液，或 65%代森锌可湿性粉剂 500 倍液，或 70%甲基硫菌灵可湿性粉剂 1 000 倍液防治。根腐病用 40%五氯硝基苯粉剂与 50%福美双可湿性粉剂，按 1：1的比例配成混合剂，用此混合剂 1.5～2 千克拌细土25 千克撒入湿润的种穴内进行防治。叶烧病用农用硫酸链霉素 250 毫克/千克加 0.1%氯化钙溶液或大蒜素 800 倍液喷洒防治。炭疽病可用 80%炭疽福美可湿性粉剂 600 倍液或 70%甲基硫菌灵可湿性粉剂 800 倍液防治。

2. 虫害 菜豆害虫主要有菜青虫、豆荚螟、蚜虫等，可用 2.5%敌杀死乳油 2 500 倍液喷施防治。

（五）及时采收

为便于腾茬种植大蒜，在 9 月底应全部采收完毕。秋菜豆一般在开花后 10～15 天进入采收期。采收标准是豆荚颜色由绿转为白绿，表面有光泽，种子略为显露或尚未显露。一般 1～2 天采收 1 次，做到勤摘勤售，每亩嫩荚产量可达 800～1 200 千克。

第七节 林下西瓜栽培技术

西瓜，别名夏瓜、寒瓜、青门绿玉房，为葫芦科西瓜属一年生蔓生藤本植物。中国各地均有栽培，果肉味甜，能降温去暑；种子含油，可做消遣食品；果皮药用，有清热、利尿、降血压的功效。

林下西瓜

一、播种

（一）品种选择

以特大景丰宝 2 号和景丰宝 2 号为主。

（二）选择适宜的播期

根据近几年的播种经验，以选择直播为主，育苗为辅。重庆适宜播期为2月25日至3月上中旬，迟至3月下旬至4月上旬。播种过早，日照少，气温低，出苗率低；播种过晚，后期高温多雨，田间湿度大，病害严重，销售时雨日多，价格低，经济效益低。

（三）播种前的种子处理

播种前1～2天进行晒种和选种，以增强种子活力和出苗整齐度。种子处理方法有两种：一是用50℃的温水浸种20分钟，不断搅拌，待水温降至30℃，再浸3～4小时，然后洗净种子待播。二是用40%福尔马林150倍液浸种30分钟，清水洗净，再放入冷水中浸5～7小时，然后洗净种子表面黏稠物待播。

（四）播种

1. 基肥的堆积　每亩用腐熟的优质禽畜栏粪1 000千克加过磷酸钙（或者钙镁磷）50千克混匀堆制，堆制时上盖农膜，以增加堆温，天气晴朗、气温高的堆沤10～15天即可，阴雨天多、气温低的堆沤25～30天。

2. 挖定植沟施基肥　播种前7～10天，按西瓜种植行距3～3.5米挖定植沟，沟宽30厘米，沟深30厘米，然后用硫酸钾型复合肥（15－15－15）50千克与堆制好的基肥混匀再与挖出的肥土混匀施入定植沟内，稍加压实。

3. 播种覆膜　于下透雨或淋透水后2天，在定植沟内按0.6～0.8米的株距挖定植穴，每穴播两粒经处理过的种子，播后覆盖地膜。

二、田间管理

（一）破膜

定苗期要注意适时破膜，拉出瓜苗，并用碎泥封住破膜口，防止进风。当苗有2片真叶时去弱留强，每穴留1苗。

（二）水肥管理

林下地膜西瓜栽培以施基肥为主，适当追肥，采取“早促、中控、坐瓜攻”的施肥原则。基肥要施足，原则上出苗后不须追肥，但有些长势差的苗可在离根15～20厘米处揭膜淋施0.3%尿素液。倒蔓后至第一朵雌花出现这段时间以控肥为主，看苗施肥。坐瓜肥是在西瓜有鸡蛋大小的时候施肥，促进坐瓜和瓜体膨大，每亩用硫酸钾型复合肥13千克，或尿素6千克、硫酸钾10千克、花生饼肥20千克，刨穴后，淋施或穴施，苗弱的隔7天再施1次。结瓜后15～20天，如发现脱肥，可用0.3%尿素加0.2%磷酸二氢钾溶液叶面喷施。

（三）合理整枝促进坐瓜

1. 整枝　伸蔓期进行适当疏枝，保留3～4根主侧蔓，坐瓜前摘除其余子蔓和孙蔓，坐瓜后适当选留坐瓜节位以上的孙蔓任其生长。

2. 留瓜　一般留主蔓上第二或第三朵雌花的瓜。第二朵雌花所结的瓜，瓜形好，如果坐不住，也可留第三朵雌花瓜。一般不考虑侧蔓结瓜，只有当主蔓徒长坐不住瓜时，才进行主蔓摘心，留侧蔓结瓜。

（四）人工授粉套袋

采取人工授粉套袋技术可提高坐瓜率，尤其是阴雨天气效果更加明显。方法是在8:00～10:00，选取当天开放、颜色鲜艳、花冠直径大的健壮雄花，摘去花瓣，将花粉均匀抹在子房肥大、圆滑、表面茸毛密布、果柄长而粗的雌花柱头上，每朵雄花一般授1～2朵雌花，授粉后随即用牛皮纸袋套瓜，并做好标记。若阴雨天多，可在开花前1天傍晚用厚纸袋套住雄花和雌花，并做好标记，次日8:00～10:00取袋授粉。随着西瓜的膨大，改用大袋，至成熟前10天左右去掉套袋让西瓜见光着色，提高商品价值。若不继续套袋，可在西瓜坐住后有拳头大小时去掉套袋。

（五）病虫害防治

掌握以防为主、以治为辅的原则，严格遵守农药的使用安全间隔期，不使用高毒、高残留的农药。

1. 抓好栽培管理　抓好抗病品种的种子消毒工作，加强水肥管理，培育良好株型，增强植株抗病性，及时清除田间病株病叶，减少田间病原菌。

2. 化学防治

（1）病害。

①疫病。可用80%代森锌可湿性粉剂600～800倍液、40%乙膦铝可湿性粉剂600倍液、25%嘧菌酯悬浮剂1 500～2 000倍液或72%霜脲·锰锌可湿性粉剂600～800倍液喷雾防治1～2次。

②枯萎病。倒蔓结瓜期容易发生枯萎病，可用70%甲基硫菌灵可湿性粉剂500倍液加50%敌磺钠可溶粉剂600倍液灌根，每株0.3千克，隔1周灌1次，连灌2～3次。

③炭疽病。主要危害果实，尤其是瓜近成熟的6～7月，是重庆降雨较多的月份，炭疽病发生往往较重，可用25%溴菌腈可湿性粉剂600倍液加70%甲基硫菌灵可湿性粉剂800倍液喷施防治。

（2）虫害。苗期到坐瓜前期，主要害虫有黄守瓜、蚜虫、菜青虫和少量的瓜螟，可用防虫网、黄板等防虫。药剂防治，黄守瓜可用90%晶体敌百虫1 000倍液或2.5%溴氰菊酯乳油3 000倍液防治。蚜虫可用10%吡虫啉可湿性粉剂1 000倍液防治；菜青虫可用1.8%阿维菌素乳油3 000倍液或20%氰戊菊酯乳油3 000倍液防治。

三、采摘

一般选择阴天或晴天上午采摘。长途运输或储藏的，可在八分熟时采摘；近郊当天销售的，可在九分熟时采摘，切忌生瓜上市。一般早熟品种在授粉后30天左右、中熟品种在授粉后35天左右、晚熟品种在授粉后40天左右采摘。果实成熟的快慢，受温度、光照强度和时间的影响，最好在授粉时注明日期，预计成熟时采样瓜剖开果实，测其糖分并品尝，确认成熟以后按标记分批采摘。

第八节　林下洋葱栽培技术

洋葱为百合科葱属多年生草本植物，是一种耐寒喜湿、粗生易种、抗虫力强、耐运输、耐储藏的常用蔬菜。在秋冬季节科学利用落叶树的落叶期种植洋葱，可充分利用林下空闲土地和阳光资源，获得较好的经济效益。在林地种植洋葱，一般品种亩产1 500～2 000千克，高产品种亩产可达2 500～3 000千克。

一、播种育苗

（一）播种期

适期播种是生产的关键，播种过早，幼苗过大，第二年的产量可能高，但易在低温下通过春化阶段，先期抽薹率提高；播种过晚，鳞茎不能充分膨大，抽薹率低，产量也低。一般情况下，应在当地平均气温降到15℃前40天左右播种，通常在9月上中旬播种，掌握苗龄50～60天。

（二）育苗地选择

育苗地应选择地势较高、排灌方便、土壤肥沃、近年来没有种过葱蒜类作物的林间空地，以中性壤土为宜。

（三）整地播种

播种前，要精细整地，施足底肥，整成平床播种。

基肥施肥量不宜过多，避免秧苗生长过旺，一般每亩施有机肥 2 000 千克、过磷酸钙 20～60 千克。耕耙 2～3 次，将基肥和土壤充分掺拌均匀，耕地深度 15 厘米左右。耕后耙平耙细，做成宽 1.5～1.6 米、长 7～10 米的平床，即可播种育苗。

为了加快出苗，可进行浸种催芽，即先将种子用温水浸 24 小时，晾干后混干碎泥土均匀撒播。每 100 $米^2$ 苗床播种 105～115 克，播后用细土盖面，再用杂草覆盖，防雨冲刷。盖草后淋施稀粪水，并在苗床的四周撒上防虫药物，待苗出土后将覆盖杂草揭去。育苗期间每隔 5～6 天淋 1 次稀粪水，苗期 40 天左右即可移植。

二、适时定植

定植前每亩用 25 千克石灰进行土壤消毒，并用优质农家肥 1 500 千克做底肥。

合理密植增产效果显著，是洋葱丰产的关键措施之一。一般洋葱在 11 月中旬至 12 月上旬按 15～18 厘米的行距、10～13 厘米的株距定植，使幼苗在大寒前迅速生长，不受冻害。定植时淘汰徒长苗、矮化苗、病苗、分枝苗、过大过小的苗，选取根系发达、生长健壮、大小均匀的幼苗，直立栽植深度 2～3 厘米，每亩可栽植 1 万株左右。定植后及时淋足定根水，以利成活。

三、田间管理

（一）科学用水

洋葱定植以后约 20 天进入缓苗期，由于定植时气温较低，因此不能大量浇水，浇水过多会降低地温，使幼苗缓苗慢。同时刚定植的幼苗新根尚未萌发，又不能缺水。因此这个阶段洋葱浇水次数要多，每次浇水量要少，一般掌握的原则是不使秧苗萎蔫，不使地面干燥，以促进幼苗迅速发根成活。秋栽洋葱秧苗成活后即进入越冬期，要保证定植的洋葱苗安全越冬，就要适时浇越冬水。越冬后返青，进入茎叶生长期，这个阶段对水分的要求，既要浇水促进生长，又要控制浇水防止徒长。

控制浇水进行蹲苗。蹲苗要根据天气情况、土壤性质和定植后生长状况来掌握。一般条件下，蹲苗 15 天左右。当洋葱秧苗外叶深绿、蜡质增多、叶肉变厚、心叶颜色变深时，即结束蹲苗开始浇水。以后一般每隔 8～9 天浇 1 次水，使土壤见干见湿，达到促进植株生长、防止植株徒长的目的。

温馨提示

采收前 7～8 天停止浇水，以利收获和避免鳞茎含水量高而不耐储藏。

（二）施肥

移栽后 7 天施 1 次稀人畜粪水，间隔 7～8 天再施 1 次优质土杂肥，以促进发根和增强抗寒力。严寒季节，洋葱苗生长缓慢，可暂停追肥。到第二年 2 月下旬，鳞茎进入膨大期时，再重施 1～2 次肥料，每亩施尿素 10～12 千克加硫酸钾 5～6 千克。3 月下旬鳞茎迅速膨大，每亩再施腐熟人粪尿 1 250 千克，至收获前 25 天停止施肥。

（三）中耕松土

疏松土壤对洋葱根系的发育和鳞茎的膨大都有利，一般苗期要进行 3～4 次，茎叶生长期进行 2～3 次，到植株封垄后停止中耕。中耕深度以 3 厘米左右为宜，近植株处要浅，远离植株的地方要深。

（四）病虫害防治

洋葱常见的病害主要有软腐病、灰霉病、黑斑病等，常见的害虫有种蝇、蓟马、斑潜蝇等。在进行田间管理时，要细心观察各种病虫害的发生情况，发现病虫危害，要及时防治，采取物理、生物、化学防治相结合的方法，保证洋葱的健康生长，达到丰产丰收的目的。

1. 软腐病 洋葱常见病害。气温 15℃的多雨天易发病，3 月中旬开始发病较多，可用 77%可杀得可湿性粉剂 600～800 倍液或 72%农用硫酸链霉素可溶粉剂 4 000 倍液喷雾防治。

2. 灰霉病 4 月中旬左右迅速发生。发病初期可喷洒 50%多菌灵可湿性粉剂或 50%甲基硫菌灵可湿性粉剂 500 倍液，或 75%百菌清可湿性粉剂 600 倍液，或 50%速克灵可湿性粉剂、50%扑海因可湿性粉剂、50%农利灵可湿性粉剂 1 000～1 500 倍液，连治 2～4 次。

3. 黑斑病 4 月下旬前后容易发生，高温高湿条件下容易蔓延，防治方法同软腐病。

4. 虫害 主要是洋葱蓟马，一年四季可发生 10 次以上。一是播前翻耕杀死越冬虫体，或生长期中耕促进植株生长。清除杂草可减少野生寄主，减低虫口数量。发生数量较多时，可增加灌水次数或灌水量，淹死一部分虫体，并提高小气候湿度，创造不利于洋葱蓟马的生活环境。二是用 40%辛硫磷乳油 1 000 倍液，或 21%增效氰戊・马拉松乳油 5 000～6 000 倍液喷雾防治。

（五）适时收获

洋葱一般在 5 月底至 6 月上旬采收。洋葱叶片由下而上逐渐开始变黄，假茎变软并开始倒伏，鳞茎停止膨大，外皮革质，进入休眠阶段，标志着鳞茎已经成熟，应及时收获。洋葱采收后要在田间晾晒 2～3 天。直接上市的可削去根部，并在鳞茎上部假茎处剪断，装筐出售。如需储藏的洋葱，不用去除茎叶，当叶片晾晒至七八成干时，可将茎叶编成辫子，悬挂在通风、阴凉、干燥处，俗称挂葱。

第九节　林下食用百合高效栽培技术

食用百合分布广泛。其生命力顽强，花色火红，鳞茎富含淀粉、蛋白质、无机盐和维生素等营养物质，且个大、味甜，既可做点心，又可做菜肴，还可制成百合干、百合粉。食用百合适合在温暖潮湿的环境条件下生长，怕强光、怕高温、耐弱光，在1～3年的幼林行间空地栽植，一般当年每亩可产1 000～2 500千克，第二年每亩可产2 000～5 000千克，市场前景广阔。

林下百合

一、栽植前准备

应选择土壤肥沃、地势高爽、排水良好、土质疏松的沙壤土栽培食用百合。结合整地，每亩施有机肥2 000千克加洋丰复合肥40～50千克做基肥。同时，每亩施50～60千克石灰进行土壤消毒。然后整平耙细，做宽1.3米的高床或平床，床与床之间留30厘米宽的步道，四周开好较深的排水沟，以利排水。

二、栽植与管护

（一）栽植

主要采用子鳞茎繁殖。选择鳞片抱合紧密、色白形正、无损伤、无病虫害的小鳞茎做种。将种茎用甲基硫菌灵、多菌灵或农用硫酸链霉素溶液浸泡15～30分钟进行消毒，晾干后下种。9月下旬至10月下旬下种时，在整好的床面上，按25厘米的行距开横沟，深沟12厘米，然后按每隔15厘米的株距摆入小鳞茎，顶端向上，覆细土栽紧并盖土，有条件的地方加一层落叶或稻草防冻保湿，轻轻将叶或草压紧，发芽时揭去。每亩用种量150～200千克，定苗1万～1.5万株。

（二）林间管理

1. 前期管理　冬季选晴天进行中耕，晒表土，保墒保温。春季出苗前松土除草，提高地温，促苗早发；盖草保墒。夏季预防高温引起的腐烂；天凉要保温，防霜冻，并施提苗肥，促进百合的生长。

2. 中后期管理

（1）清沟排水。雨季或雨后要及时清理排水沟，以利排水。

（2）适时打顶。6月当花蕾由直立转向低垂，颜色由全青转为向阳面出现桃红色时及时打顶。

（3）控施氮肥。打顶后要控施氮肥，以促进幼鳞茎迅速肥大。夏至前后及时摘除珠芽，清沟理墒，以降低田间温度、湿度。

3. 追肥

（1）稳施腊肥。1月百合苗未出土时，结合中耕每亩施尿素5～10千克，促发新根。

（2）重施壮苗肥。4月上旬百合苗高10～20厘米时，每亩施洋丰复合肥10～15千克加尿素5～10千克，促壮苗。

（3）适施鳞茎膨大肥。在采挖前40～50天的6月上中旬，于开花、打顶后每亩施48%尿基复合肥30～40千克，促鳞茎膨大。同时叶面喷施0.2%磷酸二氢钾。

（三）病虫害防治

1. 百合疫病

（1）病症。百合常见的病害之一，多雨年份发生严重，造成茎叶腐败而严重影响鳞茎产量。病菌可侵害茎叶、花和鳞片。茎基部被害后呈水渍状缢缩，导致全株迅速枯萎死亡。叶片发病，病斑水渍状，淡褐色，呈不规则大斑。发病严重时，花、花梗和鳞片均可被害，造成病部变色腐败。

（2）防治方法。①实行轮作。②选择排水良好、土壤疏松的地块栽培。③种球消毒。④加强田间管理，注意开沟排水；增施磷、钾肥，使幼苗生长健壮。⑤出苗前喷 1∶2∶200 波尔多液 1 次，出苗后喷 50％多菌灵可湿性粉剂 800 倍液 2～3 次，保护幼苗；发病后及时拔除病株，并用 50％生石灰处理。

2. 病毒病

（1）病症。病毒病受害植株表现为叶片变黄或发生黄色斑点、黄色条斑，急性落叶，植株生长不良，发生萎缩。花蕾萎黄不能开放，严重时植株枯萎死亡。

（2）防治方法。①选育抗病品种或无病鳞茎繁殖。②加强田间管理，适当增施磷、钾肥，使植株生长健壮，增强抗病力。③拔除受害严重的植株，及早防治蚜虫，减少带毒蚜虫再侵染。

3. 叶枯病及软腐病　叶枯病为生长季的主要病害，软腐病为储藏期间的主要病害。

防治方法：①选择健壮、无病的种球繁殖。②播种前用 50％多菌灵可湿性粉剂 500～600 倍液浸种 20～30 分钟，晾干后下种。③采收和装运时尽可能不要碰伤鳞茎，储藏期间注意通气和降温。

4. 常见虫害防治　食用百合常见害虫有蚜虫、金龟子幼虫、螨类。

防治方法：①清洁田园，铲除田间杂草，减少越冬虫口。

②蚜虫可喷 20%氰戊菊酯乳油 2 000 倍液，或 45%马拉硫磷乳油 1 000 倍液防治；金龟子幼虫可用马拉硫磷、辛硫磷防治；螨类可用杀螨剂防治。

三、采收

8～9 月，食用百合地上茎叶开始枯黄，植株停止生长，鳞茎逐渐成熟。地上部全部枯死，下部落叶，上部落花时为采收适期。

第十节　林下无架双胞山药高效栽培技术

双胞山药是薯蓣科薯蓣属植物，属于典型的高产、高效、优质“二高一优”山药新品种。其特点为：短蔓不搭架，可以爬地种植，省时省工；适应性强，耐热、耐旱、耐寒，抗强风，大部分地区都可以栽培；单株双胞率高，块茎长 50 厘米左右，单根重一般可达 500～1 000 克，最大可达 1 500 克；单位面积产量高，一般每亩可产 2 500～3 500 千克，比普通山药品种增产 30%～50%，经济效益好；肉质雪白，细腻黏滑，口感酥糯，药食两用，营养丰富；商品性好，在整地达标的情况下，根根笔直，挖取方便，外形美观；抗病性强，少病虫害；管理简单，播种后田间管理轻松，省时省工。

一、栽植前准备

选择地势较高，排水良好，土质肥沃的林下壤土或沙壤土，上下土质一致，土层厚度不低于 80 厘米，连作重茬不宜超过 2 年。土壤以中性或微酸性为好，pH 6.0～7.0。

于秋冬季节深翻土壤，深耕筑垄。种植沟需深翻 60 厘米，不打乱原有土层，除尽石块、草根、枯枝落叶。垄宽 70 厘米、高30厘米，垄距40厘米。

二、种苗繁殖

用山药零余子繁殖种苗。零余子为气生块茎，具有与种子繁殖相似的特性，可大幅度提高繁殖系数。选用健壮零余子，储藏于温暖处过冬，第二年3～4月播种，播种方法及管理与大田山药种植基本相同。采用零余子繁殖的种苗当年可长到150～200克，第二年可做播种用苗。

三、栽植与管护

（一）栽植

1. 种苗选择 选用上年山药零余子繁殖的山药苗，以茎短、圆直、粗壮、表皮光滑的种苗为佳。

2. 播种 播种时间以3月上旬至4月上旬为宜。垄面中线开施肥沟，深15厘米，宽5厘米，施基肥。一般每亩可施硫酸钾型复合肥（15-15-15）100千克、饼肥100千克或有机肥500～800千克。施肥后及时覆土。于施肥沟两侧30厘米处各开两条播种沟，按株距20厘米摆放种苗，种苗需同一方向放置。

也可选用整块山药根茎，切成50～100克的段块做种，将断面在石灰粉里蘸一下，太阳下晒2～3天，以利杀菌和发芽。

（二）林间管理

1. 除草 蔓高50厘米时，人工及时除草。

2. 肥水管理 施足基肥后，一般不需再追肥。如发现缺肥现象，可在蔓长30厘米时，施长蔓肥，每亩施有机肥200千克、尿素10千克；7月中旬后，可喷施微量元素叶面肥，每7天喷施1次，连续喷施2～3次；膨大期时，根据山药生长情况，可适当追施磷、钾肥。

3. 开挖排水沟 田间做到厢沟、腰沟、围沟三沟配套，保证排水通畅，做到雨停田干。

（三）病虫害防治

1. 综合防治　轮作换茬，种苗和土壤消毒，清沟理墒，消除病株残体，配合选用低毒低残留药剂防治。

2. 主要病虫害防治

（1）主要病害。黑斑病、炭疽病等。

①黑斑病。选用无病种苗；种苗在阳光下晾晒后，用1∶1∶150波尔多液浸种10分钟；每亩用40%辛硫磷乳油0.5千克加水喷拌细土20千克均匀撒于播种沟内。

②炭疽病。出苗后喷洒1∶1∶150波尔多液预防；发病初期用58%甲霜·锰锌可湿性粉剂500倍液喷雾防治，每7天喷1次，连喷2～3次。

（2）主要虫害。有地下害虫、斜纹夜蛾、山药叶蜂等。

①地下害虫蝼蛄、蛴螬等。每亩用3%辛硫磷颗粒剂500克加细土3千克撒于播种沟。

②斜纹夜蛾。用1.8%阿维菌素乳油3 000倍液叶面喷雾防治。

③山药叶蜂。用2.5%敌杀死乳油3 000倍液或20%速灭杀丁乳油3 000倍液喷雾。

四、收获

10月中下旬，地上部分枯萎时适时收获。可用人工或机械收获。机械收获可用高压水枪冲刷，商品率高，省时省工。收获时需细心挖取，轻拿轻放，防止断裂。抹去体表泥沙后，分级包装储藏。

第十一节　林下马齿苋栽培技术

马齿苋，别名长命草、五行草、瓜子菜、地马菜等，为马齿苋科一年生肉质草本植物。马齿苋喜向阳、温暖、肥沃的生长环境，生活力极强，耐寒、耐涝且较耐阴亦耐瘠薄，但在较阴湿肥沃的土地上植株生长更加肥嫩粗大。

一、栽植前准备

平整床面，床宽 1～1.2 米，每亩施优质腐熟农家肥 2 000 千克、尿素 30 千克。每亩用种量 600 克左右。由于马齿苋的种子很小，为了保证撒播均匀，可将种子掺上细土或面沙撒播，适当压实床面，或覆盖 0.5～1 厘米厚细土。

播后浇水，加盖地膜或覆盖小拱棚，出苗后立即去掉地膜。幼苗长到 3～4 厘米高时适当间苗，苗高 5 厘米以上可以移栽。

选择海拔 100～1 200 米的毛竹林、杉木林、阔叶林的中龄林、近熟林及盛产期经济林进行套种。郁闭度要求 0.5 以下，坡度小于 25°，坡向以南及东西坡向为好，北坡也可，但坡体应短些、坡度应小些。

不论是哪种地形、坡向及林分，土壤质地应为壤土，土壤腐殖质层厚度应尽可能大于 5 厘米。选好种植地后进行林地清理，伐除部分杂灌杂草，水平条带状堆积。

林下顺坡向修筑高约 20 厘米、长 10～30 米的床，床的宽度视林地空间大小和树木根茎情况灵活确定，腐殖质少的地块床面需铺 5～10 厘米厚腐殖土、腐熟人畜粪肥或腐熟的细碎枯枝落叶。

二、栽植与管护

（一）栽植

于 5 月上旬移栽。沿床长度方向开 2～3 厘米深的浅沟，沟距 30 厘米、穴距 20～25 厘米，将种苗平摆于穴内，根系应舒展开，每穴 1 株，覆土 5 厘米左右，压实，浇透定根水。

（二）林间管理

1. 松土除草　幼苗期中耕不宜过深，以免伤根，到 6 月中旬共进行松土除草 1～4 次，6 月下旬以后植株生长旺盛，杂草不易生长，不必再中耕除草。

2. 施肥管理　定植 1 周后，即可开始追肥，进入旺盛生长期再次进行追肥，追肥以复合肥为主，每次收获后应随水追肥 1 次，加快生长。

3. 越冬管理　马齿苋地上部分枯萎后，在南方地区林下可安全越冬。

（三）病虫害防治

马齿苋病虫害很少发生，主要防治病毒病、白粉病、叶斑病、红蜘蛛、蚜虫等。

1. 病毒病　用 1∶150 的糖醋液叶面喷施，防治效果达 80％以上。

2. 白粉病　用甲基硫菌灵、三唑酮防治。

3. 叶斑病　用百菌清、多菌灵、速克灵防治。

4. 红蜘蛛　主要用生物防治。红蜘蛛天敌有捕食螨、草蛉、瓢虫、花蝽、寄生菌等，可在林间种植藿香等芳香植物，为天敌创造适合繁殖的生态环境。同时，禁用广谱性高毒农药，尽量选用具有选择性的药剂，以保护天敌。红蜘蛛发生严重时可用 1.8％阿维菌素乳油 2 000 倍液喷雾防治。

5. 蚜虫　利用瓢虫等天敌防治。如天敌防治未达效果，可选用 10％吡虫啉可湿性粉剂 1 000 倍液防治。

三、采收及储藏

马齿苋只有在开花前采摘才能保持其鲜嫩。新长出的小叶是最佳的食用部分，因此在未现蕾前可摘食全部茎叶。

进入现蕾期，不断摘除顶尖，促进营养生长，不让它开花结籽，这样就可以连续采摘新长出的嫩茎叶，直到霜冻。一旦开了花，生长即停止，茎叶也就变老，只能用作畜禽饲料。

采摘的鲜茎叶需要储藏时，可在开水中烫漂3～5分钟，捞出后迅速用清水冷却。为防软烂，茎叶可用生石灰水处理，并用清水清洗，然后将茎叶沥干，在阳光下晒干，或在烘房70～75℃下烘10～12小时，至烘干为止。最后用塑料袋密封包装储藏。

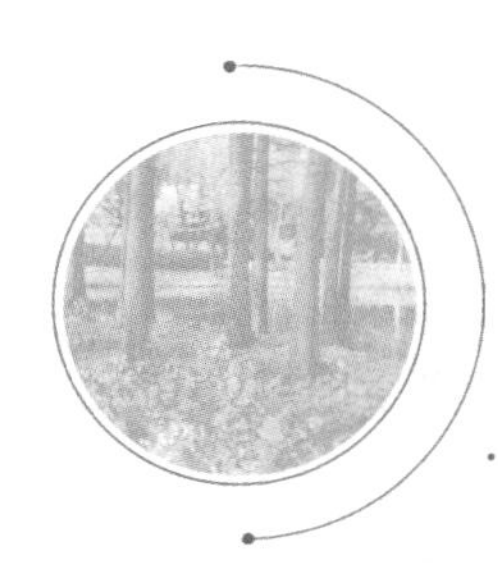

第五章 林药模式

林药模式是指以林地资源和森林生态环境为依托，充分利用林下土地资源和空间进行林下耐阴药用植物种植的一种林下种植模式。这种模式主要是在林间空地上或未郁闭的林地间种喜阴或较为耐阴的药用植物，如白芍、板蓝根、金银花、黄精、草珊瑚、淫羊藿、天麻、鱼腥草、白术、蒲公英、麦冬、夏枯草、天南星、黄连、灵芝、丹参、药用百合、黄芪、牛膝、决明、柴胡、党参、白首乌、知母、射干、地黄、半夏、白及、铁皮石斛、金线莲等，技术相对简单，收益可观，适合经营管理。林药模式，一方面树木可为药用植物提供庇荫条件，减少夏季烈日高温导致的伤害；另一方面林下间作药用植物的集约化精耕细作，有利于改良土壤理化性质，增加肥力，促进树木生长。

第一节　林下白芍种植技术

芍药为毛茛科芍药属多年生草本植物，花大而美丽，其根入药为中药白芍，有平抑肝阳、敛阴养血、收汗缓痛之功效。其林下栽培技术要点如下。

一、选地整地及施基肥

选择土质疏松、土壤肥沃、土层深厚、地下水位低、排水良好、郁闭度0.4～0.6的林地沙质土壤种植白芍。精细整地，翻耕1～2次，深45厘米，结合整地每亩均匀撒施优质腐熟有机肥3 000～4 000千克、三元复合肥50～60千克做基肥，并加施辛硫磷（根据说明确定用量）防地下虫害，耙细整平，做成130～230厘米宽的龟背形高床，或起宽约1米的垄。

二、选种繁殖

芍药的繁殖有分根繁殖和种子繁殖等方法，生产上多采用分根繁殖法。秋季结合收刨芍药，选取根粗细均匀、顶芽粗壮、无病虫害的芍药植株，将直径0.5厘米以上的大根切下入药，留下具有芽头（也称芍头）的根丛做种用。将做种用的芽头按大小及自然生长形状分块（也称芍芽），每块以带粗壮芽2～3个、厚度2厘米左右为宜。每亩芍药根的芍芽可定植2 000～3 000米^{2}林地。

温馨提示

芍芽应随切随栽，如一时栽不完，可储藏到深的湿沙坑内。

三、栽植

一般于8月下旬至9月栽植，宜早不宜晚，最迟不超过10月下旬，否则芍芽已发新根，一方面栽植时容易弄断；另一方面栽植后由于气温低而发根不好，会影响芍药的产量和质量。为出苗整齐，便于管理，应将芍芽按大小分级进行穴栽。栽植株行距 30 厘米×50 厘米，穴深 12 厘米、直径 20 厘米；穴内先浇足水，水渗下后再在穴底铺 4 厘米厚的腐熟厩肥，其上覆4 厘米厚的土，压实后将芍芽芽尖朝上放入穴中间，每穴放芍芽 1～2 个。栽后每穴培土 10～15 厘米。越冬前浇足防冻水。

四、中耕除草

白芍最怕草荒，栽后第二年早春土壤解冻后，及时去除培土，并松土保墒，以利出苗。幼苗出土后的 2 年内，每年应中耕除草 3～4 次；以后每年在植株萌芽至封垄前除草 4～6 次，务必达到土松无草的要求。每次中耕只能浅松表土 3～5 厘米深，以免伤根，切忌弄断苗芽（如果弄断当年就不再萌发而影响生长），夏季旱时应中耕保墒；冬季结合中耕进行全面清园，以减轻病虫害。

五、肥水运筹

白芍是喜肥植物。除施足基肥，栽植当年不必追肥外，栽后第二年需追肥 4 次。第一次在 3 月中耕除草后，每亩施人畜粪肥 1 500～2 000 千克；第二次、第三次分别在 5 月和 7 月，每次每亩施人畜粪肥 1 500 千克、饼肥 25～30 千克，或三元复合肥40～60 千克；第四次在 11～12 月，每亩施人畜粪肥1 500～2 000千克。第三年追肥 3 次，可以用过磷酸钙进行根外追肥。第四年春季根据白芍生长情况追肥 2～3 次，每次追肥都应该在植株旁开穴或开环状浅沟施入，施后覆土，以免肥料流失。白芍喜干怕涝，一般不需浇水，仅需在严重干旱时灌 1 次透水。多雨季节必须清沟排水，否则淹水 6 小时后会导致烂根而使全株枯死。

六、剪花去蕾

药用白芍在栽后第三年开花。开花后除留种植株外，于 4 月底至5月初选择晴天的早晨，将初绽的花蕾从花茎基部轻轻剪下，做插花或切花，以利于集中养分促进根部生长，提高产量和质量。

七、修剪

在9～10月秋收冬种前夕的空隙时间进行修剪，可促进主根生长，提高白芍质量。修剪方法：锄松株间泥土，露出主根的大半部分，将主根上侧生出的根或主根上腐烂部分用刀削去或用剪刀剪去。侧根视情况处理，如果可以作为种苗，可以切下做种苗，如果过于纤细暂时不能做种苗，可以留数根，等到第二年长大一些后再做种苗，将多余的全部剪去，以便集中养分促进主根生长；主根下面伸入泥土的底根要吸收养分不能剪去。侧根剪去后要及时覆土施肥，这对提高白芍质量和培育壮苗是非常重要的。

八、病虫害防治

危害白芍的病虫害有灰霉病、锈病、软腐病、蛴螬、小地老虎等。

1. 灰霉病

（1）发病条件。病菌主要以菌核随病叶遗落在土中越冬，5月开花后发病，6～7月较严重，并一直危害地上部分至枯死为止。阴雨连绵或露水较大的情况下，容易发生灰霉病。

（2）防治方法。实行轮作，选择无病种芽进行种植，雨后及时排水，平时增强林间通风透光等可以预防灰霉病。可在5～7月用甲霜灵、速克灵、多抗霉素、异菌脲、波尔多液等防治。

2. 锈病

（1）发病条件。锈病是白芍生产上威胁较大的一种病害。5月上旬开花以后发生，7～8月严重，直至地上部分枯死。时晴时雨，温暖潮湿或地势低洼容易积水的情况下容易发生锈病。

（2）防治方法。白芍收获时将残枝病叶收拢集中烧毁可减少病源；选择地势高燥、排水良好的林地做高床或起垄种植也可以减少锈病发生的概率。可用三唑酮、敌唑酮、敌力脱、农抗120等防治。

3. 软腐病

（1）症状。主要危害芍药的根部，受害植株根部常出现半边水渍状的腐烂。

（2）防治方法。下种时用多菌灵浸种，开沟排水，降低林间湿度可以预防软腐病。药剂防治可选择农用硫酸链霉素、代森锰锌、春雷·王铜、噁霉灵、福美双等。

4. 蛴螬

（1）危害状。5～9月危害严重，幼虫咬食白芍根部，使根部表面形成许多斑孔，影响产量和质量。

（2）防治方法。用辛硫磷浇灌防治。

5. 小地老虎　一般4～5月危害严重。防治方法同蛴螬。

九、采收

一般于栽后第四年的8～9月，选晴天采收芍药的老根。采收时，先割去植株茎叶，然后挖出全根，除去泥土，将主根和侧根剪下待加工。

第二节　林下板蓝根种植技术

板蓝根，别名菘蓝、蓝靛，为十字花科菘蓝属草本植物，是传统的名贵中药材。根、叶入药，根入药称“板蓝根”，叶入药称“大青叶”。板蓝根抗寒、耐旱，抗性强，适应性广，在我国南北各地均有种植。板蓝根具有解毒、凉血等作用，对治疗风热感冒、咽喉肿痛等有疗效，近几年需求量增大，经济效益大幅度提高，种植面积迅速扩大，一般每亩产干货板蓝根 250～350 千克，产干货大青叶 150～200 千克。

林下板蓝根

一、选地与施肥

（一）土壤选择

板蓝根是 2 年生草本植物，喜温暖，耐寒，忌水浸，在疏松土壤上种植根长、光滑、杈少。因此，应选择在土层深厚、排水良好的沙质壤土和腐殖壤土的幼林地上种植为宜。

（二）整地施肥

板蓝根的主根能伸入土中 50 厘米左右，翻地越深越好，深耕细耙可以促使主根生长顺直，光滑，不分杈。结合深翻，每亩施农家肥 3 000 千克加复合肥 50 千克，深翻后整平并起垄。

二、种子处理与播种方法

（一）种子采集与处理

板蓝根第一年不开花结果，当年收根时，选无病虫、粗大、健壮、不分杈的根条储藏，于第二年春按行距 50 厘米、株距 20 厘米栽种并及时浇足定根水，5 月种子成熟，采集晾干，留作第二年用种。

（二）播种时间与方法

播种前，将板蓝根种子用40℃的温水浸泡4小时，捞出后用草木灰拌均匀。一般以春播为好，时间为3月底至4月初。播种方式有条播或撒播，但以条播为好，便于管理，每亩播种量1.5～2千克。播种时，按行距20～25厘米挖2厘米深的播种沟，将种子均匀地撒在沟内，覆土1厘米厚，稍加镇压。土壤墒情要求达到田间最大持水量的65%～70%，播后7～10天出苗。

也可在收获板蓝根种子时秋播，于8～9月播种，秋播后4天即可出苗。

三、田间管理

（一）定苗

出苗后，当板蓝根苗高4～7厘米时，按照株距3～4厘米保留壮苗，间去弱苗。当板蓝根苗高10～12厘米时，结合中耕除草，按照株距7～8厘米进行定苗，去弱留壮，缺苗补齐，每亩保苗4万～5万株。定苗后，生长前期宜干不宜湿，以促使根部下扎，生长后期适当保持土壤湿润，以促进养分吸收。高温多雨季节要注意排水。

（二）松土除草

只有土壤疏松，才能使板蓝根根深、杈少、叶茂。板蓝根全生育期要松土3次。当幼苗3～4片叶时进行第一次松土，深度为15～20厘米；第一次松土1个月后进行第二次松土，深度为20～25厘米；9月末收获前进行第三次松土。如果用除草剂除草，可在杂草3～5片叶时选用精克草能，每亩用量40毫升，兑水50千克喷雾。

（三）追肥、割叶

6月上旬追肥，每亩施硫酸铵40～50千克，加含钙、镁的复合肥 7～15 千克混合施入。在保证水肥充足、生长良好的条件下，可于 6 月下旬和 8 月下旬收割 2 次叶片，收割时留茬高度 3～5 厘米。每次割叶后应及时追肥、灌水，切忌施用碳酸氢铵，以免烧伤叶片。

四、病虫害防治

板蓝根病害主要是霜霉病、白粉病；虫害主要是幼苗时的菜青虫及桃蚜等危害。

1. 霜霉病

（1）症状。一般叶部和叶柄受害，初期叶面有黄白病斑，中、后期叶背有灰白色霉状物。随着病情发展，叶色变黄，最后呈褐色干枯而死。

（2）防治方法。注意排水和通风透光，避免与十字花科等易感霜霉病的作物连作或轮作，发病期每亩用 70%代森锰锌可湿性粉剂 100～150 克，兑水 50～60 千克喷雾防治，每隔 7 天喷 1 次，连喷 2 次。

2. 白粉病

（1）症状。一般危害叶部。6～7 月发病，低温高湿、氮肥过多、植株过密、通风透光不良等情况下，均易发生白粉病。高温干燥时，病害停止蔓延。

（2）防治方法。保持林间不积水，可抑制病害发生；合理密植，配合施用氮、磷、钾肥。发病初期用 65%福美锌可湿性粉剂 300～500 倍液喷雾防治。

3. 菜青虫

（1）危害状。一般咬食叶片，危害轻的叶片被咬成孔洞、缺刻，危害重的叶肉被吃光，仅留叶脉。

（2）防治方法。幼虫三龄前用 90%敌百虫 800～1 000 倍液喷雾防治。

4. 桃蚜

（1）危害状。成虫、若虫吸食茎、叶汁液，造成病叶黄萎。

（2）防治方法。发生期用50%辛硫磷乳油1 000～1 500倍液或50%敌敌畏乳油1 000倍液喷雾防治。

五、收获储藏

在10月地上部枯萎后刨根，采挖时先在苗床旁开挖60厘米深的沟，然后顺序向前刨挖，去净泥土，晒至七八成干时，扎成小捆再晒至干透，即为药用板蓝根，以根长、根直、粗壮、坚实、粉性足者为佳。6月或8月苗高18～20厘米时可收割2次叶子，晒干即为药用大青叶。板蓝根和大青叶一般储藏在干燥通风处，适宜温度28℃以下，相对湿度65%～75%，商品安全水分为11%～13%，干品要及时销售，实现经济收入。

第三节　林下金银花种植技术

金银花为忍冬科忍冬属半阴性植物，耐阴、耐干旱，适合与高秆作物间作套种。幼林早期套种金银花，因为金银花不与林木争阳光，反而在实质上对幼林地进行了覆盖，减少了水分的蒸腾，抑制了杂草的生长，促进了林木的生长，并减少了林木的管理成本，同时金银花也可以取得较好的收益，实现林药双丰收，经济效益高，所以特别适合在幼林中进行推广。

一、金银花的繁殖

采用种子繁殖或营养繁殖，为获优质丰产，二者都必须选择优良品种。

（一）种子繁殖

种子繁殖又称有性繁殖，费工费时，生长缓慢，加之金银花主要以花入药，大多不让其结籽。生产中多不采用。

（二）营养繁殖

营养繁殖又称无性繁殖，有扦插、压条、分株三种方法，其中扦插繁殖法简单易行，容易成活，生产上使用得最多。压条繁殖法、分株繁殖法二者在生产中多不采用。

扦插繁殖法分直接扦插和扦插育苗。

1. 直接扦插 于夏、秋阴雨连绵季节，选取1～2年生健壮无病虫害的枝条，剪成30厘米长，摘去下部叶片。直接在林间空地或幼林行间等处，挖穴，穴距1米，每穴放10～15根插条，露出地面10厘米左右，填土压紧，浇足定根水，保持土壤湿润，半个月左右即可长出新根。

2. 扦插育苗 一年四季除严冬外均可进行扦插。选肥沃、湿润、灌溉方便的沙壤土，以土杂肥做基肥，翻耕整平耙细做苗床。按行距25～30厘米开沟，沟深15～20厘米，将截好的插条均匀地排列在沟中，插条之间有空隙即可。填土踏实，地上露出5厘米左右，立即浇透定根水，若气温在20℃以上，保持土壤湿润，半个月左右即能生根发芽。秋冬季节育的苗，因处于休眠期，年前不生根，但也不能缺水，否则会干枯致死。扦插育苗在其生出粗壮的不定根后移栽。

二、移栽

金银花移栽宜选在春季3月上中旬，秋季8月上旬至10月上旬。选择土壤肥沃、土层疏松、排水良好、靠近水源的幼林地，每亩施厩肥3 000千克，深翻30厘米以上，整平，然后按1米×1.5米的株行距，以栽植点为中心挖长、宽、深各30厘米的穴，每穴用苗4株置于中心点上，填土踏实，浇水2.5～3千克，最后培土封穴。一般行距3米的幼树可在每两行幼树间种两行金银花，为幼树两侧各留下1米空带，以利于幼树管理。

三、整形修剪

栽植后 1～2 年幼龄的金银花修剪方法：以整形为主，结花为辅。重点培养好一、二、三级骨干枝，构成牢固的骨干架，为以后丰产打下基础。第一年，先选出健壮的枝条，自然圆头形留一个，伞形留一个，每个枝留 3～5 节后剪去上部，其他枝条全部剪去。在后面的管理中，经常注意把根部生出的枝条及时去掉，以防止分枝过多，影响主干的生长。第二年修剪的主要任务是培养一级骨干枝，第一年修剪后，在一般肥水管理条件下，会长出6～10 个呈紫红色的分头枝条，自然圆头形选留 3～5 个，伞形选留 6～7 个，作为一级骨干枝，每个枝条留 3～5 节后剪去上部。其他枝条不管生长在何处，特别是基部的分枝，一律全部疏去。

四、中耕除草

金银花栽植后要经常除草松土，使植株周围无杂草滋生，以利生长。每年早春新芽萌发前和秋末冬初进行中耕松土除草培土。这样可提高地温，防旱保墒，促使根系发育，多发枝条，多开花。

五、施肥

金银花生产栽培时，施肥应结合树木施肥同步进行，一般在每年早春或初冬施肥。

具体为早春头茬花快要采完时或入冬前，在植株周围开一环状沟，将有机肥与化肥混合后施入覆土，以利保水、保肥。追肥时应结合中耕除草进行。春、夏季应以施稀薄人畜粪水为主，每亩施 1 000～2 000 千克，切不可用太浓的人畜粪水。用肥量视植株大小而定。5 年生以上的，春季每株施土杂肥 5 千克、硫酸铵

50～100 克、过磷酸钙 150～200 克；或人畜粪尿 5～10 千克；5 年生以下的，用量酌减。如果土壤肥沃，可少施或不施，以免植株疯长。头茬花后，以追施化肥为主。每亩用尿素 250 克、磷酸钙 125 克加水 50 千克，叶面施肥复壮增产效果也很明显。入冬前，施腐熟的堆肥、厩肥，酌加饼肥，以助越冬。天旱时须及时浇水，保持土壤湿润。此外，在每茬花前见有花芽分化时，用 200～300 毫克/升磷酸二铵喷施叶面，也能促使植株生长，提高药材产量 20%。每次采花后，最好追肥 1 次，以尿素为主，以增加采花次数。

六、病虫害防治

金银花采花期禁用药物，可用洗衣粉 1 千克兑水 10 千克或用酒精 1 千克兑水 100 千克喷洒。

1. 褐斑病

（1）症状。危害叶片，夏季 7～8 月发病严重。病发时叶上出现不规则点状褐斑，中央黄褐色，边缘暗褐色，潮湿时背面生有灰色霉状物。严重时整片叶子枯黄、脱落。

（2）防治方法。

①农业防治。收获后清园，清理病残枝（株），集中烧毁，减少病菌来源。

②化学防治。发病初期，用 65%代森锌可湿性粉剂 600 倍液或用 1∶1.5∶200 波尔多液，每隔 7～10 天喷 1 次，连喷 2～3 次。

2. 蚜虫

（1）危害状。4 月上中旬开始发生，15～20℃时繁殖最快。

主要刺吸金银花的叶液，使叶变黄，叶片和花蕾卷曲、皱缩，停止生长，严重时会造成绝收。

（2）防治方法。

①农业防治。清除杂草。

②化学防治。在植株未发芽前用 0.2 波美度石硫合剂先喷 1 次，以后分别在清明、谷雨、立夏各喷 1 次，能根治蚜虫，并能兼治多种病虫害；也可以在 3 月下旬至 4 月上旬叶片伸开，蚜虫开始发生时，喷洒 50%辛硫磷乳油 1 500～2 000 倍液或 10%吡虫啉可湿性粉剂 3 000 倍液防治，5～7 天喷洒 1 次，连续喷洒数次。

3. 咖啡虎天牛

（1）危害状。5 月中下旬产卵于幼嫩茎部，幼虫先在表皮下面危害，逐渐向木质层蛀食，使受害枝条枯萎，整株金银花逐渐枯死。

（2）防治方法。

①农业防治。金银花生长期剪去被害幼茎 20 厘米左右并除去枯株，集中烧毁；冬季剪枝，将老枝干的老皮剥除，及时清除枯枝，破坏成虫产卵条件。

②化学防治。咖啡虎天牛产卵期用 40%辛硫磷乳油 600～1 000 倍液喷洒，每隔 7～10 天喷 1 次，连喷数次；6 月下旬，初孵幼虫尚未蛀入木质部前用 80%敌敌畏乳油 1 500 倍液喷雾防治。

4. 金银花尺蠖

（1）危害状。一般在头茬花采收完毕时危害严重，幼虫几天内可将叶片吃光，初龄幼虫在叶背危害，取食下表皮及叶肉组织，残留上表皮，使叶面呈白色透明斑，严重时能把成片叶吃光。

（2）防治方法。

①农业防治。冬季剪枝清墩，破坏害虫越冬环境，减少

虫源。

②化学防治。发生初期用 90%敌百虫 1 000 倍液喷雾，或用 40%辛硫磷乳油 1 000～1 500 倍液喷雾防治。

5. 豹蠹蛾

（1）危害状。幼虫多自枝或嫩梢的叶腋处蛀入茎内蛀食，使新梢枯萎，造成植株死亡。

（2）防治方法。7 月中下旬幼虫孵化盛期，可用 50%杀螟松乳油 1 000 倍液均匀喷到枝条上，以喷湿不向下滴为度。

6. 柳干木蠹蛾

（1）危害状。蛀干性害虫。虫产卵于老茎中下部，幼虫孵化后沿韧皮部向下迁移，进入木质部取食，使基干中空，严重的枯死。

（2）防治方法。

①农业防治。冬季修剪连根除去枯死枝，集中烧毁。

②化学防治。7～9 月，在根颈部挖坑 10～15 厘米深，将 50%杀螟松乳油 2 倍液灌入，每株 20 毫升，然后覆土压实。

七、收获加工

1. 收获 金银花栽后第三年开始开花，一般每年开花两次，5～6 月较多，8～9 月开花较少。一般在 5 月中下旬采摘第一茬花，1 个月后陆续采摘二、三茬花。采摘时必须注意掌握每朵花的发育程度，花蕾由绿变白，基部青绿色，颜色鲜艳有光泽，上部膨大，将开未开时，在晴天早晨分批及时摘下。如在花蕾尚呈绿色或花已开放时采摘，则干燥率低，干后花色不好，品质下降。

2. 加工 金银花采摘后，要及时干燥，短时堆放也会引起变色或霉变。

（1）晒干。采摘小花放在席上或盘内，厚度 3～6 厘米为宜，晒时切勿翻动，否则会变黑。以当日晒干为好，如果当日不能晒干，用覆盖物覆盖，防止露水，否则也容易变黑。暴晒2～3天后，用手捏有声，说明已干。遇阴雨天，将花全部移到室内晾晒，天晴后移到外面晒干为止。

在秋冬修剪时，把过密的枝条剪下，切成1～2厘米长，晒干即成中药忍冬藤。

（2）烘干。初温30～35℃，2小时后达40℃左右，鲜花排出水分，经5～10小时后保持45～50℃，10小时后提高到55℃直至烘干。烘干时间不宜太长，以不超过20小时为好；同时注意通风，排出水蒸气，且不宜翻动，中途不能停烘，否则发热变质。

如果遇阴雨天来不及烘或晒，用硫黄熏软后摊于室内，1周内不发霉变质，如果花烘晒后又返潮再晒，干后才能包装。

八、储藏保存

金银花应存放于干燥阴凉处，防潮、避光，防止变色、生霉、生虫。可将其充分干燥后放入食品级塑料袋内，扎紧袋口存储。

金银花商品等级依据其形状大小、开放程度、色泽、杂质、虫蛀、霉变等外观指标可分为四级，其中以干燥，花蕾硕大未开放，色黄白，味淡，清香，无霉变、虫蛀、枝叶者为佳。

第四节　林下黄精种植技术

黄精为百合科黄精属植物，根状茎是常用中药，具有补脾润肺、益气养阴、抗菌消炎、增强免疫、降血糖、降血脂、防止动脉硬化以及抗病毒、抗肿瘤等功效，对肺燥干咳、体虚乏力、心悸气短、久病津亏口干、糖尿病、高血压等症有良好的药效，药用价值极高，在研制新药和开发保健品等方面前景广阔，市场需求量不断增大，且具有种植技术要求不高、后期管护省工、产量高等特点。根据其生物学特性，黄精适合在林下种植。

一、栽植前准备

选择交通便利、水源方便、南坡中下部土层深厚、土质疏松、湿润肥沃、富含腐殖质的沙质壤土或轻壤土的林地。先在林中空地按每亩均匀施入 4 000 千克腐熟农家肥，再用旋耕机将施入基肥的土壤深翻 30 厘米以上，使肥土充分混合，然后整平耙细。按床宽 1.2 米、长 10～15 米做成高 10～15 厘米的高床，四周挖好排水沟，将床面整平耙细后待播。

二、栽植与管护

（一）栽植

黄精主要有两种林下种植方法，生产上多采用根状茎繁殖栽植，也可用种子苗移栽。

1. 根状茎繁殖栽植 10 月或翌年 3 月，选择 1～2 年生健壮、无病虫害的黄精植株，挖取根状茎。晚秋挖取的根状茎需用湿润细土或细沙集中排种于避风、湿润、荫蔽地块越冬保存。

早春选择上年晚秋采挖且用湿沙保存的健壮萌芽根状茎，或直接采挖根状茎，按长 5～7 厘米（含 2～3 节芽段）截成数小段，用草木灰处理切口。待切口稍晾干收浆后，立即在整好的床面上进行沟栽。

栽时先在整好的床面上按 25～30 厘米的行距开深 8～10 厘米的横沟，将种根茎芽眼向上，顺垄沟每隔 10～12 厘米平放一段，覆盖 5～6 厘米厚的细肥土，踩压紧实，栽后 3～5 天浇 1 次透水。

2. 种子繁殖育苗移栽

（1）整苗床。选用均匀耙细的沙质壤土做苗床，每亩均匀撒施尿素 50～60 千克、普钙 85～100 千克、硫酸钾 15～20 千克，与土壤拌匀。

（2）种子繁殖育苗。选择生长健壮、无病虫害的 2 年生黄精植株留种，于夏季增施磷、钾肥。当秋季浆果变黑成熟时采集。从中选出籽粒饱满的种子放入 50℃温水中浸 10 分钟，再转入 55℃温水中浸 5 分钟，然后再转入冷水中降温。

将浸种后的种子与细湿沙按 1∶3 的比例充分混拌均匀后，放入向阳背风处深 40 厘米、宽 30 厘米的坑内，放入秸秆，然后用细沙覆盖，保持坑内湿润；或直接放在 5℃的温控箱内储藏，进行低温处理，经常检查，防止落干和鼠害。

待第二年 3 月下旬至 4 月初取出种子，筛去湿沙后放入清水中浸泡 12 小时进行催芽处理。

在整好的苗床上按行距 15 厘米开深 3～5 厘米的播种沟，将吸胀的种子均匀播入沟内，覆 2.5～3 厘米厚的土，用木耙轻排压实，保持土壤湿润。浇 1 次透水后，在床周插拱条，扣塑料农膜，白天适当通风，保持充足光照，阴雨天打开大棚内日光灯，将棚内温度控制在 25℃±2℃。20 天左右出苗。

出苗后，加强拱棚苗床管理，及时通风、炼苗。待黄精苗高 3 厘米时，白天敞棚，夜间覆膜，之后逐渐撤掉拱棚。及时除草、浇水。待黄精苗高 5～8 厘米时间苗，去弱留强，定株留用。秋季或第二年春出苗移栽。

（3）播种苗移栽。当年 10 月或第二年 3 月，在整好地的种植床上，按 15 厘米×30 厘米的株行距挖 15 厘米深的种植穴，穴底挖松整平。每亩均匀施入腐熟农家肥 3 000 千克做底肥并与土壤拌匀，然后按每穴 2 株将种子育成的播种苗栽入穴内，覆土压紧，浇 1 次透水并封穴。

（二）林间管理

1. 适当遮阴　黄精耐阴性强，喜阴凉环境又怕强光照射，适合在林下种植。利用树木枝叶适当遮阴有利于培育黄精。但郁闭度高到一定程度后，林内光照条件较差时又不利于黄精生长，通过对树木的修枝等管理，控制林分郁闭度为0.6～0.8，可保持黄精的最佳生长，达到提升经济效益的目的。

2. 中耕除草 在黄精植株生长期间要经常进行中耕除草。注意要浅锄，以免伤根，促使植株健壮。

3. 合理追肥 结合中耕每年追肥四次，前3次每亩施腐熟人畜粪水1 000～1 500千克，第4次每亩用腐熟农家肥1 200～1 500千克＋过磷酸钙50千克＋饼肥50千克，混合均匀后沟施，覆土后浇水。

4. 适时排灌 黄精喜湿怕旱，要经常保持湿润状态。干旱时要及时浇水，雨季积水时要及时排涝。

5. 摘除花芽 黄精的花果期持续时间较长，且每一茎枝节腋生多朵伞形花序和果实，消耗大量的营养成分，影响根状茎生长。因而要在花蕾形成前及时将花芽摘去，以促进养分集中转移到收获物根状茎部，有利于目标产量提高。

（三）病虫害防治

1. 病害 林下黄精栽培最常见的病害为叶斑病，4～5月，真菌中的半知菌侵染叶片后，使受害叶片出现边缘紫红色、中间褐色的圆形病斑，从病斑向下蔓延使叶片枯焦而亡。

防治方法以预防为主，入夏时可用1∶1∶100波尔多液或65％代森锌可湿性粉剂500～600倍液喷洒，每隔5～7天喷1次，连续喷2～4次。

2. 虫害 林下黄精栽培常见害虫为蛴螬，可用90％敌百虫800倍液喷杀。

三、采收与加工

根状茎繁殖栽植的黄精宜于栽后2～3年的晚秋至早春萌芽

前采挖；种子繁殖育苗移栽的黄精宜于栽后3～4年的晚秋至早春萌芽前采挖。采挖时将挖取的根状茎去掉茎叶，抖净泥土，削掉须根和烂疤，用清水冲洗干净，放在蒸笼内用大火蒸10～20分钟至蒸透心后，取出边晒边揉至全干，即成黄精商品。其中1级黄精要求块大、肥润、色黄、断面半透明。一般每亩可产黄精干品400～500千克，高产的可达600千克以上。

第五节　林下草珊瑚种植技术

草珊瑚是金粟兰科草珊瑚属植物，全株供药用，是传统中药材之一，具有抗菌消炎、清热解毒、祛风除湿、活血止痛、通经接骨等功效，在药品、保健品、食品、饮料和日用化工产品等方面有广泛应用。随着草珊瑚用途的不断拓宽，野生草珊瑚越来越紧缺，难以满足市场需求，急需进行草珊瑚林下人工仿野生栽培。

林下草珊瑚

一、林地选择

宜选择交通便利、水源方便、环境阴湿、土层深厚肥沃、质地疏松、郁闭度0.6～0.8的林地中性或微酸性沙壤土或壤土种植草珊瑚。

二、整地

林地选定以后，在秋、冬闲季节用旋耕机将林下行间空地翻挖30厘米以上，第二年春季种植前每亩施2 000千克农家土杂肥，翻耕入土，耙细整平，做成高15～25厘米的高床，床宽1米。

三、栽培方法

草珊瑚主要有3种林下栽培方法，生产上多用扦插育苗移栽，也可用播种育苗移栽和分株栽培。

（一）扦插育苗

3～4月，从生长健壮植株上选取1～2年生枝条，剪成带2～3节、长10～15厘米的插穗，50～100支捆成1把，将插穗基部置于50毫克/升ABT 3号生根粉溶液中浸泡2～3分钟，或在100毫克/升NAA溶液中快蘸后，在事先准备好的苗床上按5厘米×10厘米的株行距将插穗2/3斜插入土并压紧，浇透水，搭设荫棚，并经常保持苗床湿润。扦插30天后，插穗生根并开始萌芽。成活后，注意松土除草、培蔸等工作，并适时追施稀薄人畜粪水，促进幼苗生长。培育10～12个月后出圃移栽定植。

（二）播种育苗

10～12月，采集红熟的草珊瑚果实，让其果肉腐烂，用清水多次清洗取出种子。用细湿沙拌和，种子与湿沙比例为1∶2，在室内干燥通风处堆藏，或直接将种子装入木箱置室内通风处储藏。第二年春季2～3月取出种子，在整好的苗床上，按行距20厘米开2～3厘米深的播种沟，将种子均匀播于沟内，覆盖2厘米厚的火土灰或细土，以不见种子为度，然后再在床面盖草，并搭荫棚。播种后约 20 天出苗，及时揭去盖草。育苗期间，要经常松土除草，适时追肥，当年 11～12 月即可出圃移栽定植。

（三）苗木移栽

当年 11～12 月或翌春 2～3 月起苗移栽种子或扦插繁殖的苗木。在整好的床上，按 20 厘米×30 厘米的株行距定植，并浇透定根水，保持土壤湿润。成活后，及时加强田间管理。

（四）分株栽植

在早春或晚秋，先将植株地上离地面 10 厘米以上部分割下入药或作为扦插材料，其余部分连根挖起，按茎秆分割成带根系的小株，按株行距 20 厘米×30 厘米直接栽植在林间空地。栽植后需连续浇水，保持土壤湿润。成活后注意除草、施肥。此法简便，成活率高，植株生长快，但繁殖系数低。

四、林间管理

1. 查苗补苗　移栽后要及时巡查，如发现死苗缺株，要及时带土补栽同规格的草珊瑚苗，确保全苗。

2. 中耕除草　栽培后的前 2 年要及时清除林间杂草，每年中耕松土 3～4 次，保持土壤疏松，林间无杂草。栽培 3 年以后每年抚育 1～2 次。

3. 灌溉排水　栽植后要经常保持土壤湿润，干旱时及时灌溉浇水，雨季积水时及时排水，以免引起烂根。

4. 追肥　一般每年春、夏 2 季各追肥 1 次，每亩施用硝酸铵或尿素 6～7 千克、氯化钾 2～3 千克，兑水浇施。冬季结合培土，施 1 次农家肥，每亩施 1 200 千克于草珊瑚植株根际，并用沟边泥土覆盖肥料，既可保温防寒，又可促进第二年春季植株早生快长。

5. 适当遮阴　草珊瑚耐阴性强，喜漫射光，适合林下种植。如果林间遮阴条件差，在阳光强烈的夏季会出现叶片灼伤现象，叶尖或叶缘出现斑枯，严重的全叶枯焦，可采用灌水降温、改善遮阴条件等措施减轻危害。利用树木枝叶适当遮阴有利于培育草珊瑚，但郁闭度过高又会抑制草珊瑚生长，通过对树木的修枝管理，控制林分郁闭度为0.6～0.8，可促进草珊瑚的生长。

五、病虫害防治

1. 叶枯病 该病对草珊瑚危害性较大，应引起重视。

（1）症状。嫩叶的叶缘、叶尖处先出现黄褐色或灰黑色的圆形斑，病斑边缘有黄色晕圈，随后病斑向中心叶脉处扩展，呈圆形或不规则，有时多个病斑连成不规则状大斑，可占叶面积的1/3～1/2，此时病斑呈黑褐色，中央灰白色，常可见上生黑色小点。最终向叶基部发展，出现卷叶枯死。

（2）防治方法。

①冬季清除枯枝落叶，集中烧毁。

②加强管理，及时排水、降低湿度。

③适期喷药防控。出现发病中心，任选75%百菌清可湿性粉剂600倍液、50%克菌丹可湿性粉剂400～500倍液、58%甲霜·锰锌可湿性粉剂500倍液、70%代森锰锌可湿性粉剂400倍液、64%噁霜·锰锌可湿性粉剂400～500倍液或50%异菌脲可湿性粉剂1 000～1 500倍液喷治，间隔7～10d喷1次，喷药次数视病情酌处。

2. 黑腐病

（1）症状。主要危害叶片，也可侵染茎部和根部。成株期多从下部叶开始发生，且多从叶端出现病变，向内延伸，形成V形的黄褐色病斑，叶脉坏死、变黑，严重时呈黑色网状，最终叶变黄干枯。叶脉病变可蔓延至茎部和根部，引起维管束变黑坏死，终至植株枯亡。该病常与软腐病并发，致茎、根腐烂，发出恶臭。

（2）防治方法。

①种子消毒。50～55℃温水浸种20分钟或用50%代森锌可湿性粉剂200倍液浸种15分钟，洗净晾干后播种。

②苗床消毒。可用50%代森铵水剂200～400倍液浇灌苗床，也可每平方米用2～4千克（相当原液10毫升）在播种沟内均匀浇灌。

③拔除病株。一旦发现病株，即行拔除、烧毁，病穴施石灰或其他农药消毒。

④及时排水，降湿防病；增施有机肥，提高抗病力。

⑤发病初期选用72%农用硫酸链霉素可溶粉剂5 000倍液、77%可杀得可湿性粉剂500～800倍液或50%代森铵水剂800倍液喷治。

3. 根腐病

（1）症状。受害植株地上部叶变软、枯萎，但不脱落。剖开病株，茎地下部和主根上部呈黑褐色，侧根减少。根大部腐烂时，地上部植株随着枯萎死亡。

（2）防治方法。

①冬季及时清除田间病残体，集中处理，减少翌年初侵染源。

②发现病株拔除烧毁，病穴用石灰消毒，周围植株可选用70%甲基硫菌灵可湿性粉剂1 000倍液、70%敌克松可湿性粉剂1 500倍液或25%多菌灵可湿性粉剂600倍液喷洒。也可用上述药剂淋灌植株根部，效果更好。

③采用高垄栽培，雨天及时排水，实行干湿灌溉。

④药剂防治同草珊瑚黑腐病。

4. 虫害　主要是地下害虫，如小地老虎、蛴螬等，可采取人工捕捉或利用灯光诱捕，或用毒饵诱杀幼虫。也可用生物制剂如小卷蛾斯氏线虫颗粒剂防治。

六、采收加工

草珊瑚叶片有效成分含量比根、茎高，因此在生长期采摘植株下部浓绿的老叶，秋季在离地面5～10厘米处将植株割下，洗净晒干入药或直接加工成浸膏交制药厂生产。林下草珊瑚定植当年，每亩可产鲜草珊瑚1 500～2 000千克，晒干后的干品200～300千克，以后产量可逐年增高，每亩最高可产鲜草珊瑚4 000千克，干品600千克以上。

药材质量以无杂草、泥沙、虫咬和霉变为佳。

第六节　林下淫羊藿种植技术

淫羊藿为淫羊藿属多年生草本植物，全草供药用，是我国重要的药用植物，具有补肾壮阳、祛风除湿、强健筋骨等功效，对肾虚阳痿、尿频失禁、腰膝酸软、慢性支气管炎、小儿麻痹、风湿痹痛、半身不遂、高血压、病毒性心肌炎、神经衰弱、慢性肾炎等病症有良好的疗效。目前，淫羊藿药材主要依靠野外采摘，药农为了采集方便，往往连根拔起，过度的采挖和毁灭性的采集方式已经对淫羊藿野生资源造成严重破坏，野生资源量逐年下降。鉴于野生淫羊藿日益紧缺，无法满足市场需求，可对淫羊藿进行林下人工仿野生栽培。

一、选地与整地

选择交通便利、水源方便、南坡中下部土层深厚、土质疏松、富含有机质、坡度25°以下、排水良好、透水性强的沙质壤土的林地。林分郁闭度0.4～0.7。选好林地后，秋季先在林中空地每亩均匀施入3 000千克腐熟农家肥，再用旋耕机将施入基肥的土壤翻耕20厘米以上，使肥土充分混合，整平耙细后，按床宽1.2～1.5米做成平床或高床待种。

二、栽培方法

淫羊藿有3种林下种植方法，生产上多采用分株苗种植，也可用种子育苗种植或根茎繁殖种植。

（一）分株苗种植

夏季6～8月高温多雨时，选择阴天或雨天前后，将生长旺盛的野生淫羊藿植株整株带土挖取，按20厘米×25厘米的株行距随挖随种，覆土3～5厘米厚，踩实后，再覆盖树叶3～5厘米厚。

（二）种子育苗种植

6月中旬采集淫羊藿种子，随采随洗去除成熟度不好的种子，最好是随采随洗随播，也可随采随洗随混湿沙短时间埋藏，待苗床准备好后撒播或条播。在已准备好的苗床上挖3～5厘米深的浅沟，先用过筛的细腐殖土将沟底铺平，再按10～15克/米^{2}的播种量将种子混拌5～10倍的细沙或腐殖土，然后以2～3厘米的种子间距均匀撒播在播种沟内，播后覆盖0.5～1厘米厚过筛的细腐殖土，再在床面上盖1层落叶或稻草。也可在做好的苗床上按10～15厘米的行距挖宽5～6厘米、深3～4厘米的横沟，将沟底整平，再按2厘米的种子间距将种子均匀地条播入沟内，播种量10克/米^{2}左右，覆土0.5～1厘米厚，再覆盖落叶或稻草保湿。种子育苗生长1年后，于10～12月在准备好的种植床上，按12～15厘米的行距挖8～10厘米深的种植沟，在种植沟内以10厘米株距摆苗，将须根舒展，覆土6～8厘米厚，稍镇压即可。

（三）根茎繁殖种植

春季4～5月萌芽前，挖取野生淫羊藿苗或人工栽培采割后的留床根茎种植。将挖取的淫羊藿根茎剪成长8～10厘米且保留

1～2个芽的小段，用50～100毫克/千克5号生根粉浸根5秒，在准备好的种植床上，按20～25厘米的行距挖8～10厘米深的横沟，在种植沟内按10～15厘米的株距顺行摆放根茎，覆5～8厘米厚的细土，稍加镇压后，再覆盖3～5厘米厚的湿树叶。

三、林间管理

（一）补苗

第二年春季种苗成活后，及时拔除死苗、弱苗、病苗。阴雨天选择同规格的淫羊藿苗补栽，保证单位面积的基本苗数。

（二）松土除草

淫羊藿移栽后每年松土除草3次。4月杂草萌发后进行第一次松土除草，6月上中旬进行第二次松土除草，采种后进行第三次松土除草。

（三）追肥

1. 根外追肥　移栽后第一年生长期施肥2～3次。第一次在展叶后喷300毫克/千克复合微生物菌剂，或5406菌肥液，或0.2%尿素溶液；第二次在绿果期喷0.2%磷酸二氢钾或0.01%～0.05%硼酸或2%过磷酸钙。移栽第二年以后，除进行叶面喷肥外，还应在根侧追施提芽肥、促芽肥、采后肥等。

2. 追施提芽肥　栽植后的第二年3月底至6月追施1～2次提芽肥，每次每亩施入无机氮肥5千克或有机复合肥10～30千克。

3. 追施促芽肥　栽植后的第二年10～11月，每亩施1次腐熟农家肥1 000千克或有机复合肥10～20千克。

4. 采收后补施追肥　采收后，每亩施1次腐熟农家肥1 000～2 000千克或有机复合肥20～30千克。

（四）水分管理

淫羊藿喜湿润土壤环境，种植淫羊藿适宜的土壤含水量为

20%～30%。林下种植淫羊藿应当根据土壤中水分的变化情况适当进行灌溉、排涝。夏季连晴5～6天后土壤含水量低于15%时，必须于早晚浇水灌溉；雨季土壤含水量大于30%时要及时排涝。

（五）适当遮阴

淫羊藿是喜阴植物，林下种植淫羊藿应适当修枝或搭棚，使1～2年生淫羊藿植株所在树林郁闭度保持在0.6～0.7，3～4年生以上淫羊藿植株所在树林郁闭度保持在0.4～0.5。

（六）病虫害防治

1. 叶褐斑枯病　苗期和成株期均有发生，以苗期发生较多且危害重。

（1）症状。初期为褐色斑点，周围有黄色晕圈。扩展后病斑不规则，边缘红褐色至褐色，中部呈灰褐色；后期病斑灰褐色，收缩，出现黑色粒状物。

（2）防治方法。

①及时清除病残体并销毁，减少侵染源。

②发病初期可用50%代森锌可湿性粉剂600倍液、1∶1∶160波尔多液、30%氧氯化铜600～800倍液、50%多菌灵可湿性粉剂500～600倍液或70%甲基硫菌灵可湿性粉剂800～1 000倍液喷雾防治，次数视发生情况而定。

2. 皱缩病毒病

（1）症状。病叶皱缩，不平，增厚，畸形呈反卷状。苗期常有2种症状：病叶扭曲畸变，皱缩不平增厚，呈浓淡绿色不均匀的斑驳花叶状；病叶褪绿呈黄色花叶斑状。

（2）防治方法。

①选用无病毒病的种苗留种。

②生长期及时灭杀传毒虫媒。

③发病时可选用20%毒克星可湿性粉剂500倍液，或0.5%抗毒剂1号水剂250～300倍液，或20%病毒宁水溶性粉剂500倍

液等喷雾防治，隔7天1次，连用3次。采收前20天停止用药。

3. 锈病

（1）症状。初期叶片上出现不明显的小点，后期叶背面出现橙黄色微突起的小疱斑，严重时叶片枯死。患病果实出现橙黄色微突起的小疱斑，严重时成僵果。

（2）防治方法。发病初期可用20%爱可悬浮剂1 000～1 500倍液喷雾防治，每亩用药量30～40克；发病期可选用15%三唑酮可湿性粉剂1 000～1 500倍液，每亩用药量40～45克。

4. 白粉病

（1）症状。发病初期，叶片正面或背面产生白色近圆形的小粉斑，逐渐扩大成边缘不明显的大片白粉区，布满叶面。抹去白粉，可见叶面褪绿，枯黄变脆。发病严重时，叶面布满白粉，直至整个叶片枯死。发病后无臭味，白粉是其明显病征。

（2）防治方法。

①清洁种植区，加强管理。

②发病期可选用50%多菌灵可湿性粉剂500倍液或75%甲基硫菌灵可湿性粉剂1 000倍液喷雾防治。病害盛发时，可喷15%三唑酮可湿性粉剂1 000倍液等药剂防治。

5. 蚜虫

（1）症状。被害叶卷曲、皱缩、畸形、泛黄，出现叶斑，枯萎以至死亡。

（2）防治方法。每亩用25%噻虫嗪水分散粒剂3～4克，兑水30～50千克，或每亩用10%吡虫啉可湿性粉剂20～30克，兑水30～50千克，喷雾。防治次数视发生情况而定，施药间隔7～10天。

四、采收与初加工

8月，将树林下种植2年后的淫羊藿地上茎叶全部采割下来并捆成小把，放在阴凉通风干燥处阴干，选出杂质、粗梗及混入的异物后出售。连续采收3～4年后，轮息2～3年再采。

第七节　林下天麻种植技术

天麻为兰科天麻属多年生寄生草本植物，其根茎入药，主治眩晕眼黑、头风头痛、肢体麻木、半身不遂、语言謇涩、小儿惊痫动风等疾病。

天麻主产云南、四川、重庆、贵州等地，吉林、辽宁、河北、河南、安徽、湖北、陕西、西藏等地也有分布，生于林下阴湿、腐殖质较厚的地方。

一、生物学特性

天麻依附蜜环菌分解养分生长，而蜜环菌为泡头菌科蜜环菌属一种兼性寄生真菌，发育阶段分为菌丝体和子实体。菌丝体以菌丝和菌索两种形态存在，常寄生或腐生于树干和树根的组织内，导致树木腐朽；菌索是由无数条菌丝网结而成，菌索常附着在树根、树干和天麻块茎表面以及木质部和韧皮部之间。

二、环境要求

天麻分布广，海拔400～3 200米均有生长。天麻喜冷凉潮湿的气候条件，适生温度为10～27℃，温度过低停止生长，温度过高抑制生长；要求相对湿度70%～80%，多雨潮湿环境适合天麻生长。蜜环菌寄生或腐生较好的林地，可为天麻生长提供营养物质。在土层深厚、土质带沙、土壤肥沃的腐殖土中，蜜环菌生育良好，天麻生长健壮，产量高，品质也好。

三、栽培技术

（一）林地选择

选择阔叶林、针阔混交林、灌木林下排水良好、土质疏松、pH 5.5～6.5、土质带沙的土壤地域。林分郁闭度以 0.3～0.5 为宜；宜选择未开垦林地，忌熟地及重茬地；以坡度 5°～25°的半阴半阳坡或阴坡为宜。

（二）菌材培育

1. 菌种选择 应选择与栽培品种亲和力好、优质、健壮、不老化的蜜环菌生产种（三级菌种）。

2. 菌材准备 6～7 月进行。选择新采伐柞树、桦树等阔叶树段木，直径 5～10 厘米为宜，长 40～60 厘米，树皮上每隔3～5 厘米砍一个鱼鳞口，砍到木质部为宜，根据段木粗细砍 2～3 行，现砍现用。

3. 培育方法 挖菌材坑，深 15 厘米左右、宽 45～60 厘米、长度视菌棒多少而定；坑底铺一层约 1 厘米厚的阔叶树湿树叶，摆一层段木；再铺一层树叶，摆放第 2 层段木，与第 1 层交叉摆放；在第 2 层段木中间撒上蜜环菌 3 级菌种，摆放第 3 层菌棒；用腐殖土填充段木的空隙，空隙填充要紧密；覆盖约 3 厘米厚的壤土或沙土，再覆盖 5 厘米厚的树叶保湿。

（三）种麻选择

生产上选用新鲜完整、生长健壮、无病害、无机械损伤、长 4～8 厘米的块茎做种麻。

（四）栽植方法

春栽时间 5 月上旬至 6 月上旬，秋栽时间 9 月下旬至 10 月中旬。

清除地面杂草，顺坡做床，床宽 1.5～2 米，长度一般为 20 米，步道沟宽 0.5 米，平整床面；床底撒一层约 1 厘米厚的新鲜阔叶树湿树叶；顺坡摆放蜜环菌菌材，菌材间距 3～5 厘米；用松散的腐殖土填充菌材之间的空隙，添至菌材略露出；靠近菌材摆放种麻，种麻顶芽朝上、间隔 10 厘米左右；放一层细短枝略盖住种麻和菌材层，用腐殖土覆盖在短枝层上，厚度 2～3 厘米；上面盖一层 5 厘米厚的树叶保湿。

（五）林间管理

1. 温湿度　生长季以 20～25℃为宜，气温过低时应撤掉床上过厚的树叶，温度超过 28℃时，应覆盖树叶等降温。生长早期适宜湿度 40%～55%；中期适宜湿度 55%～65%；入冬前适宜湿度 40%以下。干旱时应及时浇水；雨季应及时排水防涝。

2. 防寒　秋栽应提早栽种，在低温冰冻之前让菌、麻、土充分结合，增强抗寒能力；地温低于 0℃时床面应增加土层厚度防寒。

3. 病虫害防治

（1）腐烂病。选择无杂菌感染的菌材和种麻，雨天及时排水。

（2）白蚁。在栽培地周边、白蚁经常出没的地方喷洒敌百虫、辛硫磷等。

四、采收

天麻在秋冬季 11～12 月和春季 3～4 月采收，冬采者名冬麻，质量优良；春采者名春麻，质量不如冬麻好。宜在晴天采挖。去掉覆盖物及培养料，取出菌材收取天麻；要轻拿轻放，抖掉泥土。

收后分类装箱，种麻在 0～5℃下沙藏保存，商品麻运至加工厂。

第八节　林下鱼腥草种植技术

鱼腥草又名折耳根、蕺菜，为三白草科蕺菜属多年生草本植物，全株供药用。生于沟边、溪边或林下湿地上，夏季茎叶茂盛花穗多时采收，洗净，阴干用或鲜用。

鱼腥草喜温暖阴湿环境，怕干旱，较耐寒，在－15℃以下仍可越冬。4～5月开花，6～7月结果，11月下旬开始谢苗，第二年3月返青。人工栽培每亩可产1 000千克以上。

林下鱼腥草

一、栽植前准备

选肥沃疏松、排灌方便、背风向阳的沙质壤土或富含有机质的林地土壤栽培。深翻松土后做高床，床宽1.5～1.6米、高30厘米，沟底宽20厘米。每亩施腐熟的农家土杂肥3 000～4 000千克做基肥，按株行距14厘米×20厘米开浅沟或挖穴定植，种植后浇水，保持土壤湿润。

二、栽植

鱼腥草栽植可采用分株繁殖、插枝繁殖和根茎繁殖栽植。

鱼腥草有白茎和红茎两种。红茎鱼腥草香气更浓，但商品价值不及白茎，作食用一般选用白茎种较好一些，而作药用主要是提取鱼腥草素。该成分主要取决于鱼腥草的采收季节和加工流程，对品种没有要求。

1. 分株繁殖　在 3 月下旬至 4 月，将母株挖出分株移栽于沙壤土的苗床上育苗或直接移植均可。

2. 插枝繁殖　可在春夏季，剪取无病虫、健壮枝条做插穗，截成 12～15 厘米长，扦插于沙壤土的苗床上，株行距 10 厘米×16 厘米或 10 厘米×14 厘米。插后浇水，遮阴，3～4 天后再补浇 1 次水，以促进种茎发芽，生根后移苗定植。

3. 根茎繁殖　可在 2～3 月，挖出色白、粗壮的根茎，截成具有 2 个腋芽以上的小段，在苗床上开浅沟育苗或直接定植。

鱼腥草喜湿润土壤，怕干旱，高温干旱季节要保证土壤水分充足，出苗后应始终保持土壤湿润，土壤含水量要经常保持最大持水量的 75%～80%，灌溉以喷灌、沟灌为好，切忌漫灌，以免土壤板结。

三、林间管理

幼苗期遇干旱，应早晚浇水，湿润苗土。幼苗成活至封行前，中耕除草和追肥 2～3 次，肥料以人粪尿或化肥等为主。幼苗高 3 厘米时即应追肥，每 15 天浇施 1 次稀薄人粪尿。在初夏茎叶生长旺盛时，可在行间泼浇 50%腐熟人粪尿，15 天 1 次，施肥量每亩 1 500～2 000 千克，封行前最后 1 次追施稀薄人粪尿时每亩增施 10 千克尿素，使植株在干旱来临前封行，既遮阴保湿，又提供充足的养分，供应地下茎生长。

封行后一般不进行土壤追肥，但可用 0.1%～0.2%磷酸二氢钾进行叶面追肥，每 7 天 1 次，共追 2～3 次。

春夏季收割后以施氮肥为主，促进植株萌发；秋冬季收割后以施磷、钾肥为主，并培土以利越冬，为来年萌芽打好基础。

四、病虫害防治

一般来说，野生鱼腥草抗病力强，但鱼腥草人工栽培后，其营养条件得以改善，植株生长旺盛，纤维减少，糖分增加，柔嫩多汁，抗病力大大降低。目前已经发现栽培鱼腥草有少量病虫危害。

1. 白绢病

（1）症状。白绢病主要危害鱼腥草近地面根茎部，病部表面产生大量绢丝状白色菌丝层。

（2）防治方法。可选用40%福星乳油6 000倍液、43%好力克悬浮剂8 000倍液、45%特克多悬浮剂1 000倍液、10%世高水分散粒剂8 000倍液、50%敌菌灵可湿性粉剂400倍液喷浇病株根茎和邻近植株及土壤。

2. 叶斑病

（1）症状。叶斑病发病初期，叶面出现不规则或圆形病斑，边缘紫红色，中间灰白色，上生浅灰色霉层。后期严重时，几个病斑融合在一起，病斑中心有时穿孔，叶片局部或全部枯死。

（2）防治方法。在发病初期，可选用50%甲基硫菌灵可湿性粉剂800～1 000倍液或70%代森锰锌可湿性粉剂400～600倍液喷雾防治，每隔15天喷1次，连续喷2～3次。

3. 茎腐病

（1）症状。茎腐病的茎部病斑呈长椭圆形或菱形，略呈水渍状，褐色至暗褐色，边缘颜色较深，有明显轮纹，上生小黑点。发病后期茎部腐烂枯死。

（2）防治方法。在茎腐病发病初期，可选用50%多菌灵可湿性粉剂或65%代森锌可湿性粉剂500～600倍液，也可选用70%甲基硫菌灵可湿性粉剂800倍液喷雾防治，每隔7天喷

1 次，连续喷 2～3 次。

4. 虫害 栽培鱼腥草害虫主要是螨类（红蜘蛛）。

（1）危害状。红蜘蛛的成螨、若螨和幼螨刺吸鱼腥草叶片、嫩枝的汁液。被害叶片呈现许多粉绿色至灰白色小点，失去光泽，严重时植株变黄，产生大量落叶和枯梢，以 3～6 月和 9～11 月为活动高峰期。

（2）防治方法。螨类可选用 24%螨危悬浮剂 4 000～6 000 倍液、73%克螨特乳油 2 000～3 000 倍液，或 5%尼索朗乳油 3 000～5 000 倍液喷雾防治。

五、采收

1. 菜用鱼腥草采收 当地下茎长 30 厘米以上时即可去叶挖根，洗净后的鲜品可做菜用，或可作为商品出售。

2. 药用鱼腥草采收 应在茎叶茂盛、花穗多、腥臭气味最浓时采收（此时鱼腥草中癸酰乙醛、月桂醛等挥发油有效成分含量最高）。一般当年栽培的可在秋季采收 1 次，越年栽培的可于第二年 6 月和秋季各采收 1 次。

鱼腥草

收获时，选择在晴天露水干后齐地割取地上部分，或将全草连根挖起，直接鲜卖。也可在收割后，及时晒干或烘干，但在干燥过程中一定要注意避免堆积和雨淋受潮，以防其发酵或叶片失绿变黄，影响质量，干后选择淡红褐色、茎叶完整、无泥土等杂质的干品药用鱼腥草，扎成小把于通风干燥处储藏或销售。

第九节　林下白术种植技术

白术是菊科苍术属多年生草本植物，以根茎入药，是中医“参、术、苓、甘”四大名药之一，有健脾胃、燥湿、行水、安胎等作用。主要分布于中国江苏、浙江、福建、江西、安徽、四川、重庆、湖北及湖南等地。

一、选地

白术具有怕旱、怕湿喜燥、怕热喜凉、怕熟喜生的特性，因此选好地是白术获得高产优质的前提。

白术对土壤要求严格，宜选择地势高燥，气候凉爽，阳光充足，海拔350米以上，土层深厚，地下水位1米以下，排灌方便的微酸性黄泥沙质松土的林地种植。

二、栽植与管护

（一）栽植

选择长势旺盛、抗病性强、高产优质的香秆种或大叶种留种，进行合理密植。惊蛰前后20天栽植。栽植密度过稀，产量不高；过密影响通风透光，易滋生病虫，根茎数量虽多，但个体不大，产量也不高。一般以白术长大后茎叶互相不重叠为度。生产上多起垄栽培，垄面宽1.2～1.3米，龟背形，步道沟宽23～27厘米，深20～23厘米。在垄面上按20厘米×25厘米的株行距种植，每亩栽植1.1万～1.2万株。种植时，播种深度要适中，过浅保温差，前期容易受冻，中后期遭风害容易倒伏，土温升高快促发蘖芽（即萌发的新芽），以致术形差，产量品质低；过深发芽慢，术形细长，品质也不好。一般以深度5～7厘米为宜，种后覆土3厘米厚最佳，有利齐苗、壮苗，减少萌蘖，增强植株抗逆性。

（二）林间管理

1. 施好肥　一般每亩产白术350千克的需要施入纯氮24～26千克、纯磷15～17千克、纯钾13～15千克、硼砂0.5～0.7千克。白术施肥主要包括基肥、苗肥、秆肥、根茎肥。

（1）基肥。要求肥多素全，以有机肥为主，每亩施腐熟优质栏肥1 500～2 000千克、人粪尿750～1 000千克、饼肥50～60千克、焦泥灰2 000～2 500千克、过磷酸钙30～40千克、硼砂0.5～0.7千克。

（2）苗肥。要求早而轻。一般在谷雨前后苗高10厘米左右时，每亩施一次稀薄人粪尿300～400千克，或碳酸氢铵10千克，促苗生长。

（3）秆肥。要求及时适量，一般在小满前后苗高30厘米左右时，每亩施1次人粪尿500～600千克或复合肥15～17千克，以满足白术繁殖器官形成前对肥料的需求。

（4）根茎肥。要求重而全，一般在小暑前后根茎开始膨大时，每亩施腐熟菜饼肥25～30千克、人粪尿750～900千克或复合肥30千克、过磷酸钙25千克、碳酸氢铵40千克，以充足供给根茎膨大期的需肥量。此期还要喷施0.3%磷酸二氢钾加0.2%硼砂混合液1～2次，促根茎膨大。

2. 促苗壮株健　白术管理总的要求是无病虫、无杂草、无分蘖、无积水，达到苗壮株健。

白术因根系接近地面，又是密植，中耕宜浅，次数宜少，在幼苗期结合培土进行中耕除草1～2次即可。茎秆形成后改为人工拔草。

干旱时要及时浇水，清沟与培土经常结合进行。追肥结束后，大暑前割草铺地以减少杂草生长和地面水分蒸发、避免雨水激溅泥土，减少土表的病菌传播。

为使白术植株养分集中供应根茎生长，促根茎膨大，要及时除蘖，剪除分茎、铺地分枝；一般在现蕾至开花前、夏至后剪除铺地分枝，每隔6～7天剪1次，连剪3～4次，每次都要剪净，剪口要平，以利伤口愈合。剪下的蘖、茎、枝要带出田外，集中处理。为防止白术倒伏，还应在芒种前后喷施1～2次白术灵600倍液，促白术根深、根旺、秆壮、株健，增强抗倒伏能力。

3. 摘除花蕾 白术一般在6月中旬开始现蕾，7月上中旬在现蕾后至开花前分批将蕾摘除，有利于提高白术根茎的产量和质量。

4. 盖草越夏 白术怕热，因此在7月高温季节可在地表撒一层树叶、麦糠等作为覆盖物，调节地温，使白术安全越夏。

（三）病虫害防治

1. 病害 主要有立枯病、根腐病、白绢病和铁叶病。防治措施是在做好农业防治的基础上重点抓好化学防治。播种前用70%甲基硫菌灵可湿性粉剂700倍液浸种栽培，可同时预防以上病害。

（1）立枯病。发病初期用70%敌磺钠可溶粉剂1 000倍液或50%多菌灵可湿性粉剂800倍液喷雾防治。

（2）根腐病。在5月中旬开始发病前用75%百菌清可湿性粉剂600倍液浇根预防。以后每隔15～20天施药预防1次，连续浇根4～5次，防治效果可达95%以上。

（3）白绢病。在5月下旬发病前用20%甲基立枯磷乳油800倍液浇根预防，以后每隔15～20天施药预防1次，连浇4～5次，防效可达95%以上。

（4）铁叶病。在4月中旬喷1次等量式波尔多液，加强田间检查，出现发病中心时及时喷药防治。

2. 虫害 主要有地老虎、蚜虫、蛴螬、金龟子、根蚜等。

（1）地老虎。白术苗出土后至5月，地老虎危害最强烈，一般人工捕杀为主。白术苗期每天或隔天巡视苗地，如发现新鲜苗子和白术叶被咬断过，在受害白术植株地面上有小孔，可挖开小孔，依隧道寻觅地老虎的躲藏处，进行捕杀。至6月后白术植株稍老，地老虎危害逐渐减轻。

（2）蚜虫。根据蚜虫发生程度，每亩用0.36％苦参碱水剂60毫升或3％啶虫脒乳油1 000倍液喷雾防治。

（3）蛴螬、金龟子和根蚜。防治蛴螬、金龟子和根蚜等地下害虫，结合施秆肥和根茎肥用40％辛硫磷乳油1 000倍液灌根防治。

三、采收与加工

白术收获过早尚未成熟，含水量高，折干率低，烘干时间长，影响产量与品质；收获过晚，根茎容易再次萌芽，且白术表皮皱缩，影响售卖。

一般白术在经霜打后，茎叶枯萎，上部叶片硬化发脆，下部叶片发黄时，选择晴天、土质干燥时挖取收获。此时收获，根茎已老熟，折干率和产量均高，质量好。如果上部叶片与枝茎尚未枯萎，地下根茎尚未发生蘖芽，可适当推迟收获，以利根茎充分老熟。

收回后，除去须根，烘干或晒干。一般1.25～1.5千克加工成干货1千克。

第十节　林下蒲公英种植技术

蒲公英，别名黄花地丁、婆婆丁，为菊科蒲公英属多年生草本植物。蒲公英植株体中含有蒲公英醇、蒲公英素、胆碱、有机酸、菊粉等多种健康营养成分，有利尿、缓泻、退黄疸、利胆等功效。蒲公英可生吃、炒食、做汤，是药食兼用的植物，同时也具有独特的观赏价值，具有绿化、美化环境的作用。

一、林地选择

蒲公英适合在郁闭度 0.6 以下的幼龄林内间种。对土壤条件要求不严格，但喜肥沃、湿润、疏松、有机质丰富、排水良好的沙质壤土。

二、栽植与管护

蒲公英是浅根系地被植物，在水肥利用方面与树木的深根系形成立体互补，可以实现肥料的充分吸收利用，减少营养元素的渗漏损失。因此，林下间种蒲公英可充分利用水土资源和光热资源，发挥植物群落的生态经济总体效益。

（一）整地播种

蒲公英抗逆性强，较耐旱，耐盐碱，耐瘠薄。播前浇透水，每亩施用优质腐熟农家肥 4 500 千克，深翻地，整平耙细，做成苗床，在床面上按行距 25 厘米开深 1.5 厘米的浅沟进行条播。

蒲公英种子无休眠期，适合 4 月初播种。为了增加收益，提高产量，保证出苗整齐，可播前进行催芽。即将种子放在湿润的器皿中，每天冲洗 1 次，保持温度 20～25℃，2 天后种子萌动时即可播种。将催芽的种子与湿沙拌匀条播于播种沟内，覆土约 2.5 厘米厚，稍加镇压即可。每亩播种量 0.5 千克。

种子也可不做处理，用常规方法将种子与面沙混合后待播，种子落地均匀，有利于出苗。如遇低温干旱，可扣膜保温保湿，出苗后及时除膜，防止烧苗。

（二）林间管理

一般播种后 7～10 天出苗，催芽的种子出苗较快，未催芽的种子出苗相对较慢。蒲公英幼苗细小，要随时拔除杂草，当幼苗进入 3 叶期、6 叶期和 8 叶期时，应结合中耕除草分别进行 3 次间苗，间苗时采用邻行错位的原则，充分利用光照和土地，避免遮阴。最后一次按株距 12 厘米定苗，定苗时要去除弱苗、留存壮苗。定苗后，追施尿素 16 克/米^2、磷酸二氢钾 7 克/米^2，结合追肥再浇水 1 次。

蒲公英的抗逆性较强，田间管理的重点是清除杂草和加强肥水管理。保持土壤湿润和增强地力是蒲公英生长的关键。

三、采收

（一）地上部采收

食用蒲公英需要采收嫩叶上市，一般出苗 25 天左右可收割或采摘幼苗，用刀贴地割取心叶以外的叶片食用或分批采摘外层大叶食用。采收时，选大株，留中、小株继续生长，培育壮根，以便来年培育壮苗。收割后 5 天内不浇水，防止烂根。之后结合浇水及时补充土壤养分。

药用蒲公英采收的最佳时期是在植株充分长足，由营养生长转向生殖生长时，即个别植株顶端可见到花蕾时。此时叶芽已转变为花芽，植株不会再长出新叶，若不及时进行采收，花蕾生长消耗大量营养，将会影响品质。

（二）种子采收

5～6 月为蒲公英开花结籽期，开花后 15 天左右种子即可成熟，此时选择根茎粗壮、叶片肥大的植株作为采种株。采种时将花盘摘下，放室内后熟 1 天，待花序全部散开，再阴干 1～2 天，在种子半干时，用手揉搓或用细柳条轻轻拍打去掉冠毛，晒干后即成备用种子。采种时也可用专用设备采收，提高工作效率。

（三）地下部采收

蒲公英全株均可入药，采收地下部一般在播种后 2～3 年。肉质根的收获应于上冻前完成。将肉质根挖起，摘掉老叶，晒干后供药用。

第十一节　林下麦冬种植技术

麦冬，别名麦门冬、沿阶草，为百合科沿阶草属多年生常绿草本植物。块根入药，具有滋阴生津、润肺止咳、清心除烦的功效，主治热病伤津、肺热燥咳、肺结核咯血等症。

麦冬喜温和湿润环境。土质以疏松、肥沃、排水良好的沙质壤土较好，过沙或者过黏的土壤均不适合栽培麦冬。生长前期需适当荫蔽，若强光直射，叶片发黄，生长发育受影响。能耐0℃低温，耐湿、耐肥。麦冬忌连作，需隔3～4年才能种植。

一、栽植前准备

分株繁殖可选四川三台麦冬品种，抗病性强，产量高。选择排灌方便、土质疏松肥沃的沙质壤土林地，经多次犁耙，每亩施入农家肥2 000～3 000千克，耙匀起高床，床宽1～1.2米，高约20厘米。

二、栽植与管护

（一）栽植

清明前后将老株挖出，切除块根、须根和老根茎，将丛生植株分成单株，剪去叶片长度的1/3，以叶片不散为度。先将苗在清水中浸10～15分钟，然后按株行距16厘米×26厘米开穴种植，每穴栽苗4～6株，栽深约3厘米，栽后浇足定根水。

（二）田间管理

麦冬前期生长缓慢，田间容易滋生杂草，因此应勤除杂草。麦冬前期需要荫蔽忌强光，郁闭度0.4～0.6的林地适合麦冬前期生长，如果林间空地光线太强，还应该在麦冬行间适当间作豆类和蔬菜作物。

麦冬的生长期较长，需肥较多，除施足基肥外，还要及时追肥。春季和秋季是麦冬产生大量分蘖和块根膨大阶段，应在施用氮肥时配合重施磷、钾肥，一般每亩施过磷酸钙 25 千克、人粪尿 1 500 千克、饼肥 100 千克。

此外，麦冬喜稍湿润的土壤环境，需水较多，除栽植后及时灌水浸润土壤以促进幼苗迅速发出新根外，5 月上旬天气渐热时，土壤水分蒸发快也应及时灌水。冬春发生干旱时，要在立春前后灌水 1 次或 2 次，促进块根生长。

（三）病虫害防治

1. 黑斑病　危害叶片，发生褐色病斑。

防治方法：选用无病种苗，发病时剪去病叶，采用 1∶1∶100 波尔多液或 65%代森锌可湿性粉剂 400 倍液喷雾防治，此外还应及时排除积水。

2. 块根腐烂病　块根形成期间，土壤含水量过高，容易发生块根腐烂病。

防治方法：种植前翻土过冬；选择排水良好的沙质壤土种植；块根形成期间注意排水。

3. 根瘤线虫病　致使麦冬根尖呈瘤状突起，生长不良。

防治方法：轮作；用茶枯水淋根。

4. 虫害　麦冬的主要害虫有金龟子、天牛、白蚁等。

金龟子等食叶害虫用苦参碱、敌杀死喷雾防治。

天牛等蛀干害虫可用吡虫啉喷雾防治，或用敌敌畏毒签插入排粪孔熏杀。

白蚁可用白蚁喷粉器向蛀道或蚁道内喷施灭蚁灵粉剂。

三、采收

麦冬以块根入药。种植 2～3 年后，于 4～5 月采收。将麦冬挖起，抖去泥土，摘下块根日晒，晒软后再揉搓，反复多次，直至去尽须根和干燥后，即可药用。

第十二节　林下夏枯草种植技术

夏枯草是唇形科夏枯草属多年生草本植物，高 13～40 厘米。花期 5～6 月，果期 7～8 月。生于荒地、路边草丛中。分布几乎遍于全国。

带花果穗入药称中药夏枯草，具有清火明目、散结消肿之功效，能治目赤肿痛、头痛眩晕等。

一、栽植前准备

夏枯草耐寒，适应性强，对土质要求不严，但以阳光充足、排水良好的沙壤土、黄土为好，特别是沙壤腐殖土最好，低洼易涝地不宜种植夏枯草。

林下种植夏枯草，整地前，先除尽杂草，然后每亩施磷肥 50 千克、尿素 20～25 千克或复合肥 50 千克做基肥，深耕 20～25 厘米，耙细，再按 1～1.2 米宽做床，将沟土覆在床面上即可。

二、栽植与管护

（一）栽植

夏枯草以种子繁殖为主，生产中一般采用直播，也可先育苗再移栽。夏枯草种子细小，温度 25～30℃，有足够湿度时，播后15 天左右出苗。

一般早春，或早秋播种，最佳季节为每年的立秋到白露。年内定根越冬，第二年长势旺盛，成熟早，产量高。

播种方法一般分条播和撒播两种，条播按行距2 厘米左右开浅沟，将种子均匀撒于沟内；撒播可将种子均匀撒于床面。播种时要将种子与草木灰拌匀后一起播种，播种后用扫帚轻扫覆上薄土，以盖没种子为宜。如果墒情较差应盖稻草保湿，盖后洒水，保持床面湿润，出苗后及时揭去盖草。

林间套种因土地利用率较低，用种量一般为 0.5 千克/亩。

（二）田间管理

夏枯草适应性强，整个生长过程中很少有病虫害。

播种后，遇干旱要及时浇水，保持土壤湿润，以保苗齐。雨天要及时清沟排水，避免田间积水。

苗出齐后长至 6～8 片叶时，结合中耕除草，按行距 2 厘米左右，株距 1.5～2 厘米进行间苗，去弱苗留强苗；等苗长至 10 片叶时，每亩追施清淡人畜粪水 200 千克或追施尿素10 千克。苗高 8～10 厘米时，按行距 5～10 厘米定苗。定苗后再视幼苗生长情况辅以适量的追肥，一般每亩施清淡人畜粪水 250 千克，施后浇一遍水，花前再开浅沟，每亩沟施圈肥 1 000 千克、过磷酸钙 15 千克。这样管理，第二年一般每株可有 50～120 个分蘖，高 50 厘米左右，产量高。

三、采收

当花穗变成棕褐色时，选晴天，割起全草，捆成小把，或剪下花穗，晒干或鲜用。留种以穗大、色棕红，摇之有响声的为佳。当花穗变棕红色时，剪下或摘下果穗，晒干，抖下或搓出种子，去其杂质，储存供种用。

第十三节　林下天南星种植技术

天南星为天南星科天南星属多年生草本植物，以干燥块茎入药，是历史悠久的中药材之一，能解毒消肿、祛风定惊、化痰散结。主治面神经麻痹、半身不遂、小儿惊风、破伤风、癫痫。外用治疗疮肿毒、蛇虫咬伤。天南星喜湿润、疏松、肥沃的土壤和环境，常生于海拔 2 700 米以下的林下、灌丛或草地。中国除西北外，大部分省份都有分布，日本、朝鲜也有分布。据试验，郁闭度 0.4～0.7 的林下空地种植天南星，2 年生每平方米产 0.6 千克，3 年生每平方米产 1.12 千克，经济效益明显。

一、繁殖

（一）块茎繁殖

天南星繁殖以块茎繁殖为主，也可种子繁殖。9～10 月收获天南星块茎后，选择生长健壮、完整无损、无病虫害的中、小块茎，晾干后置地窖内储藏做种用。窖深 1.5 米左右，大小视栽种多少而定，窖内温度宜保持在 5～10℃。低于 5℃容易受冻害；高于 10℃，则容易提早发芽。一般于翌年春季取出栽种，也可于封冻前进行秋栽。3 月下旬至 4 月上旬春栽，在整好的床面上，按行距 20～25 厘米，株距 14～16 厘米挖穴，穴深 4～6 厘米。然后，将芽头向上，放入穴内，每穴 1 块。

栽后覆盖土杂肥和细土，如遇干旱则浇 1 次透水。约半个月即可出苗。大块茎做种，可以纵切两半或数块，只要每块有1 个健壮的芽头，都能做种用。但切后要及时将伤口拌以草木灰，避免腐烂。种植切后的小块茎，覆土要浅；大块茎覆土要深。每亩需大种 45 千克左右，小种 20 千克左右。

（二）种子繁殖

天南星种子于 8 月上旬成熟，红色浆果采集后，置于清水中搓洗去果肉，捞出种子，立即进行秋播。在整好的苗床上，按行距 15～20 厘米挖浅沟，将种子均匀播入沟内，覆土与床面齐平。

播后浇 1 次透水，以后经常保持床土湿润，10 天左右即可出苗。冬季用厩肥覆盖床面，保温保湿，有利幼苗越冬。第二年春季幼苗出土后，将厩肥压入苗床做肥料，当苗高6～9厘米时，按株距12厘米定苗。

二、林地选择

天南星种植宜选择海拔800米以上，郁闭度0.4～0.7的林下空地、林缘，土壤湿润，排水良好的沙壤土。低洼、排水不良的地块不宜种植天南星。

三、整地与土壤处理

整地实行秋季带状全垦，带宽1米左右，深翻土壤20～25厘米，清除杂草及小石头等杂物。在开挖好的带状林地上，结合整地每亩施入腐熟厩肥或堆肥3 000～5 000千克，翻入土内做基肥。栽种前再进行1～2次垦复拌匀。

四、种植技术

（一）种植时间

1. 播种时间 11～12月。

2. 移栽时间 4～5月上旬。

（二）种植方法

1. 播种方法 首先，在整好的林地内，做宽100厘米的高床备播。四周开好深30厘米、宽20厘米的排水沟。其次，11～12月地温稳定在8℃时，把天南星大种茎用刀切分为小块种茎。用刀切时，确保每个切开的种茎都有1个芽眼，用草木灰处理伤口，随即播种，不能长久放置；也可将天南星种茎提前15天浸种催芽后播种，按行距30厘米、株距15厘米、深度5厘米挖穴，每穴播种1个种茎。播种完毕后覆土与地面持平并覆盖地膜。

2. 育苗移栽方法 春季4～5月上旬，当幼苗高6～9厘米时，选择阴天将生长健壮的小苗，稍带土团，按株行距 15 厘米×20 厘米移栽于整好的林地内。栽后浇 1 次定根水，以利成活。

五、林间管理

（一）土肥水管理

当苗高 6～9 厘米时，进行第一次松土除草，除草宜浅不宜深，只要疏松表土即可，除草后每亩追施稀薄人畜粪水 1 000～1 500 千克，或复合肥 30 千克；6 月下旬至 7 月上中旬进行第二次松土除草，松土可适当加深，在行间开沟，每亩施入粪肥 1 500～2 000 千克。7 月下旬结合第三次除草松土，每亩追施粪肥 1 500～2 000 千克，或每亩施复合肥 40～50 千克，在行间开沟施入，施后覆土盖肥；8 月下旬结合第四次除草松土，每亩追施尿素 10～20 千克，加饼肥 50 千克，以利增产。

天南星喜湿，栽后要经常保持土壤湿润，气温高时要勤浇水，保持水分充足。雨季要注意排水，防止田间积水，水分过多容易使苗叶发黄，影响生长。

（二）补栽

发现缺株、病株，以同龄壮苗补栽，并加强管理，使补栽苗与林地幼苗均衡生长。

（三）摘花

对未留种的林地，为减少养分的消耗，增加产量，可在 5～6 月天南星肉穗状花序从鞘状苞片内抽出时，及时剪除，以减少养分的无谓消耗，有利增产。

（四）病虫害防治

以生物防治为主，提高抗病抗虫能力。

1. 病害　天南星主要病害是病毒病。

（1）症状。病毒病为全株性病害，发病时，天南星叶片上会产生黄色不规则病斑，叶片出现变形、皱缩、卷曲，变成畸形等症状，使植株生长不良，后期叶片枯死。

（2）防治方法。

①选择抗病品种栽种，如在林间选择无病单株留种。

②增施磷、钾肥，增强植株抗病力。

③及时喷药消灭传毒害虫。可使用病毒 A、病毒必克防治病毒病；用 5%高效氯氰菊酯乳油 3 000 倍液杀死传毒害虫。

2. 虫害 天南星主要害虫有红天蛾等，以生物防治为主，培养害虫天敌，减少虫害。

（1）危害状。红天蛾以幼虫危害叶片，将叶片咬成缺刻和孔洞，7～8 月发生严重时，将天南星叶子吃光。

（2）防治方法。

①在幼虫低龄时，选用 90%敌百虫 800 倍液喷杀。

②忌连作，也忌与同科植物如半夏、魔芋等间作。

红蜘蛛、蛴螬等害虫，防治方法同上。

六、采挖加工

9 月下旬至 10 月上旬收获。过迟，天南星块茎难去表皮。采挖时，选晴天挖起块茎，去掉泥土、残茎及须根，装入筐内，置于水中反复刷洗去外皮，未去净的块茎用刀刮除表皮，晒干即成商品。天南星全株有毒，加工块茎时要戴橡胶手套和口罩，避免接触皮肤，以免中毒。

第十四节 林下黄连种植技术

黄连是毛茛科黄连属多年生草本植物，根茎状入药，为名贵中药材之一，主要分布于四川、重庆、贵州、湖南、湖北、陕西南部，多生于海拔 500～2 000 米的山地林中或山谷阴处，野生或栽培。

黄连有清热燥湿、泻火解毒的功效，主治湿热痞满、呕吐吞酸、泻痢、黄疸、高热神昏、心火亢盛、心烦不寐、血热吐衄、目赤、牙痛、消渴、痈肿疔疮；外治湿疹、湿疮、耳道流脓等病。

近年发展起来的林下栽黄连技术较搭棚栽培方法省工、省材，节约投资，劳动强度小，经济效益高。

林下黄连

一、培育壮苗

黄连一般采用种子繁殖。黄连属于种胚后熟类型。5 月上旬种子成熟采收后，选择阴凉较平坦的山坡用树枝搭荫棚，雨水能自然淋入棚内。棚下挖地 20 厘米深做窖，将种子与湿沙混匀后放在窖内层积储藏。经早晚及秋季低温使种胚后熟，胚逐渐发育形成，待 10～11 月种子裂口后撒播于高床上，每亩撒播黄连种子 1.5～2.5 千克，用牛马粪覆盖。第二年 2 月下旬在床面搭矮棚遮阴，3 月初出苗，拣去床面落叶，并除净杂草。苗期 5～6 月追施速效氮肥催苗，10～11 月撒细碎牛马粪及火灰腐殖土以利越冬。一般育苗 2 年后选择春、夏、秋季移栽。

二、选好林地

黄连种植要选择土层深厚、疏松肥沃、腐殖质深厚、富含有机质、排水力强、通透性能良好、荫蔽度较大、树高 3.3 米左右的矮生常绿乔木林地，微酸性至中性土壤为佳，不宜选黏重的死黄泥、白鳝泥土。忌连作。

三、整理林木

对自然林应将林地枯枝、小树、茅草全部清除，灌木、矮小乔木留下，并修去离地 2 米以下的小树枝，荫蔽度要保持在 70%～80%。对于人工培育的树林，应选幼林地，基本上达到树枝相连即可，有的地方若出现天窗，只需用树枝插于黄连四周即可起到遮阴作用。

四、整地做床

整地之前，用木耙将表土上的残枝、落叶、石块耙出林外，林内竹根、小树根以及茅草根要除净，注意挖除时不能对树根伤得太狠，切忌深挖。人工培育的树林只需浅挖 1 次，拣去杂草根和石块，树周围缺土的还要培土，不能让根露在外面。然后开沟做床，床宽 1.3～1.5 米，开直沟，沟宽 23 厘米、深 10 厘米，沟底的泥土放在两边床上。

五、移栽

林下栽黄连应选 12 片叶以上的两年生幼苗。移栽时间，如果是常绿阔叶树、针叶林地，一般在春季 2～3 月，黄连新叶长出前移栽，栽后不久即发新叶，长新根，生长良好，入伏后死苗少，成活率高；如果是落叶阔叶林地则待树木长出新叶后的夏季 5～6 月移栽，此时新叶已经长成，秧苗较大，栽后成活率高，生长也好。移栽前先将秧苗用钼酸铵 250～500 倍液，或高锰酸钾 500～1 000 倍液浸根 2 小时，使幼苗充分吸水后移栽，可促进幼苗发根和加速生长。移栽时选择阴天或晴天，按 10 厘米×10 厘米的株行距，挖穴移栽，每穴1 株，栽深 4～6 厘米，每亩可栽5.5万～6万株。

秋季9～10月移栽，栽后不久即进入霜期，扎根未稳就遇冬春冰冻，易受冻害，成活率低，一般不选择秋季移栽，只有在无冰冻地区才会选择在秋季移栽。

六、林间管理

（一）拔草追肥

保持床面无杂草，做到除早除小。栽后第一年、第二年苗小，苗间空地大，容易生长杂草，每年应拔草4～5次，第四至第五年的黄连已封垄，结合追肥每年拔草3次。

黄连移栽后1～3天，撒施少量牛马粪及熏土，或浇施稀薄猪粪水或菜饼水，也可每亩撒施细碎堆肥或厩肥1 000千克左右，此次肥料称刀口肥，能使黄连苗成活后迅速生长。每年早春、夏季种子收获后及冬季10～11月各追肥1次，春季以施氮肥为主；夏季以施磷、钾肥为主；冬季以牛马粪及熏土为主。

（二）培土上泥

当黄连苗成活后，每亩用饼肥25千克拌熏土薄薄地撒一层于地面上，第一年秋后结合施牛马粪拌一些细土撒于地面上。每次施肥后都应培土，一般第一年、第二年培土约1厘米厚，第三年、第四年培土2～3厘米厚。

每年秋季、春季将凋落的树叶扒到黄连的株行距中间，上面撒少许泥土。

（三）病虫害防治

1. 病害　黄连主要病害为白粉病，应降低荫蔽度增加光照，并用石硫合剂防治。

2. 虫害　黄连主要害虫有蛴螬、蝼蛄等，可用毒饵诱杀。早春还有麂子、锦鸡等野生动物危害黄连的花薹和种子，应围以篱笆，加强人工捕杀，减轻危害。

（四）削枝间伐

黄连栽后第一年只需透光20%～25%，第二年、第三年需透光35%～40%，第四年透光需增加到60%左右，第五年全部透光以促进地下干物质的积累，这样就需要逐年削枝或间伐。在第二年、第三年，削除部分树枝不会对树木生长有影响，第四年削枝要增多，对自然林要采取打落部分树叶或用藤条将枝叶捆起来，以增加林内透光度。人工培育的树林可根据林业技术规程，结合树木生长情况进行适当间伐、削枝，间伐时间应在林木停止生长、黄连尚未发芽时进行，一般宜在冬季进行。

七、采收

黄连通常在栽后第五年的10～11月收获，收获时挖出全株，敲落根部泥沙，运回加工处，将须根和地上部叶片一起剪掉，须根及叶片分别晒干可供兽药用，根茎单独烘干供药用。一般5～6千克鲜货可出干货1千克，每亩可产鲜黄连500～1 000千克，出干黄连100～200千克，高产者可达300千克。

第十五节　林下灵芝种植技术

灵芝，又称神芝、芝草、瑞草、灵芝草、神仙草、还阳草、万年蕈，是多孔菌科植物赤芝或紫芝的全株。灵芝作为拥有数千年药用历史、中国传统扶正固本、滋补强壮的珍贵药材，具有很高的药用价值，具有补气安神，止咳平喘之功效，用于治疗眩晕不眠、心悸气短、虚劳咳喘。

林下栽培 1 米^3 段木可年产干灵芝 15～20 千克，一次种植可连续采收 6～8 年。

林下灵芝

一、灵芝的生长习性

灵芝属高温型菌类，对温度的适应性较广。菌丝生长适宜温度 25～30℃。子实体分化所需温度为 25～35℃，当温度持续高于 35℃或低于 18℃时，子实体不能分化，在 27℃时生长较好。灵芝在菌丝体生长阶段不需要光，适合在黑暗条件下培养。灵芝喜微酸性或微碱性、湿润环境，子实体生长发育期空气相对湿度以 85%～95%为宜。灵芝是一种好气性真菌，菌丝生长和子实体发育都需要较多的氧气，空气中二氧化碳含量增加，在很大程度上会影响灵芝菌盖的发育。

二、林下仿野生栽培技术

（一）菌种选择

要选择丰产性较好，抗杂抗污性强的优质灵芝菌种，才能取得优质高产。可以选取优良野生紫灵芝菌株，并将母种培育成适合在林下仿野生种植的灵芝菌种。

（二）木料处理

段木对树种的要求不高，除松、柏、桉、樟等油脂较多且含刺激性气味的树种外，其他树种都可以做段木。壳斗科植物木质坚硬、心材少，较为合适。可选用锥栗、木荷、藜蒴、板栗、枫香树等树木。枫香木是所有生产灵芝材料中的最佳木料。杂木砍伐后自然晾晒 12 天左右，枫香木自然晾晒 20～30 天半干后搬回场地，制作段木，用材直径一般 3～16 厘米为宜，弯曲多疖疤木更好。用工具刨去粗皮，将其截成 14～15 厘米或 28～30 厘米长的小段，断面应平整，长短一致。用工具使段木基本光滑，以防刺破包装袋，并在段木中间沿横切面锯一道口，以便后面往里边放菌种。

（三）装袋

选用厚度 0.35～0.6 毫米的耐高温、抗拉力的聚丙烯塑料袋。塑料袋规格分为大袋和小袋2 种，大袋长 57 厘米、宽 26 厘米，小袋长 47 厘米、宽 22 厘米。每根段木套 2 层塑料袋，装袋时根据段木大小选择不同规格的塑料袋。段木放入后尽量减少缝隙，用细绳捆紧两头袋口，扎活结。装袋、搬袋要轻拿轻放，防止破损，一旦发现破袋要及时用透明胶补牢。

（四）高温灭菌

灭菌是灵芝生产能否成功的关键，一般采用高压蒸汽灭菌。锅炉内可放置 3 层蒸笼，蒸笼直径 160 厘米，高 50 厘米。每炉可蒸 300～400 根段木。锅内放入 250 千克水，炉下方用煤加热，火力要“攻头、守尾、控中间”。菌袋上灶后要迅速用旺火猛攻，使炉内温度迅速加热至 120℃后保温 6 小时，锅炉内最高温度可达 130℃，中间保持火力稳定，停火后待温度下降至 50℃后出锅冷却，置入接种室中。

（五）接种

选取优质的野生灵芝，在无菌条件下生产出纯正的母种，用以扩大培养转接原种，进行规模化生产。接种室可选用门窗封好、场地干燥、卫生条件好、便于清洁的5～10米^{2}的房间，内用塑料膜制成相等的接种帐。接种前8～12小时，将接种帐用气雾消毒盒3～4克/米^{3}进行消毒。待灭菌后的料袋温度冷却至28～30℃时控温接种。接种前，应先洗手换工作服、鞋子，工具必须经漂白粉消毒，接种人员的手经酒精消毒。菌种用5%漂白粉溶液浸泡5分钟，或用5克/米^{3}二氯异氰尿酸钠烟雾剂点燃熏蒸1小时。每包菌种接种4根段木，具体用量可根据段木大小调整。一人用水果刀裁开菌种袋，将1/4的菌种用手撕成1～2厘米长的小块置于碗中。另一人用镊子将菌种块夹入段木与包装袋的缝隙中，保持菌种在整个段木四周分布均匀，然后重新捆紧两头袋口，平稳堆放。每根段木接种后的工具和手都需重新消毒。废弃包装袋倒入封闭垃圾桶中。接种时保持封闭，禁止人员进出。

（六）菌丝培养

接种后，将灵芝菌袋运入无菌保温性能好的房间内进行培养，温度控制在25℃左右，温度过低要用火盆或煤、电加温，温度过高要适当通风而防止闷热烧菌，空气相对湿度应维持在50%～60%，并要求在黑暗环境中培养，保持通风。发菌20天后进行酌情翻堆，当菌丝长满全袋时适当增加光照，促进菌丝均匀生长。如果发现菌内积水或菌丝萎缩一定要割小口放气，以增氧通气，并让积水流失。在25～28℃温度条件下培养60～70天菌丝成熟，菌木表层菌丝洁白浓密粗壮，菌木间紧连不易掰开，少数菌木断面有豆粒大原基出现，即可迅速下地埋土培养，种植菌木前30天搬出适应常温30天。

（七）种植地选择

灵芝的生长需要适当的温湿环境，最适生长温度为25～28℃，一般适合生长在湿度高且光线昏暗的山林中。灵芝在生长发育过程中对气体反应敏感，栽培场地应选择在无污染、土壤排水性能好、土质疏松肥沃且交通和水源方便、向阳、通风的林地进行林下栽植，林分郁闭度 0.7～0.8，确保灵芝的生长条件更接近于原生态环境。

（八）仿野生种植

灵芝的林下种植时间为 3 月，在埋菌木前对林地内的种植地块翻耕、除草，做成宽 140 厘米、高 25 厘米的菌床，选择温度 15～25℃的晴天脱袋埋菌木。即先在菌床上开深 18～20 厘米的沟，选取粗细相近的菌木埋在同一菌床，菌木长度 28～30 厘米的横排，14～15 厘米的以竖排为好，有灵芝原基出现的断面向上，菌木行距 6～8 厘米，段距 2～3 厘米，排列要整齐，上层先铺2～3 厘米厚的细土，再覆盖枯枝落叶，最好选用针叶树种的枯枝落叶，如要培养较长菌柄的菌株，可适当增加覆盖物厚度。一般每亩可埋放 1～10 米^3 菌棒。

（九）出芝管理

菌床内适宜温度为 15～30℃。如气温过低应盖杂草保温，温度过高结合喷水和通风，保湿降温，为灵芝仿野生生长提供更理想的环境，这样可以提高灵芝产量，减少畸形芝的发生。观测温度一般以每天 9:00 和 15:00 测出地表温度为宜。发育成熟的菌木埋土后 15～25 天便可形成原基。原基开始呈较光滑的白色肉瘤状，向上伸长形成灵芝菌柄，如长时间处于 15℃左右只长柄而盖却不展开，只有达到 22℃以上时，菌盖才能正常展开。林下仿野生栽培灵芝，充分利用林下小气候自然出芝，经过 4～5 个月，灵芝成熟即可采收。每采完一批灵芝应清理床面，霜降后要在床面加盖稻草、细土，使之安全过冬。待第二年清明后气温稳定在 15℃以上时清除加盖物，再进行出芝管理。

（十）病虫害防治

在灵芝栽培管护过程中，应遵循“预防为主，综合防治”的植保方针，严格按操作规程控制杂菌污染，做好环境卫生，这是加强灵芝病虫害防治的重要环节。

灵芝常见病菌有木霉、根霉、青霉等，目前尚无有效补救措施，重在预防。灭菌过程要保证灭菌彻底，接种环节要规范，保证环境卫生干净，防止病菌感染。

灵芝常见的害虫有尺蠖、菌蝇、白蚁、蜗牛等，可采用人工捕捉的方法防治，或者在菌棒埋放地周围撒上消灭白蚁的药粉，还可以采用薄荷醇、桉油精或天然樟脑等天然香精油及醋酸进行熏蒸等处理。在灵芝生产管理过程中，尽量创造适合灵芝生长发育而不利于病虫杂菌发生的生态条件，达到有效防控的目的，实现无毒化、绿色防控，保证灵芝产品的质量安全。

（十一）采收与加工

灵芝生长期为 3～9 月，盛产期在 7～9 月，霜降停止出芝。按照先熟先采的原则采收。成熟的标志是菌盖边缘黄、白色环圈完全消失，菌盖变硬，色泽棕色，开始放射出大量的红色烟雾状孢子粉末时，即可分批采收。采收时从柄基部用剪刀剪下或用手轻摘，留柄蒂 0.5～1.0 厘米，剪口愈合后，条件适宜时可再形成菌盖原基，发育成二潮灵芝。采收后剪去过长菌柄，清除杂物，及时晒干或烘干，干燥后用聚丙烯袋外套包装，置于干燥的室内保存或出售，以防受潮、虫蛀、霉变。也可直接加工成灵芝片、灵芝粉和灵芝盆景等进行销售。

第十六节　林下丹参种植技术

丹参，为唇形科鼠尾毛属多年生草本植物。其根茎入药，味苦，性微寒，具有活血祛瘀、调经止痛、养血安神、凉血消痈等功能，主治胸痹心痛、脘腹胁痛、症瘕积聚、热痹疼痛、心烦不眠、月经不调、经闭痛经、疮疡肿痛，市场需求量大。

一、选择栽培场所

丹参适合气候温和，光照充足，空气湿润，土壤疏松肥沃，土层厚度≥40 厘米，土壤 pH 6.5～8.0，地下水位≥1.5 米的沙壤土地块。树下间作丹参，选择甘薯、玉米、花生等为前作。树南北行向为宜，选 4 龄以下，或郁闭度 0.5 以下的树林进行间作，树龄或郁闭度过大，间作行内光照不足，不利于丹参生长。忌连作。

二、整地做床

清除树下的杂草、落叶后进行整地，向下深翻 35 厘米左右，结合整地施基肥，每亩施入腐熟粪肥 2 000 千克、尿素 10 千克、过磷酸钙 50 千克，耙细整平，做成宽 1.3 米的高床，四周挖好宽 30 厘米、深 20 厘米的排水沟，以利于排水。

三、育苗

6～7 月，当丹参植株果穗 2/3 果壳变枯黄时采种，最好随采随播。一般采取撒播，每亩播种量 2.5～3.5 千克。如果直接将种子均匀撒在苗床上，可不盖土只用脚踏实，使种子和土壤紧密结合；如果将精选优质种子经水浸催芽后播种，则需掺 2～3 倍体积的细沙拌匀，均匀撒播在苗床上，覆土0.5 厘米厚，轻压抚平，浇透水。无论采取哪种播种方式，都需要在播种后盖上谷草或遮阳网，以便保湿防晒。播种后还要经常洒水保持土层湿润，10 天以后即可出苗。整个幼苗生长期内，每亩撒施尿素 2～3千克，结合灌水施肥。及时中耕除草和注意雨季排水。

四、移栽

（一）移栽前的准备

在选好的栽培场所，每亩施生物有机肥 200～300 千克，加氮磷钾复混肥50千克做基肥，翻耕30～40厘米深，整平耙细，起垄，垄宽40厘米，垄高25厘米。林地四周开挖宽40厘米、深35厘米的排水沟。

（二）种苗移栽

9～10月或第二年2～3月移栽，按株行距20厘米×40厘米，在垄面开穴或挖沟，穴深或沟深以种苗根能伸直为宜，每穴栽入幼苗1株，栽植深度以种苗自然生长深度为准，培土、压实至微露心芽，每亩定植2 500～3 000株，栽后浇适量定根水。

（三）埋根栽植

秋季收获时，留出适量种根地块，第二年2～3月，选择直径为0.7～1厘米，健壮、无病虫害、皮色红的根做种根，取新生根中、上部萌发力强的部分剪成长5厘米左右的节段，上端保持向上斜放，每亩定植2 500～3 000根，应随挖、随剪、随栽，栽后覆土约3厘米，灌透水。

五、田间管理

（一）中耕除草施肥

生育期中耕除草3次，第一次于5月苗高10～12厘米时进行，第二次于6月进行，第三次于8月进行，宜浅耕避免伤根。丹参属于喜肥药用植物，结合中耕除草，追肥2～3次，每亩施用腐熟粪肥1 000～2 000千克，加过磷酸钙10～15千克，或直接追施氮磷钾复混肥25千克。施肥采取沟施或开穴施入，施后覆土盖肥。

（二）排水

丹参最忌积水，在雨季要及时清沟排水；遇干旱天气要适时浇水，多余的积水应及时排出，避免受涝。

（三）摘蕾除薹

第二年4月下旬至5月陆续抽薹开花，为使养分集中于根部生长，除留种地或留种植株外，一律在花薹抽出 1～2 厘米时分次剪除花薹，时间宜早不宜迟。

六、病虫害防治

1. 根腐病

（1）症状。受害植株细根首先发生褐色干腐，并逐渐蔓延至粗根。根部横断面呈明显褐色，即维管束病变。发病后期根部腐烂，植株地上部分萎蔫枯死，吸收水分和养分的功能逐渐减弱，最后整株死亡。多在 5～11 月发生，高温多雨季节容易发病。

（2）防治方法。病重地区忌连作而采取轮作预防；选地势干燥、排水良好的地块种植；雨季注意排水；发病初期用 50%多菌灵可湿性粉剂或 50%甲基硫菌灵可湿性粉剂 800 倍液喷雾或浇灌病株防治。

2. 叶斑病

（1）症状。病菌主要侵染叶片，也侵染新枝。5 月初开始发生，可延续到秋末。病株叶片背面常出现外浓中淡、近圆形或不规则深褐色环纹枯斑，直径 1～8 毫米，严重时病斑密布、相互汇合，叶片枯焦凋落。

（2）防治方法。加强田间水肥管理，增强植株抗病力；注意排水，降低田间湿度；摘除发病的老叶，以利通风，减少病源，秋末冬初清除病残体集中烧毁或深埋；发病前后喷 1∶1∶150 波尔多液或 65%代森锌可湿性粉剂 800 倍液进行防治。

3. 根结线虫病

（1）症状。主要危害寄主植物的叶片、花苞和花朵，造成叶片黄化、落叶、小叶或叶片畸形。

（2）防治方法。实行轮作；结合整地，按种植行开沟，沟宽 20 厘米，沟深 20 厘米，在沟内均匀撒施棉隆微粒剂 5～10 克/米^2，覆土，盖上塑料薄膜，7～10 天后揭膜，松土 1～2 次，过 7～

10天后种植。

4. 银纹夜蛾

（1）症状。幼虫咬食叶片，咬成孔洞或缺刻，严重时整片叶子被吃光。

（2）防治方法。在幼龄期用90%敌百虫1 000倍液喷雾防治。

七、收获及加工

在移栽后第二年10～11月地上茎叶枯萎后至第三年早春萌发前采挖收根。丹参根质脆、易断，应在晴天、土壤半干半湿时挖取，挖后可在田间暴晒，去掉泥土，运回进行加工，切忌用水洗根。当根晒至五六分干时，把一株一株的根收拢，扎成小把，晒至八九分干，再收拢一次，当须根也全部晒干时，即成商品药材，可置于干燥处保存或出售。以根条粗壮、外皮紫红色者为佳。

第十七节　林下药用百合种植技术

药用百合是百合科百合属草本植物。干燥肉质鳞片为中药百合，别名重迈、中庭、摩罗、重箱、百合蒜、蒜脑薯等。百合花盛开之时，释放出强烈的挥发物质，能抑制结核杆菌、肺炎杆菌和葡萄杆菌的繁殖。鳞片有清肺止咳、安神清热、健胃健脾的功效，主治支气管炎、神经衰弱、热病吐血、虚烦虚咳等，是自古以来备受青睐的长寿滋补上品。药用百合种球耐储性强，在低温条件下可储藏半年以上，且便于运输，可实现周年供应，目前市场售价较高，属于高档类地方特色中药材。种植药用百合是一项前景广泛的产业。

一、百合的基本属性

百合叶片披针形，花色丰富，为冬春种植球根类中药材，性喜冷凉、湿润气候及半阴环境，喜肥沃、腐殖质丰富、排水良好的微酸性沙质壤土，耐寒忌酷暑。

生长特性：百合不同于其他的球根类中药材，其根系结构独特，具有两种根系，即生于鳞茎盘下的基生根，具有吸收养分及支撑地上部分的作用；生于鳞茎顶部的茎生根，也起吸收养分的作用，但主要供给新鳞茎的生长发育。

在土壤内的中央茎根旁发生 1 个至数个新芽，后分生为新的小鳞茎，生长到一定大小时，产生基生根、茎生根进行更新演替，成为次代球。

二、园地选择与准备

百合原野生于林地下、山沟边、溪旁，性喜冷凉、湿润的环境和小气候，忌涝忌酷热，以生长在排灌良好、含水量 65%左右、富含腐殖质的微酸性沙质壤土中为好。因此，种植药用百合宜选择在土壤肥沃，腐殖质丰富，土质疏松，交通和排灌方便，气候冷凉，湿润及通风的常绿树下、落叶树间、果园行间，尤其是处于幼树期的前 4 年可间套作药用百合。

选好地块后，在冬季进行全面深翻改土，深翻深度 30 厘米，每亩施入腐熟的堆肥、草炭土、林中腐叶土等 2 000 千克，加钙镁磷肥或过磷酸钙等含磷钾肥 50 千克、硫酸钾 20 千克，撒施均匀后旋耕并将基肥翻入土中，整成宽 1.2 米、高 25 厘米的高床，床间间隔 40～50 厘米的带沟步道。百合所需的氮、磷、钾比例为 1∶2∶2，增施磷、钾肥可促进子球快速生长。

三、种植

秋季 9～10 月，选择直径 3～5 厘米的药用百合鳞茎种球，用 2%福尔马林溶液浸泡 10～15 分钟，捞起晾干后种植，行距 25 厘米，株距 20 厘米，深度 15～20 厘米，每个床面种植 4 行。

种植密度过高，则生长期通风透光条件差，影响光合作用及喷药效果，易感灰霉病；如果密度不足，则容易发生草害，不能实现丰产的目的。种后浇透定根水，然后覆盖一层薄薄的稻草。

四、林间管理

（一）施肥

百合冬季休眠期施足基肥，基肥以充分腐熟的农家肥为主，加适量化肥。

生长期追肥3～4次。第一次追肥在春季植株萌发生长后，在行间开沟，每亩施入厩肥、土杂肥等有机肥1 750千克。第二次追肥在4月下旬至5月上旬，当苗生长到一定高度后，用腐熟的人畜尿或饼肥水，或矾肥水冲稀浇灌。第三次在花期后，每亩施用尿素10千克、过磷酸钙20千克。夏季高温停肥，立秋后增施1～2次过磷酸钙、草木灰等磷钾肥，提高植株茎秆的强度。

温馨提示

施入尿素、过磷酸钙时应尽量离茎基远些，避免烧坏茎部，并视长势酌情用0.2%～0.3%磷酸二氢钾或叶面宝进行1～2次根外追肥。

（二）除草

药用百合幼苗期间需要经常性地除草，以防杂草过高过多影响百合植株生长；百合植株生长至郁闭态时，尽量不除草，以防损伤根系。

（三）摘花

过早、过晚摘花均不适宜，雨天摘花病菌容易侵染伤口。因此，宜在花苞膨大至1厘米左右时及时选择阴天或晴天摘花，保证养分集中供应百合鳞茎发育。

（四）浇水

特别注意在种植后及时浇透水。百合在春暖时分生长迅速，以浇灌或喷灌为主，尽可能少用沟灌，避免造成冲刷。浇水宜在早晚进行，夏季高温时需水量大，应在11:00以前进行，保证水分供应。苗期及剪花后，应适当控水。水分过多，还会引起鳞茎腐烂。在花芽分化和发育期，一定要满足植株对水分的需求，否则花芽分化受阻、花芽败育。剪花后追施1次富含磷、钾的速效肥料，以促进鳞茎的增大充实。

五、病虫害防治

遵循“预防为主，综合防治”的植保方针，有效防治病虫害。

（一）病害

选用无病的健康种球及对土壤和种球进行消毒，实行轮作，可有效预防真菌引起的各种病害。

1. 青霉病　种球储藏前用甲基硫菌灵可湿性粉剂进行消毒处理，可有效预防青霉病。

2. 根腐病、灰霉病　百合病害的病原菌可由种球携带，也可在高温高湿环境下由土壤携带而感染种球。雨季百合植株极易感染根腐病、灰霉病等。须在雨后及时用10%多抗霉素可湿性粉剂1 000倍液或50%异菌脲可湿性粉剂1 000倍液喷雾防治，并及时除去病叶、病株。

3. 立枯病　高温高湿季节立枯病发病初期立即拔除病株，以防立枯病发生蔓延。

（二）虫害

1. 蚜虫、蓟马　蚜虫和蓟马是传播病毒的主要昆虫，是主要防治对象。春夏之交是蚜虫的高危害期，必须重点防治。

蚜虫可选用黄色诱虫板诱杀，发现大量蚜虫时应及时喷施45%马拉硫磷乳油1 000倍液，或50%杀螟硫磷乳油1 000倍液，或50%抗蚜威可湿性粉剂3 000倍液，或2.5%溴氰菊酯乳油3 000倍液等，喷洒植株1～2次。

蓟马选用蓝色诱虫板诱杀，发现大量蓟马时应及时用25%噻虫嗪水分散粒剂3 000倍液，或用25%吡虫啉可湿性粉剂1 000倍液喷雾防治。

2. 根螨

（1）选择健康种球。做好种球种植前的检测工作。应选择表面光滑、无虫斑、基盘正常的种球，剔除带螨种球。

（2）百合种球进行消毒处理是防治根螨的有效方法。

药液消毒：将百合种球浸入100g/L联苯菊酯乳油6 000倍液，或73%炔螨特乳油2 000倍液中10～15分钟，待药液充分浸透鳞片缝隙，捞起阴干后进行栽种，可有效防治根螨。

热水处理：将球茎进行热水处理，在42℃水中浸3小时左右，可杀死所有的根螨。

（3）农业措施。种植前对土壤进行深耕、暴晒。尽量避免重茬，可轮作，减轻根螨的发生。采后的残体要集中堆放，集中处理，最大限度地消灭害螨。

（4）土壤消毒。

①土壤药剂消毒。用98%溴甲烷压缩气体制剂按每平方米25克的用量使用。将土壤整平，用完好的薄膜将其覆盖，四周压实，将规定用量的溴甲烷放入薄膜内，用脚踩实，使溴甲烷释放于薄膜内。3天以后揭开薄膜，用水淋溶2～3次。半个月后种植种球。

②药剂拌土。每亩用20%氰戊菊酯乳油与40%辛硫磷乳油按1∶9的比例混合后用200～250毫升拌湿润细土，翻耕后撒入种植地内，然后整地种植。

（5）生长期药剂防治。每亩使用40%辛硫磷乳油或1.8%阿维菌素乳油2 000倍液根部浇灌。

六、种球采收、处理和储藏

（一）种球采收与储藏

百合于当年秋季定植，经过 1 年的生长，到第二年秋季植株地上部分 60%叶枯黄时即可选择晴天或阴天采挖种球，剔除附带的须根及泥土，阴晾 2～3 天后放在新鲜锯末或草炭土等基质中储藏或外运。从外地运来的种球，若不及时种植，也应用湿沙储藏并保持一定的低温环境，沙的湿度以手捏成团放开即散为宜，冷藏温度一般保持在－1.5～－2℃。

做种用的百合采挖后应及时对种球进行杀菌处理，可用 50%多菌灵可湿性粉剂或 50%甲基硫菌灵可湿性粉剂 500 倍液，浸种球 20 分钟，晾干后进行储藏或运输。

（二）加工

将鳞茎逐层剥成片，按大、中、小不同等级分别放置，然后洗去鳞片泥土，沥去水分，倒入沸水锅中烫煮，注意观察鳞片的变化情况，当鳞片的外缘柔软，背面出现很小的裂纹状时，立即捞起，置于干净的清水中不断漂洗，充分洗去鳞片上的黏液，摊于竹晒席上，在阳光下晒到足干，注意在晒干以前不要任意翻动，以免弄碎，影响成品率。若遇阴雨天，则用文火烘干。在室内建一方形烘房，底部均匀放加热装置，房内设分层烘架，层距 25 厘米，将洗净的鳞片摊于烘具上，移入烘架，每隔 2～3 小时观察 1 次，将上下层轮换放置，直至烘干，色泽纯正时即可作为药材出售。

第十八节　林下黄芪种植技术

黄芪又名绵芪，属蝶形花科黄芪属多年生草本植物。以干燥根入药，具有增强机体免疫力、保肝、利尿、抗衰老、抗应激、降压和较广泛的抗菌作用，药用历史迄今已有2 000多年。黄芪喜凉爽气候，常生于林缘、灌丛或疏林下，内蒙古、山西、甘肃、黑龙江等地为黄芪主要产区。近年来由于大量采挖，野生黄芪种群数量急剧减少并有灭绝的风险。因此进行林下黄芪种植以弥补其野生数量的不足十分必要。

一、栽培地选择与整地

黄芪性喜阴凉，耐寒耐旱，忌热忌涝，因此适合在土层深厚且腐殖质含量高的沙壤土中种植。林下种植，可选择郁闭度0.5以下，取水方便、排水良好、土壤通透、土层厚度40厘米以上的向阳人工林地进行。整地工作应在秋季上冻前完成。首先将地表小灌木清理干净，深耕40厘米以上并清除土中石块、树根等杂物，结合耕翻施入充足的基肥，然后依据不同地貌特征做成不同规格的苗床或栽植垄并耙细整平。床宽1～1.5米，高20厘米；垄规格视栽植地情况而定，以垄间距不小于500厘米，垄高不低于25厘米为最佳。

二、种子选育与处理

（一）种子采摘与选育

以长势良好的3～4年生黄芪种植地为留种地块，并于花前和花后进行2次选优除杂，采种时间为每年9月中上旬，以种荚稍见转黄为采摘标准。用于种植的种子表面暗棕色或灰褐色，纯度≥98%，发芽率≥60%，无病疤，无破损。

（二）种子处理

种子选好后应及时进行催芽处理。发育正常的种子可采取细沙处理或沸水催芽的方法进行催芽。细沙处理是将种子拌入2～3倍的细沙一起搓揉擦伤种皮；沸水催芽是将选好的种子放入沸水中搅拌1分钟后即刻加入冷水，待温度降到40℃后浸泡

3～4小时，之后捞出已经膨胀的种子，对于未膨胀的种子再以40～50℃温水浸泡至膨胀后捞出。将膨胀种子加覆盖物闷盖12小时，待1/3种子露白时即可进行播种。对于老熟硬实的种子，可采用碾压处理，使种皮由棕黑色光滑变为灰棕色粗糙即可播种；也可用70%～80%硫酸溶液浸泡3～5分钟，然后迅速用水冲洗30分钟后播种，此法可迅速破坏硬实种皮，发芽率达90%以上。

三、播种与种苗移栽

（一）播种

黄芪播种可分为春播与秋播。春播时间为每年4月下旬至5月上旬；秋播时间为每年10月下旬至封冻前。其中春播在播种前1～2天处理种子，秋播不处理种子。播种方法有条播和穴播。条播首先在垄面纵向或床面横向开深3～5厘米、行距30～50厘米的播种沟，将处理好的种子均匀播入沟内，播幅10厘米，并覆土1.5～2厘米厚镇压，每亩播量为1～1.5千克。穴播按（25～35)厘米×(25～35）厘米的株行距开穴，每穴播种3～5粒种子后覆土1.5～2厘米厚镇压，每亩播量为1千克。一般苗高10厘米时进行间苗，条播的按10～15厘米株距间苗，穴播的每穴留苗1～2株；如果在间苗时遇到缺株，应及时用间苗时间出的小苗进行补植。

（二）移栽

黄芪移栽可分为春栽和秋栽。春栽于每年5月上中旬进行，秋栽于每年10月中下旬秋季土壤封冻前进行。移栽时应边挖边栽，挖苗时注意不要伤根。栽植规格：垄栽行距60～100厘米、株距10～20厘米；床栽行距25～35厘米、株距25厘米。栽后覆土3～5厘米厚镇压并浇足水。

四、抚育管理

（一）除草与水肥管理

每年在植株封行前应进行2～3次除草，以保障黄芪的生长不受影响。黄芪忌涝，应谨慎灌溉。对于1年生黄芪，在其苗期应灌溉保苗水，并于移栽地块返青后灌溉缓苗水，其余时间可依据土壤情况适时灌溉。于雨季前挖好排水沟并清理干净以保证栽植地块排水良好。栽植过程中应保证黄芪养分供给充足，以整地时每亩施入腐熟农家肥2 000～2 500千克为基肥，栽植定苗后追施氮肥与磷肥，每亩可施用硫酸铵3.5～7千克、过磷酸钙3.5千克，开花后每亩追施过磷酸钙5千克。

（二）摘花序与清理植株

生产地块摘除全部花序，留种地块摘除植株上部小花序；植株枯萎后割除地上部分。

（三）病虫害防治

1. 病害　危害黄芪的主要病害包括根腐病、白粉病、紫纹羽病等，具体防治方法如下。

（1）根腐病防治。用根腐消250倍液、10%苯醚甲环唑水分散粒剂50倍液或50%多菌灵可湿性粉剂500倍液进行根际浇灌防治。发病期连续用药2次，间隔8～10天。

（2）白粉病防治。喷施78%波尔·锰锌可湿性粉剂500倍液，或12.5%腈菌唑乳油200倍液，或10%苯醚甲环唑水分散粒剂3 000倍液+75%百菌清可湿性粉剂600倍液防治。

（3）紫纹羽病防治。及时将发病植株连根带土移出栽植地块，并将病残组织清除烧毁，然后用70%甲基硫菌灵可湿性粉剂或50%多菌灵可湿性粉剂500倍液进行根部浇灌防治。

2. 虫害

（1）蚜虫防治。用50%抗蚜威可湿性粉剂2 000倍液喷洒防治。

（2）豆荚螟防治。于花果期用50%杀螟硫磷乳油800～1 000倍液喷雾防治。

（3）地老虎防治。使用黑光灯对成虫进行诱杀，也可每亩用40%毒死蜱乳油90～120克兑水50～60千克进行喷洒，或用2.5%溴氰菊酯乳油或20%氰戊菊酯乳油3 000倍液进行喷雾防治。

五、采收加工

黄芪最适宜采收年限为2～3年。每年10月中下旬停止生长至封冻前为黄芪最佳采收期。黄芪采收后，应淘汰断根及伤病根植株，将地上部剪去并除净泥土。切去芦头，除去须根，置于阳光下暴晒或烘至半干，将根顺直，捆成小捆后再晒干至含水量10%～13%时出售，或用麻袋50千克/袋打包储藏于30℃以下、相对湿度60%～72%的通风干燥处。储藏期间定期检查、消毒，经常通风。

第十九节　林下牛膝种植技术

牛膝，为苋科牛膝属多年生草本植物，其根入药，具有逐瘀通经、补肝肾、强筋骨、利尿通淋、引血下行的功能。用于治疗经闭、痛经、腰膝酸痛、筋骨无力、淋证、水肿、头痛、眩晕、牙痛、口疮、吐血、衄血。牛膝临床应用比较广泛，近年来用药量不断增加，而野生资源日益减少，市场供求缺口较大，价格攀升，是国家重点推荐发展的紧缺中药材之一，发展前景十分可观，有条件的地区可因地制宜发展林下牛膝种植。

一、生长习性

牛膝喜温和气候，喜阳光充足和干燥的环境，不耐严寒。气温低生长缓慢，但在温差较大的北方生长较快。适合种植在向阳、较干燥、土层深厚、排水良好的沙质壤土中；在多雨地区生长不良，主根短小且分枝多，影响品质。

二、选地整地

牛膝是深根植物，主根较长，野生于屋旁、林地、山坡草丛中。林下种植宜选择气候温暖湿润、土层深厚、疏松肥沃、排水良好且地下水位较低的沙质壤土和黄质土壤，除黏土、盐碱土外，一般土壤均能种植。每亩施腐熟圈肥或土杂肥 5 000 千克以上，加过磷酸钙 50 千克、菜籽饼 20 千克，深翻 50～60 厘米，将基肥翻入土内。稍加平整后每隔 60 厘米开一条 20～30 厘米深的沟，顺沟浇足水，使土壤充分润透，待地面稍干，再填平耙细，整成宽 1 米、高 20 厘米的种植床，四周开好排水沟。

三、播种

牛膝通常于 7 月在已施足基肥的种植床面上进行播种。过早地上部分生长过快，开花结籽多，根易分杈，品质不佳；过迟则植株矮小，发育不良且产量低，因此牛膝须适时播种。如天气阴雨，只需将种子均匀撒在种植床面上并覆盖0.5 厘米厚的土。若天旱无雨，应先浸种催芽将种子在清水中浸泡 1 天，滤干水分，置于盆中，上面盖布，放在室内，12 小时翻拌 1 次，2 天左右即可出芽。于午后将发芽的种子均匀撒在种植床上，覆盖 0.5 厘米厚的土，并覆盖 1 层薄谷壳或松针以利出苗，然后浇透水。

温馨提示

土壤千万不能干燥，如果久旱无雨，每隔1～2 天应浇 1 次水，待苗出齐之后，土壤也应该经常保持湿润。每亩用种量 2 千克左右。

四、林间管理

（一）匀苗中耕

牛膝播种苗长至3～4厘米高时按株距3～4厘米留苗，6～7厘米高时按株距6～7厘米留苗，选择阴天将多余苗取出，对有缺苗的地方进行补苗。苗高15～17厘米时按株行距15厘米×15厘米定苗。牛膝播种苗全生育期一般中耕除草3～4次，做到田间无杂草。

（二）浇水施肥

牛膝播种后需要保持一定的湿度，一般浇水1～2次，4～5天即可出苗。但幼苗期怕高温积水，一般前期水大倒苗，后期水大烂根，中期水大根深产量高。因此，牛膝播种苗出齐后到8月中旬，尽量少浇水或不浇水，以利根向下生长；8月下旬之后浇水量要适当加大，以促进主根加粗生长；9月底之后不再浇水。遇雨季应注意及时疏沟排水，千万不能让苗地内有积水。

结合中耕定苗，每亩施入饼肥50千克或人畜粪水1 000～1 250千克，在9月底再按此施肥量追1次肥，10月初每亩施入过磷酸钙10～15千克，或用过磷酸钙进行1次根外施肥。

（三）摘芽打顶

牛膝播种1个月后，植株出现腋芽，必要时摘除，一般摘芽3～4次。苗高40～50厘米出现顶生花序时及时打顶，防止抽薹开花，消耗营养，以利于产量、质量提高。可根据植株生长情况适当打顶，即将顶部的花穗割掉，但不可留枝过短，一般留株高33～50厘米，以免叶片过少而不利于根部营养积累。再长再打顶，连续几次打顶，最后留株高45厘米左右。生产上打顶后结合施肥，能促进地下根的生长，是获得高产的主要措施之一。

五、病虫害防治

1. 叶斑病

（1）症状。叶斑病危害叶部，多发生在夏季多雨季节，受害叶片产生黄褐色病斑，严重时整个叶片变成灰褐色，枯萎而死。

（2）防治方法。收获前清园，集中处理病残株。发病初期，喷洒 1∶1∶120 波尔多液或 65%代森铵可湿性粉剂 500 倍液，每 10～15 天喷洒 1 次，连续喷洒 2～3 次。

2. 根腐病

（1）症状。根腐病多发生在高温多雨季节和低洼积水处，主要危害根部，发病后地下根部呈褐色水渍状腐烂，茎叶逐渐枯死。

（2）防治方法。选择排水良好的地块，做高床种植或垄栽，雨季注意排水，整地时每亩用 50%多菌灵可湿性粉剂 1 千克处理土壤，拔除病株或用石灰消毒病穴，也可用 50%多菌灵可湿性粉剂 500～1 000 倍液或 5%石灰水乳淋穴浇灌病区。

3. 银纹夜蛾

（1）危害状。银纹夜蛾以幼虫危害植株，将叶片咬成孔洞或缺刻状。

（2）防治方法。人工捕杀幼虫或用 90%敌百虫 1 000～1 500 倍液喷杀。

4. 红蜘蛛

（1）危害状。红蜘蛛一般 6～7 月发生危害，干旱时危害严重，成虫在叶背面吸取汁液，病叶干枯脱落。

（2）防治方法。清除杂草，消灭越冬害虫，在发生时用 80%敌敌畏乳油 1 200～1 500 倍液喷杀，虫卵可用 0.3～0.5 波美度石硫合剂喷杀。

六、采收加工

10月中下旬，一般在霜降前后牛膝地上茎叶枯萎时及时采收，过早根不充实而产量低，过晚根易木质化或受冻而影响质量。采收时，先将茎叶割掉，然后小心挖取，不要挖断，挖出后剪去芦头，抖净泥土，几根捆在一起，晒至七八分干时，按照长短进行分级，然后再扎成小捆晒至色泽黄亮且全干时，削齐即可入药。一般以无芦头、根条粗长、色灰黄者为佳品。

第二十节　林下决明种植技术

决明，别名蹄决明、假花生、假绿豆、草决明，为豆科决明属一年生直立粗壮草本，以种子（决明子）入药。决明子是常见的中药材之一，具有清肝明目、润肠通便等功效，还具有保护视神经、降压降脂、软化血管等作用。主要分布在安徽、广西、四川、重庆、浙江、广东等长江以南地区，生于山坡、路边、林下和旷野等处，喜高温、湿润气候。适合沙质壤土、腐殖质土或肥分中等的土中生长。我国南北方均可种植。

新栽树林下套种决明的立体种植模式能充分利用光热资源，在不影响树木正常生长的情况下，实现决明较高的产量和效益，从而解决单种树木没有短期效益的问题，同时可减少树木土壤养分的流失，抑制杂草丛生，遏制病虫害发生，实现以药养林，以短养长，林药双收的目的。

一、决明生长习性

决明喜阳光充沛、高温湿润的环境，在1～3年的幼树林下种植有较好的产量。决明对土壤要求不严，除重黏土和重度盐碱地外，其他土壤均可种植。研究表明，决明在轻度盐碱瘠薄地上种植不仅产量较高，还有利于提高产品的药性指标。生产上一般选择土层深厚、疏松肥沃、排水良好的沙质壤土栽植。

二、播前准备工作

（一）整地施肥

播前深松土壤，改善土壤耕层结构，提高土壤蓄水保墒能力和透气性，还可增加地温，促进决明根系发育，增强抗风和防倒伏能力。深松后再旋耕一遍，耙细整平后即可播种。

结合整地一般每亩撒施腐熟的有机肥或厩肥 3 000～4 000 千克、过磷酸钙 50 千克、硫酸钾 25 千克、尿素 20 千克。

（二）种子晾晒处理

为确保一播全苗，实现苗齐、苗匀、苗壮，播前应对决明种子进行处理，提高种子的发芽势和发芽率。选择晴好天气，将种子均匀摊开，晾晒 1～2 天后放入盛有 50℃温水的容器中搅拌，浸种 12～24 小时，阴干后播种。

三、适期精密播种

日平均气温 15～20℃为决明适播期，重庆一般为 4 月中旬至 5 月中旬。播种过早，地温低，容易造成低温沤籽，同时，受春旱影响，播后容易造成缺苗断垄和生长发育不良；播种过晚，积温不足，容易出现青瘪粒，影响产量和药性指标。针对重庆冬春季多风易干旱的气候特点，种植地块特别是黏重土壤，要采取冬灌措施，通过冻融交替，创造适合播种和出苗的土壤环境。采用等行距播种，株行距为 10 厘米×50 厘米，每亩播种 0.5～1 千克，播种深度 3 厘米左右，覆土 1.5～2 厘米厚，播后镇压。正常温湿度条件下，播后 10 天左右决明即可出苗。

四、林间管理

1. 中耕除草　幼苗株高 3～6 厘米时，进行第一次中耕除草，株高 15 厘米时进行第二次中耕除草。前两次中耕除草一定要浅，以消灭杂草，破除土壤表层板结，提高地温，保持土壤墒情，防止中耕过深伤及幼苗根系，影响正常生长。当株高 30 厘米左右（封垄前）时进行第三次中耕除草，消灭杂草，培土护苗，防止倒伏。

2. 合理追肥　是增产的重要措施。在施足基肥的前提下，决明生育期一般追肥 2 次，追肥时不宜追施单一肥料，须氮、磷、钾肥配合施用，适当追施农家肥料。为降低成本，第一次追肥在定苗后常结合第二次中耕除草进行追肥，每亩追施稀薄人粪尿 1 000 千克，加氮磷钾复合肥 12.5 千克，促进植株健壮和结荚；第二次追肥在开花前结合第三次中耕除草，视苗情每亩追施尿素 5～10 千克，或每亩追施厩肥、草木灰、钙镁磷肥混合肥（10∶3∶1）1 500 千克，撒施于株旁后培土，也可叶面喷洒 0.3％磷酸二氢钾溶液进行根外追肥，促进籽粒灌浆，提高产量和药性指标。在决明即将成熟时不再追肥。

3. 抗旱排涝　决明播种后如遇特别春旱，应及时喷灌补墒，促进种子萌发，防止出苗不良。扬花结荚期应保证充足的水分供应，避免出现过多青瘪粒。生育期如遇强降雨，应及时排除种植地内的积水，防止渍涝灾害。

五、病虫害防治

（一）病害

决明综合抗性较好，较少发生病害。主要病害有灰斑病和轮纹病，发现病株应及时拔除并集中深埋销毁，同时用 3％石灰乳对病穴消毒。

1. 灰斑病

（1）症状。多发生在雨热同步的潮湿环境，主要危害叶片。初发病时，叶片中央出现淡褐色病斑，进而在病斑上产生灰色霉状物。

（2）防治方法。发病初期叶面喷洒65%代森锌可湿性粉剂500倍液防治。

2. 轮纹病

（1）症状。病菌可同时侵害叶、茎、果实，发病初期病斑呈圆形，不断扩展后呈轮纹状。

（2）防治方法。发病初期用50%多菌灵可湿性粉剂800～1 000倍液喷雾，每隔7～10天喷洒1次，连续喷2次。发病严重时，可喷洒0.3波美度石硫合剂。

（二）虫害

决明害虫主要有蚜虫、棉铃虫、造桥虫等。

1. 蚜虫　可用10%吡虫啉可湿性粉剂3 000～4 000倍液防治。

2. 棉铃虫、造桥虫　可用5%甲氨基阿维菌素苯甲酸盐水分散粒剂2 000～3 000倍液或40%辛硫磷乳油1 000倍液喷雾防治。

六、收获储存

重庆春播决明一般于9～10月成熟，当植株上大部分绿荚变成黄褐色或黄色，但尚未开裂前，马蹄形籽粒饱满，颜色棕褐，具有本品种特征光泽时采收。采收后晒干，打出种子（决明子）并经自然晾晒或烘干，当含水量达到12%时，除去杂质即得成品。成品以足干、颗粒饱满、无杂质、无虫霉者为优质药材。成品可出售或储存于通风干燥阴凉处待售，储存期间应注意防潮湿和鼠害。

第二十一节　林下柴胡种植技术

柴胡和狭叶柴胡为伞形科柴胡属多年生草本药用植物。中药柴胡即是上述2种植物的全草和根。野生于较干燥的山坡、林缘、林中隙地、草丛、路边、沟边等处，土壤多为壤土、沙质壤土或腐殖质土，耐寒性强并能耐旱，但忌水浸。根、茎、叶均可入药，性苦、微寒，对肝、肺有解表和里、升阳疏肝解瘀的作用，主治感冒、上呼吸道感染、疟疾、寒热、肋痛、肝炎、胆道感染、胆囊炎、月经不调、脱肛等症，广泛用于解热药物，镇静、镇痛药物，抗肝损伤药物及抗病毒药物的生产中，具有药用价值高、开发前景看好、行情稳定、出口量较大等特点。现野生资源逐渐稀少，随着中药现代化的进展加快和中药生产的发展，柴胡用量逐年增加，很有必要大力发展林下种植。利用林下空地和幼林，在林下种植柴胡，既抚育了已栽树林，同时树林也起到了遮阴保湿作用，提高了柴胡栽植成活率。

一、选地

（一）育苗地选择

选择避风、向阳、地势平缓、灌溉方便、土层深厚的沙壤土或轻壤土地块，土壤pH 6.5～7.5为宜。

（二）生产地选择

选择沙壤土、壤土、腐殖质土、石骨子土的向阳山坡未成林造林地，在林下种植柴胡可以节省耕地。不宜选择黏土和易积水的地段。在林下坡地的腐殖质土中种植柴胡，既适于柴胡生长，又可提高柴胡的药性。

二、整地做床

无论育苗地还是生产地，都应整地做床。

(一) 整地

用50%敌磺钠可湿性粉剂1千克兑水200千克（用药量1.5～2千克/亩）、21%灭杀毙乳油1千克兑水1 500千克（用药量0.05千克/亩）、农家肥1 000～1 500千克/亩、磷肥20～40千克/亩，均匀施于育苗地和生产地，达到杀菌除虫增肥效果。再深翻30厘米，清除碎石、根茬、杂草，耙细整平，保持土壤墒情。

(二) 做床

根据林木栽植行距，距林木30厘米做床。床宽1.0～1.3米，床沟（步道）宽30～40厘米，床高出步道20厘米。将床面土耙碎，用木板微压整平；挖好四周边沟，以利排水防涝。

三、播种

柴胡种植有育苗移栽和生产地直播。本节采用育苗移栽种植。

(一) 选用良种

选购生长健壮、无病虫害的2～3年生柴胡植株所结充分成熟饱满的种子。

(二) 种子处理

柴胡种子细小，种子表面有一层角质，一般播后角质退化后才能出苗，往往容易影响正常按时出苗，使出苗不齐不全。因此在播种前要做好种子处理，即把精选后的种子放到加入适量洗衣粉的55℃温水中不断搅拌至室温，把漂浮在上面的秕籽捞去，然后用清水冲洗干净沉底的饱籽待种；或者用多菌灵浸泡种子25分钟，用清水洗净种子以消除种子表层病菌。

(三) 播种时间

柴胡种子寿命较短，播种应用新种子，隔年陈种发芽率极低，种子发芽适宜温度为 20～25℃，春播或秋播均可。春播于 3 月上旬至 4 月上旬，秋播 9～10 月。春播 20 天左右出苗，秋播第二年春天出苗。

（四）播种方法

分条播和撒播。

1. 条播　在苗床上横向开宽 20 厘米、深 2～3 厘米的平底沟，沟距 10 厘米。用适量细黄土与草木灰将种子拌匀后均匀撒入沟内，覆土 1～1.5 厘米并稍加镇压，然后盖草保湿。每亩用种量 1.5～2 千克。

2. 撒播　把种子均匀撒到苗床上，耙 3～4 次，做到上虚下实，然后盖草保湿，以利发芽出苗，每亩用种量 2～3 千克。

播后及时喷水、盖草保湿。

四、苗期管理

1. 幼苗管理　柴胡苗出齐后，要将盖草趁阴天慢慢去掉，刚出土幼苗最怕地下害虫和气温突然下降，此时须加强管理，1 月后就能进入安全期。如遇天旱适当喷水，切忌大水浇灌。柴胡幼苗生长缓慢，而杂草生长迅速，必须经常松土除草。

2. 间苗定株移栽

（1）间苗定株。在苗高 3 厘米时进行间苗，拔除过密的小瘦弱苗。苗高 6 厘米时结合松土除草，按株距 8～10 厘米定苗，留床苗 50 株/米^2。

（2）移栽。5～6 月，当苗高 10 厘米时，洒水后起出带土的小苗定植到已经整地、施肥和做床的生产地。栽植株行距 10 厘米×15 厘米。定植后要浇透定根水。

五、生长期管理

1. 中耕松土　生长期进行 3～4 次中耕松土，特别是遇干旱和下雨后必须进行中耕，有利于根部发育，起到增产效果。

2. 追肥浇水 6月中旬，追施1次尿素，每亩施用量10～12千克，追肥后浇1次透水，2～3天后中耕松土。

3. 除草防涝 注意拔掉林下柴胡生产地内的杂草，夏季注意排水防涝。

4. 摘蕾防虫 6～8月柴胡个别植株抽薹，注意随时摘除以防虫害。

六、病虫害防治

柴胡病害主要有锈病、根腐病、斑枯病，害虫主要有蚜虫、黄凤蝶、赤条棒蟓等。

1. 锈病

（1）症状。由真菌引起，危害叶片，病叶背部略呈隆起状，后期破裂散出橙黄色孢子。

（2）防治方法。以预防为主，采收后清园烧毁。发病初期用25％三唑酮可湿性粉剂1 000倍液或65％代森锌可湿性粉剂500倍液喷雾防治。

2. 根腐病

（1）症状。多发生于高温多雨季节，主要危害柴胡的根部，发病初期，只是个别支根和须根变褐腐烂，后逐渐向主根扩展，主根发病后根部腐烂，全株枯死。

（2）防治方法。通过增施磷、钾肥提高抗病力，并积极防治地下害虫及线虫；打扫田间卫生，烧毁病株，高床种植或垄植，雨季注意排水；土壤消毒，拔除病株后用石灰进行穴位消毒。

3. 斑枯病 雨季发生，用1∶1∶100波尔多液喷雾防治。

4. 蚜虫

（1）症状。多发生在苗期和开花季节，危害叶片及花朵，常聚集在嫩叶上吸食汁液。

（2）防治方法。发生初期可用0.3%苦参碱水剂500倍液连续防治2次，间隔5～7天；发生期喷洒1∶1∶50烟草石灰水，或鱼藤精600～800倍液，或40%辛硫磷乳油1 000倍液防治，7～10天喷1次，连喷2～3次。

5. 黄凤蝶

（1）危害状。6～9月发生危害。幼虫危害叶、花蕾，花蕾常被吃成缺刻或仅剩花梗。

（2）防治方法。人工捕杀，或用90%敌百虫800倍液，每隔5～7天喷1次，连续喷2～3次；用青虫菌（每克含孢子100亿个）300倍液喷雾效果也很好。

6. 赤条棒蝽

（1）危害状。6～8月发生危害。成虫和若虫吸取汁液，使植株生长不良。

（2）防治方法。人工捕杀或用90%敌百虫800倍液喷杀。

七、茎叶采收

在秋季地上部分枯萎时割去茎叶晒干待售。1年生柴胡根产量低，不挖取。

八、第二年柴胡的管理

1. 施返青肥，浇返青水　第二年春季，气温达12℃以上时，浇1次返青水，同时追施返青肥，每亩追施优质腐熟农家肥1 500～2 000千克，混施磷肥。

2. 中耕松土　返青苗高3～5厘米时中耕松土。

3. 追肥浇水　柴胡开花期每亩追施尿素10～12千克，追肥后浇水。

4. 及时排水　遇洪涝积水及时排水。

5. 摘蕾促根　柴胡除留种外，在花蕾期摘除花蕾2～3次，以促根部发育，提高产量。

九、留种地管理

选择 2～3 年生柴胡植株整齐一致、生长健壮的地块留种，不摘除花蕾，每亩追施尿素 15～20 千克，配合叶面喷施磷酸二氢钾 2～3 次进行保花增粒。

十、采收加工

（一）茎秆和种子的采集

9～10 月是柴胡种子成熟期，当种子出现黄黑色，表皮变褐，籽实变硬，叶片已全部枯黄时便可收获。柴胡开花不一致，成熟一株，收获一株，以防种子脱落。收获时将茎秆连同种子一并割回，置通风干燥处，晾干数日，进行脱粒。茎秆、种子分别晾晒干，净选，妥善保存，备用或出售。

（二）药根的采集

柴胡一般播种后生长 2～3 年才可采挖药根，于秋季植株枯萎后或春季萌发前先割去地上茎叶待售。再深挖地下根条，不能直接拔除，以防断根影响产量，把所有的药根全部挖出，抖去泥土，除去残茎，晒干即成。最后按径粗 0.6 厘米以上、0.4～0.6 厘米、0.4 厘米以下 3 个等级分别捆成小把出售，一般每亩可以出干货 50～60 千克，高产者可达 150 千克，以根茎粗、无残茎、须根少者为佳。

第二十二节　林下党参种植技术

党参为桔梗科党参属多年生草本植物。中药材党参为其干燥根，具有补中益气、健脾肺之功效，有增强免疫力、扩张血管、降压、改善微循环、增强造血功能等作用，还对化疗放疗引起的白细胞下降有提升作用。主产于山西、东北、内蒙古、河北等地，以山西的“潞党”最为著名。山东、河南、江苏、重庆等省份有引种。

党参生长喜凉爽湿润的气候，耐寒忌高温积水，产于海拔1 560～3 100米的山地林边及灌丛中。幼苗期喜阴，怕阳光暴晒，成株喜光；喜疏松肥沃、排水良好的壤土。

目前在党参栽培过程中，种子萌芽期和幼苗期是两个关键时期。这两个时期在田间管理上难度最大，制约这两个时期的主要外界因素是湿度和光照。因为党参的种子细小，不容易出苗，喜湿润忌干旱。所以在萌芽期，对土壤湿度和大气湿度要求较高。目前农田栽培采用种子处理和地膜覆盖才能获得全苗。党参萌芽后进入幼苗期，怕强光直射，需要遮阴，以免阳光灼伤幼苗。大田栽培遮光难度大，而且效果不理想，常因高温暴晒造成幼苗灼伤或萎蔫，引起缺苗减产。在山区次生林下栽培党参的技术与管理方法解决了农田栽培党参中的这两个难题。

一、选林整地

选择温和凉爽，林下土层深厚、肥沃疏松、富含腐殖质、排水良好、潮湿荫蔽的阴坡沙质壤土，植被以10年生以上的次生阔叶林为佳。清除林下杂草、灌木和浅生于地表的树根，顺坡势整高床，床高25厘米，上宽100厘米，下宽120厘米，床间作业道宽40～50厘米，将作业道踏实，中间微凹，以便雨季排水。每平方米床土拌入8克50%多菌灵可湿性粉剂，整平待播。

二、播种方法

冬播，在霜降至立冬之间播种，种子不需处理，但缺苗严重；春播，在时间上要比农田栽培时间晚半个月左右，一般在春分过后，林下土层5厘米深处的温度达10℃时即可播种。播种前将种子用50℃的温水浸泡，并不断搅拌，待水温降至不烫手后，再浸泡5分钟。然后，将种子装入纱布袋内，再水洗数次，揉搓至无黄水透出时，置于沙堆上，每隔3～4小时用18℃温水淋一次，经过5～6天，种子裂口时即可与细土混合直接撒于床面。用三齿钩稍微松动床面，然后轻轻镇压。也可将布袋内的种子置于40℃水中浸泡，保持湿润，4～5天种子萌动时，即可播种。每亩用种子500～750克。播后如果遇到天旱无雨，需要人工喷水，保持苗床湿润。

三、管理方法

（一）幼苗期

党参幼苗长出真叶大约在5月初，出苗后开始松土除草，清除杂草是保证产量的主要措施之一。此时阔叶林均已展叶，起到了自然遮光作用，强光照不到林下，正适合幼苗生长，但需注意，天旱时要喷水保墒。林下水分蒸发较慢，喷1次水可保持土壤长时间湿润。当苗高3厘米时，可按5厘米×15厘米的株行距间苗定苗。

（二）伸蔓展叶期

定苗以后，党参进入快速生长阶段。主要表现在根系发育成型，缠绕茎伸长较快，叶片舒展，光合作用旺盛等方面。此时应注意以下几点：

（1）增加透光。增大透光量，促进光合作用。

（2）追施肥料。定植成活后，苗高15厘米左右时每亩可追施人粪尿1 000～1 500千克，之后因茎、叶、蔓生长不便追肥。

（3）排水防洪。定植后应灌水，苗活后少灌水或不灌水，6～7月雨季到来，降水量增多，要顺坡挖好排水道，及时排水防涝，以免造成烂根。

（4）插枝搭架。苗高30厘米时，就地采集灌木枝条，插枝搭架并引蔓上架，或引蔓上树生长，可提高抗病力，少染病害，有利于党参根生长和结实。

（三）花期

党参的花期为7～9月，一般当年生党参所结的种子不容易留种，因此要及时把花蕾摘掉，以节约养分，增大根内干物质的积累。2年至多年生党参，除需留种的以外，其他做药用的党参都应及时摘花、打顶，以保证根的质量和产量。

（四）病虫害防治

1. 根腐病

（1）症状。一般在土壤过湿与气温过高时比较容易发生根腐病，发病初期近地面须根变成黑褐色，轻度腐烂；严重时整个根呈褐色水渍状腐烂，地上部分枯死。

（2）防治方法。与禾本科作物轮作；雨季排水防涝，避免根腐病；整地时每亩用50%多菌灵可湿性粉剂500倍液浇病区。

2. 锈病

（1）症状。发生开始于5月上中旬，6～7月为发病盛期，茎、叶、花均可被害。特征是叶背部出现绛黄色斑点。

（2）防治方法。以预防为主，采收后清园烧毁病株、病残叶等。发病期用25%三唑酮可湿性粉剂1 000倍液或65%代森锌可湿性粉剂500倍液喷雾防治，防治次数视情况而定。

3. 蚜虫　主要危害叶片及幼芽，可用1∶1∶50烟草石灰水，或鱼藤精600～800倍液，或40%辛硫磷乳油1 000倍液喷雾防治。

4. 红蜘蛛　主要危害幼苗及成苗叶片，可用50%杀螟硫磷乳油1 000～2 000倍液喷雾防治。

（五）收获与加工

一般在秋后地上部分枯萎时收获。先将地上茎蔓割去，在床的一端挖出一个纵剖面，完全露出党参根，然后顺床向前挖出。挖时要缓慢而且细致，断根则质次减产。

挖出的鲜党参根，晾晒至半干时，轻搓一遍，再晒再搓，九分干时，理顺并扎成小把，将其堆起，上盖麻袋或稻草，使其“发汗”。数天后，再摊开晾干装箱即可。

第二十三节　林下白首乌种植技术

萝藦科植物牛皮消和戟叶牛皮消的块根为中药白首乌，别名滨海白首乌、泰山何首乌、何首乌（山东）、地葫芦、山葫芦，具有补肾益肝、乌发生发、养血益精、抗衰老的功效，被历代名家视为摄生防老珍品，也是传统的食、药、美容兼用品种。

由于林地具有大量热量、水分、养料及树间土壤等剩余资源，因而发展林下白首乌，可以地尽其利，光、气、水、肥等也可尽其用，不与粮棉油果蔬等作物争地，而能收获大量珍贵产品，还能促进林木生长，一举多得。发展有机白首乌，对栽培环境和技术，有特别严格的要求，一般难以做到。林下白首乌产品即是药材，又是蔬菜，主要起保健作用，因此可按照中药材GAP和绿色蔬菜生产标准进行种植。

牛皮消生于海拔3 500米以下的山坡岩石缝中、灌丛中或路旁、墙边、河流及水沟边潮湿地；戟叶牛皮消生于海拔1 500米以下的山坡、灌丛或岩石缝中。二者对土壤要求不严，一般土壤都能生长，可在林缘、地边、沟旁和房前屋后空隙地种植；耐寒性较强，能在田间越冬，遇严寒时叶片脱落，开春后重发新叶，继续生长；较耐阴，适合在退耕还林地、疏林和幼林下种植。

一、选地整地

（一）选地

白首乌虽对土壤要求不严，一般土壤均可种植，但为夺得优质高产，对其种植地还是应有所选择。最好选择排水良好、土层深厚、疏松肥沃、腐殖质丰富的沙质壤土；不宜在低洼积水、盐碱性大、土质过黏的地块种植，否则不利于根系生长，容易导致烂根，影响产量。如在土壤条件差的地块种植，要对土壤进行改良。高大茂密的林下也不宜种植，因其光照不足，树根粗而长，不利于白首乌的生长发育。为了保证白首乌的品质，种植白首乌还应远离化工厂、污水排水沟及化工园区等地方。

（二）整地

林下种植白首乌，以准免耕（或半免耕）方式为佳。所谓准免耕就是林木周围的大面积土地保持原状，不进行耕作，只在林木空隙地种植。其具体方式有多种，应根据林地的实际情况而选用：一是成行林地，如行距 3 米左右，只耕作行间 0.6 米左右，使之成垄；如行距 3 米以上，则耕作行间 1.2～1.5 米，使之成苗床；二是方形林地，需在 4 树之间的空隙处，挖一个方形或圆形圃，圃的大小，根据树龄和间距大小而定。要求前一年的 11 月，耕翻 25 厘米深，第二年 3 月移栽定植前，每亩耕作区撒施经充分腐熟的畜禽粪 3 000 千克、过磷酸钙 50 千克，再耕 1 次，耙细整平，使土肥融合。

二、育苗移栽

白首乌繁殖育苗的方法有多种，如种子育苗、扦插育苗、压条繁殖育苗、分株繁殖育苗、块根繁殖育苗等。林下白首乌最适合营养袋扦插育苗或块根繁殖育苗。

（一）种子育苗

1. 留种　白首乌结实率较高，留种的植株应注意保护，生长季节禁止践踏翻动。一般花期 7～8 月，果期 9～10 月，果熟期 11 月。果实未开裂时摘取，干后果实裂开，捶打出种子，去杂，去种毛，于通风干燥处储藏。

2. 种植　白首乌种子很容易发芽，在 15～30℃的温度条件下都发芽良好。一般于4月上中旬播种，选用前1年的白首乌种子，开沟撒播，覆土厚3厘米，压实即可。通常情况下，每亩播种量1.5～2千克，约20天即可出苗。待苗高10厘米时，可按株行距30厘米×50厘米定苗。栽种以后覆盖地膜可提早萌发，延长其生育期，提高产量。

（二）营养袋扦插育苗

营养袋扦插育苗一般在大棚等保护地内进行，育苗时间一般比露地提前30～45天，即在3月上旬进行。在保护地先做宽1米、高10厘米的低床，床间走道宽50厘米。将菜园土与有机肥按3∶1的比例混合均匀，装满直径10厘米、长15厘米的聚乙烯塑料袋。营养袋紧挨一起，摆放于育苗床中。剪取1年生健壮半木质化藤蔓做插穗，长15厘米。剪口要平滑，上剪口距插穗最上一节3厘米左右，以减少上部失水；下剪口剪成马蹄形，距下节1厘米左右，以利生根。用略粗于插穗的竹签在营养土中插1个孔，深度为营养土的2/3，插入插穗后，按紧，浇透水，盖塑料棚。每隔10天左右揭棚拔草1次，新发枝条长度超过15厘米时打顶。育苗期间，棚内温度应保持在白天25℃左右、夜间10～15℃，棚温高于28℃时要通风降温。移栽前1周，揭棚膜炼苗。

（三）块根繁殖育苗

选用中等偏下根系做种苗种植，可春栽也可秋栽。一般进行春栽，于4月中旬栽种。按行距30～50厘米、株距20～30厘米开沟穴插，覆土压实。

（四）移栽定植

林下白首乌移栽定植时间，一般以4月下旬至6月为宜。因此时地温高、阳光充足，栽后容易成活，新根容易膨大，产量高。定植株行距按林地实际情况而定。如树木行距3米左右，整地成垄的在垄中间按三角形栽植1行（沿垄中线，第一穴向左侧偏10厘米，第二穴向右侧偏10厘米，第三穴再向左侧偏10厘米，如此形成三角形栽植)，株距20厘米，每穴栽苗1～2株；树木行距4米以上，整地成苗床的按三角形栽植2行，中间行距80厘米左右，株距20厘米；整地为方形或圆形的小圃地可实行集束栽植，即在圃中挖1穴，栽苗5株，或挖3穴，呈三角形，每穴栽苗2株；大圃地应在圃地四周栽植，株距20厘米，按三角形栽植，每穴栽苗1～2株。在定植时，要从育苗床中选取新发枝条中长10厘米以上、已明显成苗的苗株，先将营养袋剪掉，再剪去上部枝条和不定根，只留苗基部20厘米左右的基段，边栽边覆土填平压实，浇透定根水，以利成活。

三、林间管理

（一）查苗补栽

定植后要及时查苗，发现缺株，要及时用同规格的苗进行补栽，以保证全苗。

（二）中耕培土

定植成活后，要及时中耕松土除草；以后如果遇雨，土壤板结，也要及时松土保墒；封行后，中耕次数可减少。每年12月底，应于植株周围壅根培土，防根部受冻，以利安全越冬。

（三）水肥管理

白首乌喜肥，定植成活后，应及时追施稀薄人畜粪水1次，促其生长发育。以后各年如在采收时未施足追肥，应在每年早春补施1次，即在距植株20厘米处开浅沟，每亩净耕地施畜禽粪1 500千克，过磷酸钙、复合肥各50千克，施后覆土盖肥。

白首乌喜湿润，忌积水，除在定植前做好灌排设施外，移栽定植后还要经常保持土壤湿润，以利成活和生长发育。以后如遇干旱，也要及时灌溉，如能采用滴灌，效果更好。暴雨后或连续多日下雨，应及时清沟排除积水，以防水分过多，引起块根腐烂及病害发生。

（四）设立支架

白首乌蔓长而多，当苗高30厘米时，即应搭设支架。用长1.5～2米、基部直径2厘米的竹竿，在距苗10厘米处插入土中，每相邻3穴竹竿距顶端20厘米处聚集捆扎在一起，呈锥形架。按顺时针方向，将藤蔓缠绕在竹竿上，每株留1～2蔓，多余的剪去，松脱的地方用绳子缚住。

（五）植株调整

每年6～10月每月调整植株1次。当蔓长到竹竿顶部时，打顶尖促分枝；距地面1米以下出现的分枝或地下分蘖，要全部剪去，距地面1米以上的分枝保留；对地上部分生长旺、枝叶过多或蔓长于竿顶而下垂时，剪去过多的蔓、叶及徒长蔓。这样有利于植株通风透光，集中养分供块根生长。

（六）打花序

每年8月，剪去蔓上的花序，以减少养分损失，利于块根膨大。

四、病虫害防治

（一）选育耐病抗虫品种

选育优质高产和耐病抗虫良种。牛皮消主要分布于华东、中南及河北、陕西、甘肃、台湾、四川、重庆、贵州、云南等地，可以从中选育耐病抗虫良种进行栽植。

（二）培育和选用无病壮苗

种子育苗，播种前进行温水浸种，并提高育苗技术，培育健壮苗株；采用扦插繁殖育苗，要从无病地块选剪健壮插条，移栽定植前，选择健壮无病苗株进行移栽。

（三）选高地，做高床，起高垄

高温高湿有利于锈病等病害发生，地面不平，存有积水，是诱发锈病、根腐病等病害的主要原因；地高、垄高、床高，有利于排水，地不积水，锈病、根腐病等病害就不容易发生。

（四）科学施肥

坚持施足经过充分腐熟的畜禽粪及草木灰等农家肥，因其含有丰富的磷、钾及某些微量元素，可以增强白首乌耐病抗虫能力，从而达到防治目的。

（五）改善通风透光条件

凡荫蔽不通风、不透光的白首乌，容易发生病害，且病情严重。所以种植白首乌不宜过密，藤蔓不宜过多，搭架不宜过迟、过低，以利通风透光，促进白首乌健壮生长。

（六）推行生物防治

在林间存在不少蚜虫天敌，如食蚜瓢虫、食蚜蝇、蚜茧蜂、草蛉等，应积极利用蚜虫的天敌昆虫和蚜霉菌，有效防治蚜虫；注意保护和利用红蜘蛛的天敌，如有条件可释放德氏钝绥螨、拟长毛钝绥螨，可有效控制红蜘蛛危害。

（七）及早喷药

要选用低毒、低残留农药防治病虫害。

1. 叶斑病　如发现有叶斑病发病征兆时，要及早喷洒1∶1∶100波尔多液；发病初期，立即摘除病叶，并喷洒65%代森锌可湿性粉剂500倍液防治，以控制病情发展。

2. 锈病　发病初期，可喷洒75%百菌清可湿性粉剂1 000倍液或75%甲基硫菌灵可湿性粉剂800～1 000倍液防治。

3. 根腐病　发病初期，要拔除病株，穴内撒生石灰消毒，或用2%生石灰水浇灌病区防治。

4. 蚜虫　在点片发生阶段，喷洒50%敌敌畏乳油1 500～2 000倍液防治。

5. 红蜘蛛　在点片发生初期，可选用73%炔螨特乳油1 000～2 000倍液或25%灭螨猛可湿性粉剂1 000～1 500倍液喷雾防治。

五、白首乌块根连续采收

栽培白首乌，从白首乌定植后第二年秋季 11 月起开始割除上面的茎蔓，然后采挖白首乌块根，可连续采收 10 年左右。

（一）周边式采收

可用抓钩在植株周围采挖。采收时只挖取体积较大的，不损伤小的，追施充分腐熟的优质堆肥、厩肥覆土后，正常管理，以后每年如此采收 1 次。

（二）半月式采收

每次采收只挖动 1/2，即第一次挖动一侧，仍只采收较大的块根，追肥覆土后，正常管理，第二次挖动另一侧，如此轮流采收。

（三）内外交替式采收

如林下白首乌整地成床栽植 2 行的，第一次采挖中间，第二次采挖两边；整地成圃的第一次采挖中间，第二次采挖四周，如此轮流采收 10 年以后，全部挖取，整地施基肥后，再行定植。注意采收时不要用铁锹，要用抓钩，以尽量减少须根和小块根的损伤。

第二十四节　林下知母种植技术

知母为百合科知母属多年生草本植物，多生于海拔 1 450 米以下的山坡、草地或路旁较干燥或向阳的地方。干燥根状茎为著名中药，性苦寒，有滋阴降火、润燥滑肠、利大小便之效。属清热下火药，主治温热病、高热烦渴、咳嗽气喘、燥咳、便秘、骨蒸潮热、虚烦不眠、消渴淋浊。栽种 2～3 年开始收获。春、秋两季均可采挖，以秋季采收较佳，除掉茎及须根，保留黄茸毛和浅黄色的叶痕及根茎，晒干为毛知母。趁鲜剥去外皮，晒干为知母肉。在林下间作知母，土地、光热资源得到科学合理的利用。无论是用材林还是经济林下均可间作知母，林龄主要以幼林为主。一般用材林行距为 5～8 米，经济林行距为 3～5 米，林下间作知母，知母与林木的距离为 50～80 厘米。

一、选地与整地

知母在中国各地都有栽培，抗旱抗寒能力强，干旱少雨的荒山、荒漠、荒地中都能生长，是绿化山区和荒原的首选品种。选择间作知母的林地，以地势向阳、排水良好、土壤孔隙度大、土壤疏松的沙壤土为最佳。整地前，每亩均匀撒施腐熟人畜粪 2 000～3 000 千克、过磷酸钙 30～40 千克。旋耕疏松土壤，深 25 厘米，疏松后平整土地，然后做成苗床，床宽 120～130 厘米，床长依地形而定。

二、播种与栽植

林下间作知母，可用种子直接播种，也可分根栽植。

（一）种子直接播种

1. 采种　7 月下旬至 9 月下旬采收成熟的果实，放到通风干燥处晾干，将种子搓出，簸净杂质，储存待用。

2. 浸种　播种前，将种子置于 30～40℃的温水中浸泡 24 小时，捞出稍晾干后，即可进行播种。

3. 播种　知母全年各季节都能播种，主要是春播或夏播。一般多在 4 月中下旬条播，在林地行间开沟，行距 30～35 厘米，沟深 2～2.5 厘米。在播种沟内均匀播种，每亩播种量 1.5～2.0 千克。播后进行覆土、平床、镇压、浇水。播后 20 天内保持地表湿润，播后 20 天左右即可出苗。

（二）分根栽植

当春季土壤解冻后知母发芽前，在预先已经整好的床内，按行距 30～35 厘米、株距 15～20 厘米，挖 6～7 厘米深的穴。将带有芽头的知母根茎剪成 4～6 厘米长的段，每段带 1～2 个芽，每穴栽种 1

段，芽头向上，每亩栽种量为100千克，栽后进行覆土、灌水。

三、林间管理

知母栽植或播种后，尽量保持园地土壤湿润。当知母苗高3～4厘米时，及时松土并清除杂草，间去弱苗和密苗；苗高7～10厘米时，按15～20厘米的株距定苗。定苗后如遇干旱，要适当浇水，同时每亩追施人畜粪水1 500千克，或尿素6千克，施后浇1遍水；后期追肥以氮、钾肥为好，每亩施尿素10千克、氯化钾7千克，或施复合肥20千克。采用知母根茎分株栽培的，当年生长缓慢，注意不要大水漫灌。待第二年进入旺盛生长期，再增加灌水量。播种或栽种第二年，知母苗高15～20厘米时，每亩追施过磷酸钙20千克、硫酸铵10千克。在知母株行间开沟施肥，施后覆土。对于无须留种的知母，当知母抽薹开花时要及时剪去花薹，促进地下茎增粗生长，这是知母增产的重要措施之一。进入7～8月高温多雨季节，注意排除种植地内的积水。

四、病虫害防治

知母抗病能力较强，地上部分一般不感染病害，地下害虫主要是蛴螬。防治方法是在知母播种或栽种前每亩用10%二嗪磷颗粒剂500克掺拌15～30千克细土，混匀后撒于播种沟或栽种穴内。生长期间如有蛴螬危害，即实施灌根。在蛴螬发生较重的园地，用40%辛硫磷乳油1 000倍液或80%敌百虫可溶粉剂800倍液进行植株灌根，灌药量为每株150～250毫升，可以杀灭知母根际附近的蛴螬幼虫。

五、采收及加工

（一）采收

知母在春、秋两季采收。春季采收在土壤解冻后植株发芽前进行；秋季采收在地上茎叶枯黄后至上冻前进行。将地下根茎挖出，去掉茎叶、须根及泥土。春、秋季采收的鲜知母折干率高，质量好。栽培周期为 3～4 年。

（二）加工方法

将采收的鲜知母放在阳光充足的空场或晾台上，边堆边摔打，每隔 5～7 天翻倒 1 次，反复多次，直至晒干即为毛知母，再根据需要进行深加工。

第二十五节　林下射干种植技术

射干为鸢尾科射干属多年生草本植物。药名射干，花名鸢尾，一般以冬春播为主，集绿化、花卉、药材为一体。以根状茎入药，味苦、性寒、微毒，有清热解毒、散结消炎、消肿止痛、止咳化痰的功效，主治扁桃腺炎和腰痛等症状。广泛分布于热带和亚热带地区的林缘或山坡草地，大部分生于海拔较低的地方，但在西南山区，海拔 2 000～2 200 米处也可生长，在我国各个省份皆有种植，喜温暖和阳光，耐干旱和寒冷，对土壤要求不严，山坡旱地均能栽培，以肥沃疏松、地势较高、排水良好的沙质壤土为好。中性壤土或微碱性适宜，忌低洼地和盐碱地。

林下射干

一、整地施肥

选择气候温暖、光照充足的幼林地种植。射干对土壤的要求不严，在地势较高、土壤疏松肥沃、排水良好的沙壤土种植最好。整地时要施足底肥，每亩施用腐熟的有机肥 2 000 千克，将其均匀撒施在地面，翻耕时将其和土壤均匀混合。然后耙细整平。做 90 厘米宽的平床，在床内灌水，等到表土松散时即可种植。

二、播种与栽植

林下种植射干，有种子直接播种和分株栽植两种方法。

（一）种子直接播种

播种时间在 11 月。在播种前对种子进行变温处理，提高发芽率。播种时，将种子和细沙混合撒入浅沟内。一般每亩播种 1～2 千克。播种后覆一层细土盖平，稍镇压。

（二）分株栽植

可在收获时同时进行，选择无病虫害、无损伤、色泽鲜黄的根状茎，按分枝将其切断，每根状茎带 1～2 个根芽，放置在阴凉地方晾干，使其伤口愈合后开穴种植，株行距 9 厘米×20 厘米，穴深5～6 厘米，每穴 1 株，将芽头向上，待开春后即可出苗。

三、土肥水管理

（一）中耕除草

射干播种后，一般第一年中耕除草 4 次，第一次在出苗后及时进行，以免土壤过硬或杂草较多，影响幼苗出土，以后在 5 月、7 月、11 月各进行 1 次中耕除草。第二年及以后，在 3 月、6 月、11 月各进行 1 次中耕除草。通过中耕除草，使土壤表层疏松，控制浅根生长，通透性好，促根下扎，防止土壤板结，促进养分分解转化，提高地温，蓄水保墒，控制病虫害传播。在生产实践中还要根据实际情况进行培土，以免倒伏。

（二）追肥

射干是以根状茎入药的药用植物，为使射干在采收当年多发根状茎，并促其生长粗壮，提高产量和质量，必须在生长前期、中期增施肥料，在后期控制水肥，每亩施腐熟圈肥或堆肥2 500～4 000千克，加过磷酸钙15～25千克，根据其生长发育特点，每年应追肥3次，分别在3月、6月及冬季中耕后进行，春夏以人畜粪水为主，冬季可施土杂肥，并增施磷、钾肥，可促使根状茎膨大，提高药用部分的产量。

（三）水分管理

射干喜湿不耐涝，在春季出苗前要保持土壤湿润，使其快速出苗，待幼苗出土后在每年的阴雨季节要加强防涝工作，以免根系渍水烂根，造成减产。

四、摘薹打顶

射干一般在7～8月抽薹开花，此时除留种用的植株外，其余一定要及时摘薹打顶，减少养分消耗，使其集中供应根状茎生长，增加产量。生产实践表明，摘薹打顶后的地块可增产10%以上。

温馨提示

此外还要加强植株间的通风透光性，如果通风透光不良，会导致植株下半部叶片枯萎脱落。及时将枯萎叶片去除，便于集中养分，既能避免养分消耗，还能防治病虫害。

五、病虫害防治

射干的主要病害为锈病，在幼苗和成株时均有发生，但成株发生早，秋季危害叶片，呈褐色隆起状。防治上，发病初期喷15%三唑酮可湿性粉剂1 000倍液，或12.5%烯唑醇可湿性粉剂3 000倍液，每7～10天喷1次，喷1～2次；成株期用25%三环唑乳油3 000倍液隔5～7天喷1次，连喷2～3次。

六、采收加工

栽种后2～3年收获，在秋季地上部枯萎后去掉叶柄，把根挖出，去掉泥土晒干即为射干成品。

第二十六节　林下地黄种植技术

地黄，别名生地、熟地、生地黄、怀庆地黄，为玄参科地黄属多年生草本植物。地黄根茎药食两用，将地黄作为食品在民间已有1 000多年的历史，如腌制成咸菜、泡酒、泡茶、切丝凉拌、煮粥等；药用时具有强心、利尿、镇痛、降血糖及保护肝脏等功效。鲜地黄主要用于热病伤阴、舌绛烦渴、发斑发疹及吐血、衄血、咽喉肿痛；生地黄主要用于热病舌绛烦渴、阴虚内热、骨蒸劳热、内热消渴及吐血、衄血、发斑发疹；熟地黄主要用于肝肾阴虚、腰膝酸软、骨蒸潮热、盗汗遗精、内热消渴、血虚萎黄、心悸怔忡、月经不调、崩漏下血、眩晕、耳鸣、须发早白。地黄在全国各地均可栽培，常生于海拔50～1 100米的荒山坡、山脚、墙边、路旁等处。

一、选地整地

宜选择郁闭度低于0.3的幼林或疏林、灌木林下土层深厚、疏松肥沃、排水良好的沙质壤土，郁闭度高、黏性大的红壤土、黄壤土或水稻土不宜种植，也不宜与高秆作物间作。于头年冬季或早春深翻林中空地土壤 25 厘米以上，每亩同时施入腐熟的堆肥 2 000～3 000 千克、过磷酸钙 25 千克做基肥。耙细整平做床，一般苗床宽 1.3 米。

特别注意的是地黄不宜重茬，这也是选地时应注意的关键。

二、选种栽种

重庆 2 月下旬至 3 月下旬春季栽培地黄，一般以根茎作为繁殖材料。地黄的种用根茎一般 7～8 月从当年春季栽种的良种地黄地内，选生长健壮、无病虫的根茎，挖起切成4～5 厘米长的短节，稍风干后，按行距 10～30 厘米，株距5～10 厘米，重新种到一块充分施足基肥的地里，适当除草，追肥，雨后注意排水，第二年春季随挖随栽。在栽前，将种用根茎去头斩尾，取其中间段。然后截成 3～6 厘米长的小段，每段要留 2～3 个芽眼，切口蘸草木灰，稍晾干后下种。按行距 30～40 厘米，株距 25～30 厘米，在整好的床面上挖 3～5 厘米深的小穴，每穴横放 1～2 段，覆盖拌有粪水的火土灰 1 把，覆细土 3～4 厘米厚，压实表土后浇水。每亩需种用根茎 40～60 千克。当土温 11～13℃时，出苗需 30～45 天；25～28℃最适合发芽，在此温度范围内若土壤水分适合，种植后 7 天即可发芽，15～20 天出土；8℃以下根茎不能萌芽。一般从种植到收获需 150～160 天。

三、林间管理

1. 及时间苗补苗　当苗高 10～12 厘米时，开始间苗，每穴留健壮苗1株。遇有缺株，应于阴雨天将间出的苗及时补栽，补栽时应带土起苗，这样成活率较高。

2. 中耕除草 地黄根茎入土较浅，中耕宜浅，避免伤根，一般在封行前浅锄2～3次，幼苗周围的杂草要用手拔除，植株封行后，停止中耕。

3. 追肥 地黄喜肥，除施足基肥外，在间苗后每亩施入过磷酸钙100千克、腐熟饼肥30千克，以促进根茎发育膨大。封行时，于行间撒施1次火土灰，促植株健壮生长。

4. 灌溉 地黄前期需水量大，应勤浇水，后期为地下根茎膨大期，应节约用水。雨季应注意及时排水，防止根腐病的发生。

5. 除串皮根 地黄除主根外，还能沿地表长出细长地下茎，称串皮根，这些串皮根消耗较多的营养，应及时铲除。

6. 摘除花蕾 出现花蕾时，要随时摘除。

四、防治病虫害

1. 病害 地黄病害主要有斑枯病、轮纹病、枯萎病，这些病一般于5月上旬开始发生，6～7月发生严重。防治方法：可选用抗病品种，清洁园地，发病初期用倍量式波尔多液喷雾防治。

2. 虫害 地黄害虫主要有红蜘蛛、地老虎、蛴螬等，可于发生期用80%敌百虫可溶液剂800倍液防治。

五、采收加工

1. 鲜地黄 春栽地黄于当年11月前后地上茎叶枯黄时及时采挖。采挖时在床的一端开35厘米的深沟，依次小心摘取根茎，除去芦头、须根及泥沙，鲜用。

2. 生地黄 鲜地黄缓缓烘焙至约八分干，即得生地黄。

3. 熟地黄

（1）酒炖法。取干净生地黄，照酒炖法炖至酒吸尽，取出，晾晒至外皮黏液稍干时，切厚片或块，干燥，即得熟地黄。

（2）蒸法。取干净生地黄，照蒸法蒸至黑润，取出，晒至约八分干时，切厚片或块，干燥，即得熟地黄。

第二十七节　林下半夏种植技术

半夏，别名地文、守田、羊眼半夏、蝎子草、麻芋果、三步跳，为天南星科半夏属草本植物。除内蒙古、新疆、青海、西藏尚未发现野生以外，全国各地广布，生长于海拔2 500米以下，常见于草坡、荒地、玉米地、田边或疏林下。半夏以地下圆球形块茎入药，具有燥湿化痰、降逆止呕、消痞散结、镇咳、祛痰、镇吐、催吐、抗溃疡、抗心律失常、抗凝、抗肿瘤、抗早孕、镇静催眠等功能，主要用于痰多咳喘、痰饮眩悸、风痰眩晕、痰厥头痛、呕吐反胃、胸脘痞闷、梅核气等症，生用外治痈肿、痰核。对治疗食道癌、胃癌、舌癌、皮肤癌和恶性淋巴癌有较好疗效。

一、半夏的习性

半夏根浅，喜温和、湿润气候，怕干旱，忌高温。夏季宜在半阴半阳中生长，畏强光；在阳光直射或水分不足条件下，容易发生倒苗。耐阴，耐寒，块茎能自然越冬。一般对土壤要求不严，除盐碱土和过沙过黏土壤以及容易积水的地方外，其他土壤基本上都适合半夏生长，但喜半阴半阳的缓坡山地，湿润肥沃、保水保肥力较强、质地疏松、排灌良好、呈中性反应的沙质壤土。半夏可与幼树间作。

二、选地与整地

（一）选地

幼林间种半夏，宜选湿润肥沃、保水保肥力较强、质地疏松、排灌良好、呈中性反应的沙质壤土种植，也可以选择半阴半阳的缓坡山地。前茬选豆科作物为宜，可连作2～3年。涝洼盐碱地、过沙和过黏地不宜种植。

（二）整地

地选好后，于10～11月，深翻土地20厘米左右，除去石砾及杂草，使其风化熟化。半夏生长期短，基肥对其有着重要的作用。结合整地，每亩施入腐熟厩肥或堆肥2 000千克、过磷酸钙50千克，翻入土中做基肥。播前再耕翻一次，然后耙细整平，起宽1.3米的高床，床沟宽40厘米。或浅耕后做成0.8～1.2米宽的平床，床埂宽30厘米、高15厘米。床埂要踏实整平，以便进行春播催芽和苗期地膜覆盖栽培。催芽栽种并加盖地膜不仅使半夏早出苗，增加了20多天的生育期，还能保持土壤整地时的疏松状态，促进根系生长，使半夏的根粗长，根系扩大，增强抗旱防倒苗能力。

三、半夏的种植方法

林下种植半夏，以块茎和珠芽栽植为主，也可用种子直接播种，但种子发芽率不高，生产周期长，一般不采用。

一般可采用适合半夏生长的人造土，施以营养液并予以一定光照条件，结合半夏生长习性等相应栽培措施，一次播种后每年可收获0.5千克/米^2。人造土原料易得，又不占用耕地，收获方法简便，可以节省大量劳动力，适合产业化生产，可获得较高的经济效益。

（一）半夏人造土的制备

人造土可由锯木屑、腐殖土、中药渣、堆肥、谷壳、兔屎、草木灰、细沙土等为原料，按不同比例配制。其较好的配比为：腐殖土50%、锯木屑30%、河沙20%；腐殖土40%、草木灰5%、锯木屑30%、河沙25%；堆肥40%、煤灰40%、谷壳10%、兔屎10%；中药渣50%、煤灰30%、细沙土20%等。

（二）营养液的配制

营养液应含有氮、磷、钾、钙、镁、硫、铁、钠、锌、铜、钼、锰、硼等元素，既可以根施也可以叶面施用。

（三）块茎栽植

半夏栽培2～3年，可于每年6月、8月、10月倒苗后挖取地下块茎。选横径粗0.5～1厘米、生长健壮、无病虫害的中、小块茎做种用。中、小块茎做种优于大块茎，大多是新生组织，生命力强，出苗后生长势旺，其本身迅速膨大发育成块珠，同时不断抽出新叶形成新的珠芽。大块茎由珠芽或小块茎发育而来，生理年龄较长，组织已趋于老化，生命力弱，抽叶率低，个体重量增长缓慢或停止，收获时种用大块茎大多皱缩腐烂。

种茎选好后，将其拌以干湿适中的细沙土，储藏于通风阴凉处，于当年冬季或第二年春季取出栽种，以春栽为好，秋冬栽种产量低。春栽，宜早不宜迟，一般早春地下5厘米温度稳定在6～8℃时，即可进行种茎催芽。催芽温度保持在20℃左右时，15天左右芽便能萌动。2月底至3月初，当地下5厘米温度达8～10℃，催芽种茎的芽鞘发白时即可栽种（不催芽的也应该在这时栽种）。适时早播，可使半夏叶柄在土中横生并长出珠芽，在土中形成的珠芽个大，并能很快生根发芽，形成一棵新植株，并且产量高。在耙细整平的床面上开横沟条播。按行距12～15厘米，株距5～10厘米种植，开沟宽10厘米、深5厘米左右，在每条沟内交错排列两行，芽向上摆入沟内。栽后覆一层混合肥土（由腐熟堆肥和厩肥加人畜粪肥、草土灰等混拌均匀而成），并立即盖上地膜。每亩种茎用量100千克，适当密植使苗势生长均匀。栽后遇干旱天气，要及时浇水，始终保持土壤湿润。当气温稳定在15～18℃，出苗达50%左右时，揭去地膜，以防膜内高温烤伤小苗。去膜前，应先进行炼苗。方法是中午从床两头揭开通风散热，傍晚封上，连续几天后再全部揭去。

（四）珠芽栽植

半夏每个茎叶上长有一珠芽，数量充足，且发芽可靠，成熟期早，是主要的繁殖材料。夏秋间，当老叶将要枯萎时，珠芽已成熟，即可采取叶柄下成熟的珠芽，进行条栽，行距10～15厘米，株距6～9厘米，栽后覆以细土及草木灰，稍加压实。也可按行株距10厘米×8厘米挖穴点播，每穴种2～3粒。也可以在原地盖土繁殖，即每倒苗一批，盖土一次，以不露珠芽为度。同时施入适量的混合肥，既可促进珠芽萌发生长，又能为母块茎增施肥料，一举两得，有利增产。

四、林间管理

谷雨前后气温达18～20℃，苗高2～3厘米时，应及时破膜放苗，或苗出齐后揭去地膜，以防膜内温度过高，烤伤小苗，以后应及时浇水，追肥培土，遮阴保湿，防止夏季倒苗。

（一）中耕除草

半夏植株矮小，在生长期间要经常松土除草，避免草荒。中耕深度不超过5厘米，避免伤根。

因半夏的根生长在块茎周围，其根系集中分布在12～15厘米的表土层，故中耕宜浅不宜深，做到除早、除小、除了。半夏早春栽种，地膜覆盖，在其出苗的同时，狗尾草、马唐、牛筋草、画眉草、香附子、苋菜、小旋花、灰灰菜、马齿苋、车前草等杂草也随之出土，且数量多，往往造成揭膜后出苗困难，影响半夏的产量。因此可选用乙草胺防除半夏芽前杂草。早春地面喷洒再盖上地膜，对多种杂草有很好的防除效果（具体用法用量按药品说明书中规定执行）。除此之外，在人工栽培半夏中，根据季节不同还可选用不同的除草剂，如春播半夏的除草剂宜选择吡氟禾草灵，秋播选用吡氟禾草灵和乙草胺均可。吡氟禾草灵和乙草胺均可在播种覆土后喷药，吡氟禾草灵还可在杂草出苗初期施药。

（二）摘花薹

为了使养分集中于地下块茎，促进块茎的生长，获得高产，除留种外，应于5月抽花薹时分批摘除花薹。此外半夏繁殖力强，往往成为后茬作物的顽强杂草，不易清除，因此必须经常摘除花薹。

（三）水肥管理

半夏喜湿怕旱，播前应浇1次透水，以利出苗。出苗前后不宜再浇，以免降低地温。立夏前后，天气渐热，半夏生长加快，干旱无雨时，可根据墒情适当浇水。浇后及时松土。夏至前后，气温逐渐升高，干旱时可7～10天浇1次水。处暑后，气温渐低，应逐渐减少浇水量，并经常保持栽培环境阴凉而又湿润，可延长半夏生长期，推迟倒苗，利于光合作用，多积累干物质。

除施足基肥外，生长期追肥4次，第一次于4月上旬齐苗后，每亩施人畜粪水1 000千克；第二次在5月下旬珠芽形成期，每亩施人畜粪水2 000千克；第三次于8月倒苗后，当子半夏露出新芽，母半夏脱壳重新长出新根时，用粪水泼浇，每半月1次，至秋后逐渐出苗；第四次于9月上旬，半夏全苗齐苗时，每亩施入腐熟饼肥25千克、过磷酸钙20千克、尿素10千克，与沟泥混拌均匀，撒于土表，起到培土和利于灌浆的作用。经常泼浇稀薄人畜粪水，有利于保持土壤湿润，促进半夏生长，起到增产的作用。每次可施用腐熟人畜粪水和过磷酸钙。如果遇到久晴不雨，应及时灌水，如果雨水过多，应及时排水，避免因林间积水，造成块茎腐烂。

（四）培土

珠芽在土中才能生根发芽。6～8月，有成熟的珠芽和种子陆续落于地上，此时要进行培土。从床沟取细土均匀撒在床面上，厚1～2厘米。追肥培土后无雨，应及时浇水。一般应在芒种至小暑时培土2次，使其萌发新株。二次培土后行间即成小沟，应经常松土保湿。半夏生长中后期，每10天用0.2%磷酸二氢钾或三十烷醇根外喷施一次，有一定的增产效果。

（五）病虫害防治

1. 白星病 多在4～5月发生，发病初期可喷洒50%甲基硫菌灵可湿性粉剂500倍液，或50%多菌灵可湿性粉剂500～1 000倍液，每隔7～10天喷1次，共喷2～3次。

2. 叶斑病 发病初期喷1∶1∶120波尔多液或65%代森锌可湿性粉剂500倍液，或50%多菌灵可湿性粉剂800～1 000倍液，或50%甲基硫菌灵可湿性粉剂1 000倍液防治，每7～10天喷1次，连续喷2～3次；同时拔除病株烧毁。

3. 红天蛾 用90%敌百虫800～1 000倍液喷洒防治，每5～7天喷1次，连续喷2～3次。

（六）其他管理

由于夏季高温和强光照，半夏的呼吸作用加强，消耗的物质超过光合作用所积累的物质，导致细胞原生质结构破坏而倒苗。倒苗是半夏抗御高温、强光照的一种适应性表现，对保存和延续半夏的生命起着积极作用。但就半夏生产而言，倒苗缩短了半夏的生长期，严重影响半夏的产量。因此，在生产中，除采取适当的庇荫和喷灌水以降低光照强度、气温和地温外，还可喷施植物呼吸抑制剂亚硫酸氢钠（0.01%）溶液，也可喷施0.01%亚硫酸氢钠和0.2%尿素及0.5%过磷酸钙混合液，以抑制半夏的呼吸作用，减少光合产物的消耗，从而延迟和减少倒苗，可以取得明显的增产效益。

五、采收与储藏

半夏一般于夏、秋季茎叶枯干倒苗后采挖，南方可在 7～8 月选晴天，顺行挖 12～20 厘米深的沟，逐一将半夏块茎挖出，抖落泥土，清除表面的粗皮及须根即得鲜半夏。

将鲜半夏的泥沙洗净，按大、中、小分级，分别装入麻袋内，先在地上轻轻敲打几下，然后倒入清水缸中，反复揉搓，或将茎块放入箩筐里，在流水中用木棒撞击或用去皮机去皮，洗净，晒干或烘干。

第二十八节 林下白及种植技术

白及，别名白根、连及草、羊角七，为兰科白及属地生草本植物。分布于中国陕西南部、甘肃东南部、江苏、安徽、浙江、江西、福建、湖北、湖南、广东、广西、四川、重庆和贵州，生于海拔 100～3 200 米的常绿阔叶林下，或针叶林下、路边草丛或岩石缝中。白及的块茎具有消毒止血以及预防伤口感染等诸多功效，杀菌抗癌的效果也比较良好，有很高的药用价值。

一、选地整地

白及喜温暖湿润气候，不耐寒。宜选疏松肥沃、排水良好的林下沙壤土、夹沙土和腐殖土种植。将林地内的枯枝杂灌木以及低矮的侧枝清理干净。结合疏伐和整枝，将林下透光率调整至 30%～50%，认真清除石块等杂质。然后将有机肥或充分腐熟农家肥均匀撒在地面上，再深翻 30 厘米以上，耙细整平土壤，并沿等高线做床，床面宽 100～120 厘米，高 15 厘米，长度不限。床沟和围沟宽 40 厘米，深15 厘米，使沟相通以利排水。

二、繁殖方法

（一）分株繁殖

白及常用分株繁殖，春季新叶萌发前或秋冬地上部枯萎后，掘起老株，分割假鳞茎进行分植，每株可分3～5株，须带顶芽，传统栽培主要靠分株繁殖。

（二）播种繁殖

白及也可采用播种繁殖，但白及的种子非常细小且无胚乳，因此在自然状况下很难萌发和生长，实生苗的栽培较为困难。

（三）组织培养

组织培养技术可以快速繁殖大量白及种苗。在不同培养基上进行无菌播种，种子萌发后用组织培养方法进行无性系繁殖，可实现白及种苗的规模化生产，具体培养方法参考相关的技术文献。

三、栽植时间

春秋二季均可栽植。秋季栽植更佳，因为秋季栽植的白及延长了生长时间。相比来年春季再开始栽植，秋季栽好的种苗已经生根，适应了土壤环境，生命力更顽强，只等春暖花开，进入快速生长期。

四、栽植方法

选择阴天或午后阳光弱时进行栽植。床面按株行距20厘米×25厘米横向开4～6厘米宽、5～7厘米深的栽植沟，沟底施入1厘米厚有机肥或充分腐熟农家肥，与土拌匀后，按定植密度确定的株距摆放种苗，要求顶芽芽尖向上，注意舒展根系，然后用开第二条沟的土覆盖前一沟，依次类推。栽植后用腐质土或稻草覆盖床面，厚度以不露土为宜。栽植时应注意保护顶芽和须根，栽植后要浇透 1 次定根水。

五、林间管理

（一）间苗与补苗

栽植当年应根据苗的生长现状，适当拔除一部分过密、瘦弱和有病虫害的植株，并及时补栽。补苗后，要浇透定根水，保证苗成活及合理的白及林下种植密度。

（二）除草

白及小苗纤细，压不住杂草，定植后的前 1～2 个月内，应勤加除草，见草即拔。定植 2 个月以后，可视杂草长势情况除草。禁用化学除草剂。

（三）追肥

白及喜肥。为保证药材品质，追肥应以有机肥或充分腐熟农家肥为主。可适量辅以复合肥。白及栽植后的第一年可不追肥或少量追肥。栽植第二年，应结合除草进行雨前追肥，即春季白及出苗前，床面均匀撒施有机肥或充分腐熟农家肥；夏季白及生长旺盛期，根部追施稀释的人畜粪尿水，或撒施拌入约 1/4 体积复合肥的有机肥或充分腐熟农家肥；秋季可根据具体情况，根部撒施草木灰或充分腐熟农家肥。施用的有机肥或充分腐熟农家肥要浅锄混入土中，施肥量根据地块土壤肥力确定。采挖当年秋季不追肥。

（四）水分管理

白及喜湿，不耐旱。遇连续干旱天气要及时浇水，浇水量以保持土壤湿润为度。多雨季节要及时疏沟排水，忌床面积水，以免烂根。

（五）冬季管理

白及不耐严寒，冬季有冰雪封冻的高海拔种植区，应在床面盖草防寒，保证白及安全越冬。

六、病虫害防治

1. 软腐病 于发病初期用72%农用硫酸链霉素可溶粉剂3 000～4 000倍液，或90%新植霉素4 000倍液，每隔7～10天喷1次，连喷2～3次。

2. 黑斑病 于发病初期用75%百菌清可湿性粉剂500～1 000倍液，或50%多菌灵可湿性粉剂1 000倍液，每隔7～10天喷1次，连喷2～3次。

3. 叶斑灰霉病 清除病株残体，发病早期摘除下部病叶。及时采取药剂防治，可轮换使用50%多菌灵可湿性粉剂500～600倍液、75%百菌清可湿性粉剂600～800倍液、65%代森锌可湿性粉400～500倍液喷雾防治。

4. 根腐病 以预防为主，发病后无法根治。苗床注意通风排水，增加土壤通透性，丰富生态多样性，避免根腐病发生。

5. 虫害 主要防治蝼蛄及地老虎，在3～4月时要及时清除杂草，做好幼虫以及蛹的清除工作。可通过制作毒土的方式防治地老虎。按照40%辛硫磷乳油0.5千克加适量的水，在150千克的细土中喷拌，制成毒土，撒在白及种植地中，能有效杀死幼虫。使用90%敌百虫1 000倍液喷洒，也能起到良好的杀虫效果。

七、采收与采后处理

栽培后第四年9～10月白及茎叶黄时枯采挖。采挖时，先割除其枯黄茎叶，用平铲或小锄在离植株20～30厘米处逐步向中心处挖取，细心地将块茎连土一起取出，抖去泥土，运回处理。

将块茎分成单个，用水洗去泥土，剥去粗皮，置开水锅内煮或烫至能居中切开，目测内无白心时，取出自然冷却，去掉须根，晒或烘至全干。放撞笼里，撞去未尽粗皮与须根，使之成为光滑、洁白的半透明体，筛去杂质即可。收购切片的地方，可趁鲜切片，干燥即可。

第二十九节 林下铁皮石斛种植技术

铁皮石斛为兰科石斛属多年生草本植物，别名铁皮兰、黑节草。分布于海拔 1 000 多米山地半阴湿岩石和树上，生存环境很独特，对小气候要求十分严格，喜温暖湿润气候。铁皮石斛具有益胃生津，滋阴清热之功效。常用于热病伤津，口干烦渴，胃阴不足，食少干呕，病后虚热不退，舌光少苔等症。

林下铁皮石斛

一、选地

一般宜选择有清洁灌溉水源、远离厂矿污染、地势平坦、交通便利，郁闭度 0.5～0.7，树高 6 米以上且胸径 10 厘米以上，树体表皮粗糙的乔木林地栽培铁皮石斛。

二、林地清理

清除林间灌木和杂草，以减少蜗牛、蛞蝓等害虫滋生。同时清理乔木的枯枝、萌芽枝，并适当修枝，调整林分的郁闭度在 0.5～0.7。

三、移植上树

首先要结合当地气候条件，选用本地种源培育的优质高产的铁皮石斛优良品种。然后再选用生长健壮、茎长 10 厘米以上、单株分枝 5 个以上、无病虫害、生长 1～2 年的铁皮石斛种苗。在 3～4 月环境气温稳定在 15℃以上时进行种植。栽植时，在树干上每间隔 30 厘米种植 1 圈，每圈栽植 3～5 株并用无纺布或稻草自上而下呈螺旋状缠绕，绑住铁皮石斛苗的根部进行固定，松紧以苗不滑落为度。捆绑时，只可绑其靠近茎基的根系，露出茎基，以利于发芽。

四、喷灌设施

在栽植铁皮石斛前要先在选好和清理好的林地中安装喷灌系统，在种植铁皮石斛的林地上方修建储水池，喷水管道铺设高度一般距种植最上层 50～100 厘米，一般每株树上安装 1 个雾化喷头，树体较大的可增设 2～3 个雾化喷头，确保水雾能喷到每棵铁皮石斛苗上。一般冬、春季不喷雾，如遇连续晴天 1 周左右、空气湿度低于 60%时，可开启喷雾 30～40 分钟；夏、秋季晴天早晚各喷雾 1 次，每天喷雾控制在 1 小时左右，阴天根据情况适当喷雾，雨后不需喷雾。

五、树体管理

冬季对种植的树木进行适量修剪，确保林分郁闭度始终保持在 0.5～0.7。修剪时尽量少损坏铁皮石斛。同时全面清除林下灌木和杂草，以减少蜗牛、蛞蝓等害虫的发生。

六、日常管理

铁皮石斛生长季节林分内空气湿度应保持在 80%以上，冬季空气湿度应保持在60%左右。如果空气湿度较小，要在晴天16:00以后进行喷雾保湿。适度的光照能促进铁皮石斛的健壮生长，夏季林下散射光条件下，要保持树下和树膛内温度在23～26℃。铁皮石斛一般采用叶面追肥，生长期可喷施有机液肥加磷酸二氢钾，能够促进铁皮石斛生长，从而提高产量和改善品质。

七、病虫害防治

乔木林树上附生种植的铁皮石斛发病较少，只是偶发少量黑斑病，不会影响铁皮石斛正常生长，不必使用农药进行防治。

危害铁皮石斛的害虫主要有蜗牛和蛞蝓，可在5～7月危害高峰期，选择阴雨间歇期，在树干基部撒施6%四聚乙醛颗粒剂，或每亩用40%辛硫磷乳油0.5千克与50千克鲜草拌湿后于傍晚撒在林下诱杀。还可在林下养殖鸡等家禽，利用鸡取食害虫和杂草，同时利用鸡的活动破坏害虫的生活环境，达到防治害虫的目的。

八、采收加工

附生种植的铁皮石斛可以采收石斛花、茎条。

野外种植的铁皮石斛一般在5月开始开花，7月结束，应准确掌握石斛花的采收时间，及时采摘出售或加工制成干花保存。

当年的新生茎条应在第二年7月以后采收。茎条采收分为鲜条采收和加工用茎条采收。不管是采收鲜条还是采收加工用茎条，在采收时都应该注意保护铁皮石斛的根茎，用锋利的剪刀从茎基部剪取，基部二节如果有新芽应保留。鲜条选取较柔嫩、叶片完好且呈绿色的为好，采收后按每捆250克或500克进行包装，附生种植的鲜条一般现采现卖；加工用茎条选取充分成熟、叶片老化或脱落的为好。老熟茎条烘干加工成干条保存，也可以磨成粉末保存。

第三十节　林下金线莲种植技术

金线莲，兰科开唇兰属植物。别名金丝线、乌人参、金线虎头蕉、金线兰、金线石松、金蚕、麻叶菜。分布于我国浙江、江西、福建、湖南、广东、海南、广西、四川、重庆、云南、西藏东南部海拔 50～1 600 米的常绿阔叶林下或沟谷阴湿处。日本、泰国、老挝、越南、印度、不丹、尼泊尔、孟加拉国也有分布。喜肥沃潮湿的腐殖土，空气清新、荫蔽的森林生态环境中能形成成片的较为单纯的群落；也能在山坡半荫蔽状态下的林窗、林缘生长，在此类环境条件下，往往个体稀疏呈散生状态；偶见于林下水渍地单生的个体与苔藓伴生。全草入药，性平、味甘，清热凉血、除湿解毒，用于肺结核咯血、糖尿病、肾炎、膀胱炎、重症肌无力、风湿性及类风湿性关节炎、毒蛇咬伤。金线莲花蜜色浅、气味芳香，是药食两用的保健佳品。

林下金钱莲

一、选地建园

（一）选地

野生的金线莲生长环境是十分潮湿的，常分布在一些有常绿阔叶林的水沟边、悬崖边等阴凉地带，所以生长环境要求较高。

人工栽植金线莲一般要求选择海拔1 600米以下，通风良好、郁闭度0.7左右且下层覆盖度40%左右的常绿阔叶乔木林地，在林中空地的湿润地带选择富含腐殖质、排水良好、透气性良好且湿润的红壤或者黄壤土。

（二）整地建床

首先对选好的阔叶乔木林地清理杂草灌木丛，然后将清理出来的枯枝落叶远离林地进行焚烧。清理后对土壤喷洒0.5%福尔马林以及75%百菌清，翻耕土壤使喷洒药品的土壤能够与其他的土壤充分混合，再覆盖塑料薄膜进行土壤消毒。同时利用铁丝网做2米高的篱笆，防止其他动物的损害。做高30厘米、宽100厘米、长15米的栽培床，在床面上铺设一层厚约10厘米的基质与珍珠岩（1∶2）的混合物。

二、定植

（一）种苗的选择

栽植金线莲时，最好选择通过充分炼苗、苗高8～12厘米、根长2厘米以上，无污染、无病虫害、无损伤，叶色浓绿且有光泽的金线莲组培苗。

（二）种植方法

3月气温达到15℃时开始种植金线莲幼苗。种植时在种植带内按照5厘米×5厘米的株行距用木棍做小洞，然后将洗净培养基的幼苗放置于洞内，使其根不露出土层即可，最后用木棍按压并浇足定根水。

三、栽植后管理

（一）光照

不能阳光直射，只能透过林间的散射光照射，光照度3 000～4 000勒克斯。光照太强会损伤金线莲，光照太弱又不能满足金线莲的需求。所以需要通过砍伐过密植株、修剪过密枝条等将光照控制在三阳七阴为宜。

（二）温度

金线莲适宜生长温度为10～35℃，目前主要通过盖遮阳网、浇水来调节温度。

（三）湿度

金线莲适合生长在潮湿条件下，但却不喜欢被浇水。因此，栽植幼苗前要积极做好保湿工作，如果天气不是特别干燥，一般不浇水。如果遇到下雨天气，需要遮盖以防雨水淋到金线莲苗上。

（四）施肥

金线莲幼苗栽植30天之后就可以追施清淡的农家肥加适量的硫酸亚铁，以保持金线莲叶表固有的颜色。施肥后立即喷洒清水，既可抗旱又可防止肥料污染叶表。以后每隔15天再施一次肥，可显著提高金线莲的产量。至金线莲幼苗栽植6个月后停止施肥。

四、病虫害防治

野生金线莲病虫害较少，主要有猝倒病、蜗牛、红蜘蛛等。防治金线莲病虫害必须做好前期预防工作，种植生长期尽量选用高效低毒农药防治。金线莲幼苗栽植6个月后即采收2个月前，禁止使用农药。

（一）猝倒病

金线莲猝倒病多发生在6～7月夏季高温时期，此时需要加强巡查，做到随时发现病株随时拔除。发病初期，可喷洒75％百菌清可湿性粉剂600倍液进行防治；病情严重时，可喷洒72.2％普力克水剂1 000倍液或50％多菌灵可湿性粉剂1 000倍液，7天1次，轮换用药。

（二）蜗牛、红蜘蛛

金线莲极易受到蜗牛和红蜘蛛的伤害，在金线莲园地周围设置一些防虫网，减少害虫危害的机会。在蜗牛刚出现时可以在清晨日出前人工捕杀，如果蜗牛危害严重时则需要在傍晚日落后用草木灰水浇杀，或利用细菌、真菌、病毒、植物浸提液、抗生素等制成的生物农药灭虫。防治红蜘蛛，一般利用食螨瓢虫、异色瓢虫、草蛉、小花蝽等天敌捕食；或用生物农药 20%复方浏阳霉素乳油 1 000 倍液或阿维苏 2 000 倍液喷杀。

五、采收加工

（一）采收时间

一般来说，在金线莲栽植 8 个月后，当金线莲的根长达到 8 厘米、每株金线莲都有 5～6 片叶且单株重量达到 3～4 克时就要及时进行采收，以确保金线莲的质量。

（二）采收方法

金线莲成熟时，选择晴天采收。采收方法分为全采和留根采。

1. 全采　采收时用铲子铲松泥土后将全部金线莲植株拔出来即可。

2. 留根采　对种植较深的金线莲，采收时可将一段根系留在土壤内继续生长，第二年还可重新生长出茎叶。

（三）加工

将采收的金线莲洗净泥土去除杂物，晾干至水分含量 30%后，厚摊放入烘干机进行低温烘干，尽量使金线莲保持其原有的色彩，即为金线莲成品。

第六章 林菌模式

林菌模式是指林木与食用菌间作种植的一种经济效益较高的林下种植模式。食用菌作为一种传统的林副产品，非常适合林下间作，而且林下间作食用菌成本低，收益高，在资源保护的同时，可将资源优势转化为经济优势和生态优势。林分宜选择4～5年生且郁闭度0.7～0.8的人工林地，利用林下遮阴、空气湿度较大、氧气充足、光照强度低、昼夜温差小的特点，以林地废弃枝条为部分营养来源，在不同类型的郁闭林下种植不同的食用菌。本章主要介绍双孢蘑菇、毛头鬼伞、草菇、香菇、平菇、姬菇、黄背木耳、羊肚菌、美味牛肝菌、大球盖菇、杏鲍菇、竹荪等食用菌的林下高效栽培技术。

第一节　林下小拱棚双孢蘑菇栽培技术

双孢蘑菇，别名双孢菇、蘑菇、白蘑菇、洋蘑菇、二孢蘑菇，为蘑菇科蘑菇属中低温菌类，广泛分布于整个北温带林地、草地、田野、公园、路旁等，中国的华南、华东、华中、东北、西北等地均有分布，全国各地均有栽培。菌丝体生长最适温度为20～25℃，子实体发育最适温度为14～16℃，只有满足其生长发育条件，方能出菇。双孢蘑菇色质白嫩，肉质鲜美，营养丰富，是人们喜爱的菌类之一。当前栽培双孢蘑菇所用的菇房、日光温室或塑料大棚等设施造价较高。而利用林下小拱棚栽培双孢蘑菇，原料丰富，技术简单，投资少，产量高，质量优，见效快，效益高，是农民脱贫致富的好门路。

近年来，重庆市荣昌区充分利用当地丰富的竹笋加工剩余物和大量的竹林资源，大力发展林下双孢蘑菇生产，为全市发展林下双孢蘑菇生产积累了成功经验。

双孢蘑菇在生长过程中，人为浇水施肥、冬季采取保温措施、代谢排出的二氧化碳及废弃料，会促进竹林生长；而林地也能为双孢蘑菇提供适宜的温度、丰富的氧气、良好的遮阴条件，延长双孢蘑菇的采收时间。林下栽培双孢蘑菇实现了林、菇相互促进，提高了土地利用率和经济效益，是值得大力推广的实用技术。

一、选地建棚

选种植 3 年以上、行距 3～4 米、郁闭度 0.8 左右的丛生竹林地或树林地。利用自然气温栽培双孢蘑菇，一般 7 月下旬原料预湿，7 月底至 8 月初堆料发酵，8 月底至 9 月初播种，9 月中下旬覆土，10 月上中旬至 12 月上中旬采收秋菇，然后进行越冬管理，第二年 3～5 月采收春菇。

后发酵前林间建南北向拱棚，行距为 3～4 米的林地，采用 3～4 米长的竹片，搭成宽度 1.8～2.4 米的拱棚，竹片用 4 根铁丝固定，上面罩上黑色塑料膜。拱棚搭在竹林或树林的行中央，两边留有进出口，每棚长度根据林地而定（最长不超过 30 米），棚中间挖 60～70 厘米深的走道，走道两边为宽 90～100 厘米的菇床。操作时，先挖走道，将余土堆在两边，再平整菇床，搭设棚架，将发酵好的主料铺在菇床上，覆土后再盖棚。

二、合理配料

推荐5种培养料配方，各地可以根据当地的原材料来源进行选择，配方中的物质也可用同类物质替换。每亩林地培养料的配方为：

配方一：竹笋加工剩余物2.5～3.5吨，米糠1.0～1.5吨，玉米粉250～300千克，石膏50～100千克，石灰50～100千克，过磷酸钙50～100千克，复合肥80～100千克，饼肥250～300千克，碳酸钙50～100千克，尿素250千克，氯化钾20～25千克，克霉灵5～7.5千克。

配方二：麦秸（玉米秸、稻草等）5.5吨，干牛粪（或马粪、羊粪）5.5吨，饼肥300千克，石膏粉150千克，生石灰150千克，过磷酸钙130千克，硫酸铵80千克，尿素50千克。

配方三：棉籽壳5吨，鲜牛粪150千克，石膏粉150千克，生石灰130千克，尿素80千克，过磷酸钙130千克。

配方四：麦秸5吨，干鸡粪2.5吨，饼肥250千克，尿素30千克，过磷酸钙30千克，石膏粉150千克，石灰130千克。

配方五：棉籽壳4.8～5.7吨，麦（稻）草3.6～4.2吨，干牛粪1.2～3吨，油枯360～960千克，石膏粉120千克，生石灰120千克，磷酸二氢钾12千克，尿素12～36千克。

三、建堆发酵

（一）预湿

一般在8月中下旬进行。堆料前2～3天，将麦（稻）草、棉籽壳、竹笋加工剩余物等摊于地面并撒上石灰，均匀喷水浸湿进行假堆，使含水量达60%左右；干粪粉碎后加清水拌匀，湿度以手握成团松手后散开为度（使含水量达65%左右）。

（二）建堆

在地面上均匀铺放一层宽2米、厚15厘米的预湿麦（稻）

草、棉籽壳或竹笋加工剩余物，上面撒一层预湿牛粪，以牛粪盖住麦（稻）草、棉籽壳或竹笋加工剩余物等为度，接着再放一层麦（稻）草、棉籽壳或竹笋加工剩余物，上面再盖牛粪，层层堆放，直到堆高1.8米左右，顶层用牛粪覆盖。建堆时，将尿素和石膏分层撒入，如果堆料预湿不足，还要酌情喷水，直到堆底四周溢水为止。

温馨提示

建好的堆料，晴天用草帘覆盖遮阳，阴天和晚上掀开透气。在堆中间插入温度计，以便监测堆温上升情况。

（三）翻堆

宜在堆温下降时进行。一般应进行4～5次。每次间隔时间依次为6天、5天、4天、3天、2天，翻堆以25天左右为宜。翻堆时将表层外面的料翻到中间，中间的料翻到外面，将堆料翻动抖松，每次翻堆宽度应缩小17～18厘米。第一次翻堆应加入磷肥、尿素、石膏，石灰应筛成细粉后在第三次翻堆时分层均匀加入。最后一次翻堆时，用40%甲醛100倍液、80%敌敌畏1 000倍液和73%克螨特1 500倍液，分层均匀喷雾，并用薄膜密封覆盖。发酵好的培养料一般呈棕褐色至暗褐色，料表面有一层白色放线菌，料内可见灰白色嗜热性微生物菌落，无病虫杂菌，无酸臭味，无氨味，含水量65%左右，pH 7～7.5，手握料有2～3滴水。翻堆发酵的总时间以25天左右为宜，发酵时间过长，会使料过于腐烂，减少铺料面积，影响菌丝定殖。

四、铺料播种

（一）铺料

将发酵好的栽培料平铺在菇床上，料层厚度25～30厘米。

铺好料后，将拱棚罩上黑色塑料膜，进行后发酵。用湿料 45～50 千克/米^2，铺完料后将棚内打扫干净。

（二）播种

播种采用英秀 1 号、AS4607、棕秀 1 号和 AS2796 等双孢蘑菇麦粒菌种，每平方米用量为 900～1 000 毫升。播种时先将 70%～75%重量的麦粒菌种撒在料面上，后翻料，使菌种粒混入 5～6 厘米深的栽培料中，然后将剩余的 25%～30%菌种撒于床面，用木板压平菌床，防止菌种悬空。播种前要注意菇棚通风，并检查栽培料是否有氨味。播种时最好选择在气温和料温下降至 26℃以下时进行，并注意料的干湿度。

五、发菌期管理

（一）发菌

播种后拱棚以保湿为主，视情况在早晚气温较低时轻微透风。播种 3 天以后当菌种块菌丝已经萌发并在培养料上定殖生长时，要在夜间逐步增加拱棚内的通风换气次数，第三天至第四天全面检查菌种成活情况，及时捡出霉变的麦粒菌种，保持菇床干净，减少杂菌污染等。播种 7～8 天后，当菌丝蔓延整个料面时，无风天气揭开棚膜进行通风，连续高温天气则要加强通风和降温降湿，以促进菌丝向料层内生长。播种后前 10 天，不要直接向菇床料面喷水，适当保持料面干燥，抑制杂菌孢子萌发或减缓其生长。发菌期的最适温度为 25℃，最高温度为 32℃。由于林下气温较低，小拱棚黑色薄膜覆盖不透光，菇棚内能基本达到这一温度要求。发菌后期可轻微抖动料面，俗称“骚菌”，以增加料面透气性，并向料面喷水调湿，以促进菌丝生长。

（二）覆土

采用地表 30 厘米以下的深层中性黏壤土作为覆土材料，将其过筛分级，粗土粒径 1.5 厘米左右，细土粒径 0.5 厘米左右，粗细土用量比例为2∶1，制备后暴晒几天进行消毒。覆土一般在播种13～16天后菌丝已伸到床底或料层厚度2/3时进行。覆土前先用2%石灰水预湿粗土粒，覆粗土厚度约为2.5厘米，以盖住料面不使之外露为宜。覆土要把握料面上方覆土薄、侧面覆土厚的原则，覆土后要常喷水，保持覆土层湿润，当土粒发亮，用手捏会扁又不黏手，土粒内部无白心时停止喷水。拱棚两端通风处可盖上报纸以保湿。菇棚温度保持在22℃左右，土层中很快长出菌丝。当粗土覆盖5～7天后菌丝在土粒间能达到70%时，再覆盖细土，以填充粗土空隙，细土厚度1厘米左右，整个覆土层厚度达到3.5厘米为宜。当细土粒湿润后，减少喷水，使细土粒偏干，以利于菌丝在粗细土粒间横向蔓延，形成子实体原基。

六、出菇和采收

（一）出菇

从播种到出菇需40～45天，此时已进入深秋季节，适合15℃的出菇温度要求。出菇期要加强温湿度管理和通风换气，保持菇棚空气新鲜、清爽。一般覆土2～3天后开始喷水，喷水量为0.5千克/米^{2}左右；覆盖细土后10天左右，喷水量为1千克/米^{2}左右，以土层吸足水分而又不漏料为准，并连续喷2天。然后停止喷水2～3天。7天后出菇前要加大喷水量，一般要求喷水量为0.25～0.35千克/米^2，要喷至细土层发亮，渗到细土层中上部，使出菇部位控制在粗细土层之间，以后随着菇蕾形成和生长，逐渐增加喷水量，要轻喷勤喷，喷水时喷头朝上，使雾状水飘洒落下。

（二）秋菇管理

喷水调湿是整个秋菇管理中最为重要的一个环节，水分调节要掌握好菇多时多喷水，菇少时少喷水，菇蕾生长前期多喷，生长后期少喷，并需结合气候条件和菌丝生长情况等灵活掌握。一般出菇期每天喷1～2次，喷水量为0.25～0.5千克/米^2，待每潮双孢蘑菇采收基本结束后，立即剔除菇头残根和死菇，并及时补上采菇时带走的泥土，减少喷水或停喷2～3天，让土层绒毛状菌丝恢复，积累养分。待绒毛状菌丝生长后，喷水1～2天，喷水量为0.5～0.75千克/米^2，促使菌丝重新扭结，长出第二潮菇蕾。通风换气是秋菇期不容忽视的重要管理环节。秋菇前期，气温高，出菇多，子实体新陈代谢旺盛，排出的二氧化碳多，需要氧气也多，必须加强通风换气，以满足其生长发育的需要，从现蕾至采收4～6天。当菇盖直径长到3～5厘米时，即可采收。

（三）采收

采收时捏住菇盖，向下稍压，再轻轻旋转即可采下，避免带动周围小菇。采下的菇随即用刀片削去柄下带有泥土的部分，按大小分级装入内壁光滑、洁净的筐中，采完的菇床要进行清理，将菇根和死菇清除，用小木板将面上的菇穴刮土填平，喷水保湿等待出二潮菇。一般8～10天生长一潮菇，间隔4～5天再出第二潮菇。

七、越冬和春菇管理

（一）越冬管理

秋菇结束后，菇棚温度降至8℃以下时，菌丝逐渐停止生长，进入越冬期。此时，停水1周，待覆土稍干后进行松土清理老根，然后整平菇床。越冬期间，以保温保湿为主，适当通风换气和补水追肥。一般在每天中午通风2～3小时，以保持棚内空气新鲜。气温特别低时，可暂停通风1～2天。晴天中午结合追施菇丰宝、喷菇宝等肥料喷1次水，喷水量为0.5千克/米^{2}左右，保持细土粒不发白。也可停止喷水，床面放干等到来年开春气温升至8℃以上时喷水。

（二）春菇管理

春季气温由低到高，出菇由少到多，喷水量也应逐渐增多，做到先稳后准，将菇床覆土湿透。早春要选择每天午后气温较高的时候通风，以提高菇棚温度。要灵活掌握菇棚通风换气，延长春菇生长期，并认真做好病虫害防治工作。

八、病虫害防治

1. 褐斑病　危害菇盖。喷洒50%多菌灵可湿性粉剂500倍液防治。

2. 软腐病　危害子实体。防治：减少床面喷水，加强通风，降低空气湿度；向患病部位撒石灰粉；喷50%多菌灵可湿性粉剂800倍液。

3. 青霉菌　危害菌种。播种时，菌种不要埋藏太深，要注意通风、降温、保湿。

4. 黄霉菌　危害菌丝体。播种时，菌种不要埋藏太深，要注意通风、降温、保湿。

5. 虫害　主要有菇蚊、菇蝇、跳虫及螨类等。可在菇棚附近安装3瓦黑光灯诱杀成虫；采用药剂防治，第一潮菇采收后，用生物农药千虫克可湿性粉剂1 000～1 500倍液喷雾；在菇棚通风口和进风口处撒施石灰粉，以防害虫爬入。

第二节　林下小拱棚毛头鬼伞栽培技术

毛头鬼伞，别名鸡腿蘑、刺毛菇、鸡腿菇，为蘑菇科鬼伞属的一种适应力极强的草腐粪生土生菌。分布于温带、亚热带潮湿地区。在雨后会迅速成长，多见于草地、树林、地面，树根旁较多。因其形如鸡腿，肉质似鸡丝而得名，但并无鸡肉味，是近年来人工开发的具有商业潜力的珍稀菌品，被誉为“菌中新秀”。

毛头鬼伞菌肉洁白细嫩、营养丰富、味道鲜美、口感极好，具有很高的营养价值，据分析测定，每100克毛头鬼伞干品中，含有蛋白质25.4克，脂肪3.3克，总糖58.8克，纤维7.3克，还有20多种氨基酸（包括人体必需的8种氨基酸）。毛头鬼伞性平，具有清神益智、益脾胃、助消化、增加食欲等功效。毛头鬼伞还含有抗癌活性物质和治疗糖尿病的有效成分，长期食用，对降低血糖浓度，治疗糖尿病有较好疗效，特别对治疗痔疮效果明显。由于毛头鬼伞生长周期短，生物转化率较高，易于栽培，是郁闭林下大力推广栽培的一种食用菌。

一、选地建棚

毛头鬼伞一般在秋季8～10月或春季2～4月分两次栽培。选择树龄3年以上，郁闭度0.9左右，林木株行距3米×4米或3米×5米，水源方便，地势较高的林地内建棚做床，床面做成龟背形，床宽1.2米，长度不宜超过30米。用3%石灰水浸床面及四周，在床面上做小拱棚，搭成宽度1.8米左右、高度1.5米的拱棚，拱棚外扣上塑料膜，膜上盖草帘或玉米秸秆以保温遮光。

二、合理配料

毛头鬼伞是适应能力极强的草腐菌、土生菌、粪生菌，能利用相当广泛的栽培原料作为碳源，对营养要求不太严格，可充分利用各种各样的作物秸秆、玉米芯、棉籽壳、菌糠、畜粪等进行栽培，但以棉籽壳料栽培产量最高，秸秆料和菌糠料次之。因毛头鬼伞可以不用熟料进行栽培，所以可以采用生料地栽、发酵料地栽、生料袋栽、发酵料袋栽4种栽培方式，以达到其栽培技术容易掌握，便于推广和节省能源的目的。但发酵料比不发酵的生料发菌快、菌丝浓密、杂菌少、产量高，而过度发酵则发菌后劲不足。在林地内栽培多采用发酵料脱袋覆土栽培法。在培养料中添加一定量的麸皮、米糠、尿素、畜粪、玉米粉等氮源可促进菌丝生长，添加一定量的过磷酸钙、石膏、石灰等矿物肥有助于代谢活动的正常进行。

（一）生料配方

配方一：棉籽壳或落地废棉 100 千克，生石灰 2～3 千克（有的再加 0.1%多菌灵或甲基硫菌灵），含水量 60%～65%。

配方二：棉籽壳 100 千克，磷肥 2 千克，尿素 0.5 千克，石灰 2 千克，水 160 千克。

配方三：玉米芯（粉碎）100 千克，尿素 1 千克，石灰 2 千克，水 150～160 千克。

配方四：稻草（切段或粉碎）40 千克，玉米秸粉 40 千克，马粪（干粪并打碎）20 千克，尿素 1 千克，磷肥 2 千克，石灰 3 千克，水 150 千克。

配方五：金针菇菌糠 80 千克，牛马粪 20 千克，尿素 1 千克，磷肥 2 千克，石灰 4 千克，水 150 千克。

配方六：棉籽壳 90.9%，麸皮 6%，石灰 2%，石膏 1%，多菌灵 0.1%。

（二）发酵料配方

配方一：棉籽壳 86.9%，麸皮 6%，石灰 6%，石膏 1%，多菌灵 0.1%。

配方二：棉籽壳 86.7%，麸皮 7.7%，玉米粉 2.4%，过磷酸钙 1%，石膏 1%，石灰 1.2%。

配方三：棉籽壳（发酵）90%，玉米粉 8%，尿素 0.5%，石灰 1.5%。

配方四：棉籽壳（发酵）88%，麸皮 11%，石灰 1%。

配方五：平菇菌种料 45%，棉籽壳（发酵）45%，玉米粉 9%，石灰 1%。

各种栽培方式均调水至含水量 65%。

三、建堆发酵

（一）预湿

堆料前 2～3 天，将棉籽壳等加入足够清水拌匀，湿度以手紧握滴 3～4 滴水为度。

（二）建堆

将预湿后的棉籽壳等堆成宽 1 米、高 1～1.2 米的堆，堆闷 7～10 天进行发酵，在堆中间插入温度计，以便监测堆温上升情况。

（三）翻堆

当堆内温度达到 65℃左右开始翻堆，发酵期间共翻堆 3～4 次，当堆中间无白心时即可拌料。

四、拌料接种

（一）拌料

先将麸皮、石灰、玉米粉等干辅料混拌均匀后再与发酵好的栽培主料混拌均匀，使干湿均匀，含水量 65%左右；用石灰调节使酸碱度均匀，pH 7～8，当料质松软、富有弹性时即可装袋。

（二）装袋接种

将发酵好的料装入 17 厘米×33 厘米的聚乙烯袋内，先扎紧一端，装料后再扎紧另一端。当天装好的当天上锅灭菌，袋间要有一定空隙，高压 100℃灭菌 12 小时后，利用余热再闷一段时间，当料温稳降至 40℃时，可出锅，出锅冷却至 30℃以下时进行无菌接种。

（三）铺料播种

地栽方式采用层播法，料厚 20 厘米，分 3 层播种。先在底部铺料 7 厘米厚，用木板轻轻压实后，播第一层菌种；在菌种上再铺料7厘米厚，压实后播第二层菌种，在菌种上再铺料6厘米厚压实，播第三层菌种，总菌种量为培养料重量的10%，3层菌种播种完毕后可立即覆土；也可在其上覆盖薄膜保湿，待发满菌后覆土。

五、发菌期管理

菌袋接好种后，要将菌袋及时移入发菌室内发菌，每垛码5～7层。发菌室要使光线接近黑暗，温度控制在25℃左右，空气相对湿度70%左右，每7天左右翻袋1次，检查菌丝生长情况，拣出污染菌袋，上中下、正反面翻转，以便袋温一致，水分均衡，整个发菌期共翻袋3～4次，一般25～30天菌丝即可长满，当菌丝长满菌袋时移入林下进行出菇管理。

六、脱袋覆土

毛头鬼伞具有不覆土不出菇的特点，在菌袋发好后应该脱袋覆土。在菌床上挖宽30厘米、深20厘米且底平的窄行，将发好的菌袋脱袋后卧放在行内，菌袋间隔2～3厘米，菌袋放好后在菌床上覆土3厘米厚，覆土用经过喷施辛硫磷和多菌灵消毒并添加1%尿素的肥沃沙壤土。覆土后浇透水并盖上小拱棚的塑料薄膜。

七、出菇和采收

（一）出菇管理

覆土后温度控制在22～26℃，湿度控制在75%～80%。通风时间：低温时节在无大风的11:00和15:00前后进行，高温时节在早晨和晚上进行。阴雨天一般不浇水。高温期需要放风降温，其他时间一般不宜开启放风。5～8天进入采收期。采收后要及时拣出菇脚和残渣，去掉覆土并把料面清理干净，在菌床床面覆盖2～3厘米厚的肥土，浇水湿润覆土，进行同前的出菇管理至二次采收。一般可连采3潮菇。

（二）采收

在菌环刚开始松动时即可采收，一天至少采收2次，上午采收大的，下午采收小的，有时夜间还要加采1次，只要发现菌环开始松动（菌环不空心）就要及时采收。采收时捏住菇盖，向下稍压，再轻轻旋转即可采下，避免带动周围小菇。如菇体连片，可用不锈钢刀片割下。

八、毛头鬼伞加工

一般情况下，毛头鬼伞以鲜销为主。但为了供应远方市场需求，将毛头鬼伞的菇蕾切成薄片，再烘干后销售；此外还可以加工成盐渍毛头鬼伞或毛头鬼伞罐头。

第三节　林下小拱棚草菇栽培技术

草菇，别名美味草菇、美味包脚菇、兰花菇、秆菇、麻菇、中国菇、小包脚菇，为光柄菇科小包脚菇属的一种草生菌类，是一种重要的热带亚热带菇类，是世界上第三大栽培食用菌。我国已有300多年的栽培历史，目前草菇产量居世界之首，主要分布于广东、广西、福建、江西、台湾等地。因常生长在潮湿腐烂的稻草中而得名，草菇肥大、肉厚、柄短、爽滑，肉质脆嫩、味道鲜美。草菇营养丰富，每100克鲜菇含207.7毫克维生素C、2.6克糖分、2.68克粗蛋白、2.24克脂肪、0.91克灰分，还含有磷、钾、钙等多种矿质元素。草菇蛋白质含18种氨基酸，其中必需氨基酸占40.47%～44.47%。草菇能促进人体新陈代谢，提高机体免疫力，增强抗病能力，还具有解毒作用和抑制癌细胞的作用，能加强肝肾的活力，是糖尿病患者的良好食品。

3年以后的速丰林开始郁闭，林间凉爽、湿润、不透光，适合种植草菇。为充分利用林地资源，在林地中搭建小拱棚，利用小麦、玉米产区的作物秸秆作为主栽培料，在8月中下旬栽培高温型食用菌草菇，使作物秸秆成为一种可开发利用的生物再生资源，降低了草菇的生产成本，丰富了人民的菜篮子，解决了夏季食用菌产品严重缺乏的难题，是一项有效可行的林地栽培模式。

一、菇场选择及整地搭棚

选择近水源，株行距3米×4米，3年以上林地作为栽培场地。在树木行间做菌床，床宽100厘米、长20米，两床间距50厘米，中间挖一条浅的排水沟。床上用竹片搭拱形棚架，两侧用竹竿固定，棚高50厘米左右。棚上覆盖塑料薄膜，四周用土压住薄膜，覆盖草苫遮光。

二、培养料配方

配方一：废棉69%～79%，稻草10%，麦皮5%～15%，石灰6%～8%，pH 8～9，含水量68%～70%。

配方二：废棉100千克，稻草粉12.5～25千克，麸皮25千克，干牛粪12.5千克，过磷酸钙2.5千克，碳酸钙2.5千克，含水量65%～68%。

配方三：蔗渣100千克，麸皮15～20千克，石灰3千克，含水量60%。

配方四：稻草100千克，稻草粉30千克，干牛粪15千克，石膏粉1千克，含水量60%～65%。

配方五：干麦秸80%，干粪（牛粪、猪粪均可）17%，生石灰3%，pH 8，含水量60%～65%。

配方六：玉米秸秆（长度20厘米左右）97%，生石灰3%，pH 8，含水量65%。

三、原料处理

麦秸、玉米秸秆选用当年收割的没有淋雨、没有发热变质的新鲜秸秆，把干麦秸或玉米秸秆用2%～3%石灰水浸泡24小时，捞出后沥去多余水分，加入各种辅料（干粪先预湿）后堆积发酵，堆料中心温度升高到60℃左右时保持24小时后翻堆，翻堆后堆料中心温度升高到60℃左右时再保持24小时，即可终止发酵。

四、栽培

（一）栽培季节

草菇喜欢高温高湿的气候条件，当日均气温稳定在23～30℃时，是栽培草菇的适宜季节。一般可从6月上旬至8月中旬栽培。

（二）铺料与播种

采用3层料2层种的层播方法进行播种。先把发酵好的培养料堆在菌床上并适当压实，四周撒一圈菌种，接着上面再铺一层培养料，压实后播第二层菌种，第二层菌种应该撒在整个料面上，在菌种上再铺一层薄的培养料，厚度以盖住菌种为宜。总菌种量为培养料干重的5%～10%，播种完立即用塑料薄膜盖住菌床。播种4～5天后，当菌丝将要发满菌床时，在料面覆盖一层1.5～2厘米厚的细土，覆土后用石灰水浇湿土面，并盖好地膜。

五、发菌期管理

播种前将菌床灌水湿透，使料堆含水量保持在70%～75%；播种后2～3天，料温逐渐升高到35～40℃，料面温度一般为32～35℃时，正好适合草菇菌丝生长。当料温超过40℃时要将薄膜掀开通风散热，降低料温；空气湿度不够时，可以往菌床内灌水，使菌床潮湿以增加空气湿度；每天中午打开菇棚通风

15～20分钟。

六、出菇管理

草菇播种后在适宜条件下经过6～8天的发菌管理，当见有白色菜籽粒大小的菇蕾时，就进入出菇管理。出菇时，料温要适当低一些。菇棚温度上升到35℃以上则容易引起幼菇死亡，应该及时散热。出菇期间，菇棚内空气湿度控制在90%为宜，湿度低于80%则菇体生长受阻，向菇床内灌水可以提高菇棚内的空气湿度；同时需加强通风换气，保持菇棚空气新鲜；注意透光，但不能有直射阳光照射，以免晒死幼菇。

七、采收

当子实体由基部较宽、顶部稍尖的宝塔形变为蛋形，菇体饱满光滑，由硬变松，颜色由深变浅，包膜未破时应该及时采收，一般早、中、晚各采1次，整个采菇期15天左右。采收时不要掀开棚膜，不可用力猛拔，以免幼小菇蕾受到损伤而死亡。

第四节　林下小拱棚香菇越夏栽培技术

香菇，别名花蕈、香信、椎茸、冬菰、厚菇、花菇，为光茸菌科香菇属珍贵食用菌，是世界第二大菇，也是我国栽培800年以上且久负盛名的食用菌和药用菌。香菇中含有的香菇多糖可以抗肿瘤；双链核糖核酸能诱导产生干扰素，具有抗病毒的作用；有机碱能显著降低血清中胆固醇含量。此外，香菇腺嘌呤是降低血脂的成分之一，香菇嘌呤还有较强的抗病毒、治疗和预防潜在病变——“未病”、防止脱发和解毒功能。因此，香菇是自然界不可多得的保健食品之一。

香菇属于低温和变温结实型菌类，一般出菇限于春秋两季，寒冷季节和高温季节均不能生产，冬夏两季市场特别是鲜菇供应短缺。为了满足香菇市场周年供应，改善出菇环境，提高产量品质，选择香菇高温品种利用夏季林地内气温低于林外的气候特点，发展反季节香菇栽培，可取得显著的经济效益和生态效益。

一、选地建棚

选择地势平坦，交通便利，有水源，树龄3年以上，郁闭度0.8以上，林木行距5米以上的林地。将林地清理干净，平整地面，沿树行间用竹木材料搭建宽度2米、高度1～1.2米的小拱棚，棚长根据实际情况确定，拱棚外扣上塑料膜。棚内用竹竿或铁丝距离地面25厘米纵向拉建菇架，用于摆放菌袋，行间距20厘米，菌床上方约2.5米处搭建遮阳网，遮阳网边缘超过菌床周边2米为宜。

温馨提示

香菇具有喜阴特性，郁闭度过小的林地要加盖透光率10%以下的遮阳网以防止阳光直射菌棒造成高温烧菌。

子实体生长主要受温湿度限制。高温条件下香菇生长快，容易开伞、衰老，低温不易开伞，菇质好。空气湿度低，容易失水，菌盖表面开裂；湿度过大菌盖发黏，容易发生杂菌。所以在林下搭建小拱棚，可安装微喷设施，通过适时喷水改善小环境。

二、菌株选择与茬口安排

（一）菌株选择

适合林下推广的夏季香菇品种主要是高温型优良菌株，如武香1号、L931、L935、夏菇1号、夏菇2号等。武香1号是较耐高温的菌株，其菌丝生长温度为5～35℃，最适生长温度22～25℃。出菇温度15～35℃，最适出菇温度20～26℃。

（二）栽培季节

结合当地气候条件及树林郁闭情况安排栽培季节。一般在林地开始郁闭时入林生产，到落叶前生产结束。黄河以北地区一般3月中下旬制作栽培袋，5月中旬至6月上旬分批将发好菌的菌袋放入林地出菇，9月中旬结束。

三、合理配料

在搭配栽培原料时可因地制宜灵活选用配方，备料时主料一定要新鲜、无霉变，棉籽壳在使用前用0.5%～1%石灰水浸泡至饱和再堆积发酵5～7天，用清水冲到pH 6.0～6.5后再使用，可以去除棉籽壳中影响香菇菌丝生长的少量棉酚。常用配方如下。

配方一：木屑78%，麸皮20%，石膏1%，糖1%。

配方二：木屑80%，麸皮15%，玉米粉3%，石膏1%，糖1%。

配方三：木屑70%，棉籽壳10%，麸皮15%，玉米粉3%，石膏1%，糖1%。

配方四：麦麸18%，棉籽壳20%，硬杂木屑50%，细木屑（杨柳木）10%，石膏2%，水适量。

四、拌料接种

（一）拌料

原料过筛，拣出木块等硬物，按照选用的配方准确称量各种原料，先将各种干料混拌均匀后，再将溶好的蔗糖水和水，分次洒入料中拌均匀，直至均匀无结块，含水量55%～60%，pH 6.5～7.0。将拌好的栽培料用手捏指缝不见水而伸开手掌料能成团即可，最好在拌料后2小时内装袋，以防酸败。气温高时，料中可添加0.1%多菌灵或克霉王等。

（二）装袋

人工装袋，将拌好的料装入长55～60厘米、宽15厘米、厚0.05毫米的聚乙烯袋内。塑料袋要求厚薄均匀，封口要结实不漏气。料袋要求松紧适度，手指按袋有弹性而不下陷，装到适当高度后清除袋口碎料再用绳扎口，先直扎，再翻转扎紧，防止进水、进气。料袋长40厘米左右。按照配方将培养料拌匀后集中装袋。

为了节约劳动力成本，可以采用集约型工厂化生产，统一装袋、接种、培养，降低生产风险。装袋采用圆盘自动冲压装袋机，实现搅拌、加水、分料、上料、装袋一体化。菌袋采用宽15厘米、长60厘米、厚0.05厘米的高压聚乙烯袋筒。选用配方后机械装袋。装袋标准为料柱长度45厘米±1厘米，重量2.25千克±100克，常压灭菌。流水作业，在接种室或接种帐内打穴接种。每5人一组，4小时可接种5 000棒。

（三）灭菌

当天装好的菌袋争取在短时间内上锅灭菌，防止培养料发酵变质。一般采用常压蒸汽灭菌，100℃保持15～20小时。装锅时料袋间要有一定空隙，以利蒸汽畅通。在灭菌过程中应该遵循“攻头，保尾，控中间”的原则，即先用大火猛攻，2～3小时内达到100℃，保持15～20小时，再逐步降温。灭菌过程中要及时补水，使锅内水量不少于锅体容量的2/3。加水时应该配合控制火力，即加水前要先加大火力，后加开水，当温度回升到100℃后恢复用小火。灭菌一定要彻底，料温降到70℃时出锅，将料袋运到接种室冷却后接种。

（四）接种

菌袋灭菌后冷却到25℃左右，最好在早、晚按无菌操作要求接种。接种前，接种室内一切用具都需要用烟雾消毒剂消毒；菌种瓶、袋表面和操作人员的衣服、手用75%乙醇消毒。接种块尽量保持完整，接种速度要快，接种量要充足；接种室内尽量避免人员走动和说话。

五、发菌期管理

发菌室用前要消毒并在地面撒石灰粉。菌袋接好种后，要及时移入发菌室内发菌，采用“井”字形堆码，每层4袋，码6～8层。发菌室要使光线接近黑暗，温度控制在20～25℃，空气相对湿度60%～70%，并经常通风换气，检查菌丝生长情况，待菌袋中菌种吃料半径达3～5厘米时开始倒袋，即轻拿轻放并上中下调换位置，每10～15天倒袋1次，以便袋温一致，水分均衡。整个发菌期共倒袋3～4次。一般20～25天时需要用牙签人为在菌丝生长部位扎眼10～20个增氧，40～50天发菌至基本满袋（距袋口3～5厘米）时要及时将菌袋运入林下拱棚内脱袋转色，50～60天菌丝即可长满，当菌丝长满菌袋、菌棒变软且局部出现红褐色时，标志着菌棒已经由营养生长转向生殖生长，即可以移入林下进行出菇管理。

六、脱袋转色

发菌基本满袋、菌棒表面1/4左右转色时脱袋，脱袋前用清水或5%石灰水喷雾加湿地面。脱袋后将菌袋斜靠在菇架上，覆盖棚膜。保持温度18～23℃，每天喷水2～3次，给予适当散射光照，避免强光直射菌袋。转色时温度超过25℃，会分泌大量黄水，要及时排除并疏散降温；如低于15℃，菌袋迟迟不转色，脱袋后第1～2天不通风，以后每天换气1～2次，每次1小时左右。一般15天左右转色完毕。转色适度，菌膜厚薄适当，呈棕褐色，有光泽；转色过重则菌膜太厚，呈深褐色；转色不足则菌袋呈黄褐色至灰白色。

七、出菇与采收

做好控温工作是林菌间作的关键，香菇菌丝不耐高温，平时每天喷2～3次雾状水，空气湿度保持在85%～95%；每天通风1～2次，每次1小时左右。

（一）春夏季出菇管理

5～6月春夏季菌棒转色后，温度保持在15～20℃，同时加大昼夜温差在10℃以上，刺激菇蕾形成，菇蕾形成后剔除菇形不完整的、丛生的菇蕾，每袋保留菇蕾5～8个。每天根据天气情况喷水，晴天2～3次，阴天1～2次，同时进行通风降温。及时采菇，宜早不宜迟，每天采收2～3次，采收时要注意把菇蒂等采摘干净，采收后要及时出售。

（二）越夏管理

7月气温高，越夏管理的重点是降低棚内温度。主要方法：在小拱棚上加盖遮阳物并在中午喷水降低菇床温度，同时加强通风，及时挖出霉菌并喷洒多菌灵或克霉灵稀释液，感染面积较大时要加强通风并用多菌灵连续喷浇，如果还有少量菌袋感染可用生石灰覆盖发病部位阻止霉菌蔓延。

（三）秋季出菇管理

8～9月早秋气温由高到低，温度控制在20～30℃，湿度控制在75%～80%。每天早、中、晚各喷水1次补充菌袋含水量，早晚结合喷水通风，拉大温差和湿差，刺激菇蕾发生，促进子实体发育。

晚秋当菌棒生产4～5潮菇后，棒体缩小、干瘪，出菇个头小，菇盖薄，说明养分已耗尽，此时出菇结束。对于到了深秋仍有出菇能力的菌棒，采取移到暖棚内出菇，或来年温度上升后再出菇，可实现菌棒出菇生产最大化。

（四）适时采收

在菌伞尚未全部张开、菌盖边缘稍内卷形成"铜锣边"、菌褶已经全部伸长并由白色转为浅黄褐色时采收最佳，每天采收2～3次，采大留小，避免碰伤周围小菇蕾，注意不要留下菇脚。每潮菇采完后停止喷水3～5天并适当提高温度，减少昼夜温差，降低空气相对湿度到70%～80%，养菌7～10天后进入下一潮出菇刺激和出菇管理。

（五）菌袋补水

出菇后期采用针式注水方法及时补水，使注水后的菌袋达到原菌袋的95%左右，其他管理措施与前期出菇管理基本相同。

第五节　林下平菇、姬菇秋季栽培技术

平菇，别名侧耳、糙皮侧耳、蚝菇、黑牡丹菇、秀珍菇；姬菇是独特的平菇种类，别名黄白侧耳、小平菇，生物学特性、栽培管理技术与平菇基本相同。二者均为侧耳科侧耳属木腐生菌类。全国各地均有栽培。平菇含丰富的营养物质，每100克干品含蛋白质20～23克，而且氨基酸成分种类齐全，矿物质含量十分丰富。中医认为平菇性温、味甘，具有祛风散寒、舒筋活络的功效，用于治腰腿疼痛、手足麻木、筋络不通等病症。

平菇有高温品种及低温品种，可以从3月一直种植到11月。3月下旬菌棒入拱棚，培菌温度控制在5～25℃；出菇温度控制在13～18℃，空气相对湿度为85%～90%。采收后清除袋料两端的菇角和老菌丝，这时培养料的含水量应补足到65%左右，空气湿度适宜，一般10天左右会出现第二潮菇。平菇出两潮菇后，培养料的营养有些不足，为促进多出菇，可以结合喷水喷施

营养液。采收 3～4 潮菇后，大致在 6 月底，可以更换耐高温品种菌棒，进行下一轮出菇管理。

一、选地建棚

选择树龄 3 年以上，郁闭度 0.8 以上，林木行距 5 米以上，地势平坦，水源便利的林地。将林地清理干净，平整地面，沿树行间用竹木材料搭建宽度 3 米、高度 1.5 米的小拱棚，棚长根据实际情况确定，拱棚外扣上塑料膜。棚内菌袋采用垛状摆放，垛底用土堆成高 15 厘米、宽 50 厘米的平台并用薄膜覆盖，菌袋摆放在薄膜上，每层 2 排，菌棒底部相接，扎口部朝外，依次往上堆放 4 层，每 2 层之间用 2～3 根小木条隔开，以便通气，垛与垛间隔 90 厘米左右的空间，以便操作。

二、合理配料

采用木屑、棉籽壳、废棉、稻草、甘蔗渣、玉米芯、玉米秸秆、花生壳、豆秆粉等原料中的任何一种，都可以栽培平菇。但要获得高产、优质的栽培效果，则应添加适量麸皮、米糠、石膏、过磷酸钙等辅料。下面介绍几种常用配方及其配制方法，供参考。

配方一：棉籽壳 99%，石灰 1%。将石灰溶于适量水中，均匀地淋在棉籽壳上，边淋水，边踏踩，边翻拌，直到棉籽壳含水适量均匀为止。

配方二：稻草 99%，石灰 1%。将稻草铡成长 5 厘米左右的段，沉入 1%石灰水中浸泡 5～6 小时，待其吸足水后捞起沥干。

配方三：木屑 89%，石灰 1%，麦麸 10%。干料混合，加水翻拌均匀，至含水量 60%左右。

配方四：玉米芯粉 90%，米糠 9%，石灰 1%。干料混合，加水翻拌均匀，至含水适量为止。

配方五：玉米芯85%，麸皮或玉米面8%～10%，生石灰2%～3%，石膏1%～2%，磷肥1%～2%，磷酸二氢钾0.1%～0.3%，硫酸镁0.1%，尿素0.3%。原料混匀后按料重量的1.5倍加水，调节pH 6～7.5。

配方六：玉米芯或玉米秆。将原料压破后放在清水或1%石灰水中浸泡1～2天，充分吸水后捞起沥干。

配方七：花生壳、花生秆78%，麸皮20%，石膏1%，糖1%。先将花生壳、花生秆晒干粉碎，糖溶于少量水中与干料混匀，再加清水拌匀，至含水量58%左右。

配方八：甘蔗渣50%～69%，木屑30%～49%，石灰1%。先将干料混匀，再加清水翻拌均匀，至含水适量为止。

配方九：豆秆粉33%，棉籽壳33%，木屑32%，碳酸钙1%，糖1%。糖溶于少量水中与干料混匀，再加清水翻拌均匀，至含水适量。

在以上9种配方中，拌料时加入0.1%～0.2%多菌灵和0.1%敌敌畏，以便杀灭部分杂菌、害虫。尤其是温度较高时播种，培养料中添加适量杀菌剂、杀虫剂，增产效果更明显。

三、建堆发酵

（一）粉碎与拌料

以配方五为例，选用无霉变的玉米芯在阳光下暴晒2～3天，再用粉碎机将玉米芯破碎成花生粒大小的颗粒状。先将原料按比例称量好，再将生石灰、石膏、磷肥、磷酸二氢钾、硫酸镁、尿素等溶于水中，然后与主料混拌均匀，将麸皮或玉米面等辅料加入其中拌匀，最后加料重1.5倍的水拌匀，并调节pH6～7.5。

其他8个配方可采取相似的处理方法进行处理。

（二）建堆

将拌匀的培养料堆成宽1.5米、高1米、长度不限的弧形堆，堆闷发酵，在堆中心插入温度计，以便监测堆温上升情况。

（三）翻堆

当堆内料温（5 厘米深处）达到 55℃以上维持 1 昼夜后翻堆，翻堆时把里面的料翻到外面，把四周、顶部和底部的料翻到中间，然后再覆盖保温，如此翻堆 3 次，当原料内没有酸臭味时即发酵好了。发酵好的料要及时用多菌灵和敌敌畏（根据说明确定农药的使用浓度，只喷洒料的表面）进行喷洒处理。当料温稳定在 30℃时应该及时装袋。

四、装袋接种

平菇除冬季以外，其他季节均可栽培，但以秋季栽培最好。一般 8 月上旬至 9 月上旬接种。即 8 月上旬至 9 月上旬将发酵好的料装入 25 厘米×45 厘米的聚乙烯袋内，先扎紧一端，边装料边接种，一般接 3 层菌种，即中间 1 层，两头各 1 层，用种量为培养料的 10%～15%，装好后稍压实再扎紧另一端，然后用细铁丝在菌种处刺孔，以利通气，最后进行菌丝培养。9 月上旬至 10 月中旬出菇后移入林下小拱棚，进行出菇管理。

五、出菇管理

平菇、姬菇属变温结实型，在保证温度 20～26℃，相对湿度 85%～95%的情况下，一般发菌 30 天左右，菌丝可以长满菌袋，发菌最好在黑暗条件下进行。当菌丝布满料面 6～7 天并露出菇蕾后，进行降温和增水处理，幼菇可迅速长出。即夜间采取地面浇水，加减通风量，调节适合平菇、姬菇生长的温湿度和温差。当菌袋内有菇蕾原基产生时，将菌棒扎口松开，菌袋口向外翻卷，露出菌面即可。当菇蕾分化出菌盖和菌柄时，注意喷水时要少喷、细喷和勤喷并呈雾状。每潮菇采收后要清理死菇、病菇和烂菇，出第二潮菇后，出现小菇蕾时喷营养液（味精 5 克、尿素 15 克溶于 15 千克水中），每潮菇喷 2～3 次（喷在料面上），补充营养的同时还能诱导新菇形成。出菇期需要一定的散射光，以能在菇棚里看清报纸上的小字为宜。

六、采收

当菌盖充分展开，颜色由深灰色变为淡灰色，孢子未弹射之前及时采收，用左手按住培养料，右手握住菌柄旋转扭下，不论大小一次采完，并把残留在培养料面上的菌根、死菇、干菇全部用刀清理掉，然后重喷 1 次水，并盖好薄膜。经过一定的技术处理，可陆续采摘 3 潮菇，至 12 月上中旬生产结束，每千克栽培料可产鲜菇 0.8～1 千克。每亩林地栽培 200 米^2，下料 5 000～6 000 千克，可生产鲜菇 4 000～5 000 千克。

第六节 林下黄背木耳栽培技术

黄背木耳，别名毛木耳、紫木耳、四川黄背木耳，为木耳科黄背木耳属中温型食用菌，具有恒温结实的特性。黄背木耳营养丰富、质脆可口，含有人体必需的 8 种氨基酸，所含纤维素能促进人体内许多营养物质的消化与吸收，并能把残留在人体消化系统中的灰尘、杂质集中起来，排出体外，有医疗保健作用。既适合鲜销，又可干制出口，是投资少、见效快、收益高、极具发展潜力的食用菌新品种。主要分布于我国河北、山西、内蒙古、黑龙江、江苏、安徽、浙江、江西、福建、台湾、河南、广西、广东、香港、陕西、甘肃、青海、四川、重庆、贵州、云南、海南等地区。常丛生在柳树、洋槐、桑树等多种树干上或腐木上，具有滋阴壮阳、补益气血、润肺止咳、活血止血等功效，可以促进人体血液循环，主治气血两亏、肺虚咳嗽、咯血、吐血、衄血、崩漏及痔疮出血等病症。

一、选地建棚

选择树龄3年以上，郁闭度0.7左右，林木行距5米以上，地势平坦，水源便利的林地。将林地清理干净，平整地面，除去杂草、碎石等，并用农药喷洒消毒后，沿树行间用竹木材料搭建宽度1.5米、高度0.8米的小拱棚，棚长根据实际情况确定。每隔2米用竹片起拱，棚内离地面25厘米左右纵向拉7～8排铁丝，用于摆放黄背木耳菌袋，拱棚外扣上塑料膜，不用加盖遮阳物。

二、配料与拌料

（一）配料

黄背木耳培养料配方可根据当地优势资源就地取材，常用配方有以下几种。

配方一：锯末80%，玉米芯10%，麦麸7%，玉米粉1.5%，石膏1%，过磷酸钙0.5%。

配方二：棉籽壳62%，锯末30%，麦麸6%，石膏1%，过磷酸钙1%。

配方三：棉籽壳25%，玉米芯35%，锯末36%，糖1%，石膏粉1%，石灰粉2%。

（二）拌料

常规拌料后，在上述配方一和配方二中另加1%～2%石灰粉，调pH 8～8.5，含水量为60%左右。

各种原材料均应新鲜、干燥、无霉、无酸味，锯末以材质坚硬的阔叶树较为理想，玉米芯在阳光下暴晒2～3天，然后用粉碎机破碎成大豆粒大小的颗粒状，不要粉碎成粉状以免影响通气从而造成发菌不良。先将原料按比例称量好，将主料混拌均匀后再将辅料加入其中拌匀。水分掌握在拌料后2～3小时用手捏培养料指缝出水即可。培养料中严禁加入多菌灵、甲基硫菌灵等农药。

三、装袋灭菌

将拌好的料装入20厘米×42厘米的聚乙烯袋内，装好的料袋要求松紧适度，手指轻按袋面下陷，松手后立即复原，装到适当高度后清除袋口碎料，再用绳扎紧封口。装袋后及时在常压下灭菌，培养袋“井”字形堆码，袋与袋、袋与灶壁间应留一定空隙，以利蒸汽均匀地透入料中。用猛火迅速升温到100℃并保持10～15小时灭菌，然后打开灶门降温，待菌袋冷却到30℃以下的常温时立即搬到接种箱（室）在无菌环境中接种，接种量为培养料的5%。灭菌后的培养料pH 6.5～7.0。

四、无菌接种

（一）严格挑选菌种

挑选菌丝洁白、浓密，生长粗壮整齐，无杂菌，无黄色积水，无耳基或耳基形成较少，具有清香味，无酸味和无霉臭等异味的优质菌种。

（二）消毒

接种前，接种室内一切用具用烟雾消毒剂消毒；菌种瓶、袋表面和操作人员的衣服、手用75%乙醇消毒。

（三）接种

直接用接种钩勾入菌袋口进行接种，要求接种迅速，菌种在空气中暴露的时间尽量短。一般每袋接种50～100克，接种时将菌种接在菌袋两端的肩缘上并用手指将种转动一圈，达到周身有种即可，接种后及时封口。

五、室内发菌

菌袋接好种后，要将菌袋及时移入发菌室内呈“井”字形叠放发菌，一般高3～6层。发菌室内要求通风良好，要使光线接近黑暗，温度控制在25～28℃，空气相对湿度60%～70%，每天早晚各通风1次，每次30分钟。发菌后期温度上升，要相应增加通风次数和时间。每周翻堆1次，检查菌丝生长情况，拣出污染菌袋，上中下、正反面翻转，以便袋温一致，水分均衡。如发现菌丝生长势不良或不吃料，可采取刺孔增氧，促进菌丝生长。整个发菌期共翻袋5～6次，一般35～40天菌丝即可长满，当菌丝长满菌袋时移入林下开口摆袋。

六、开口摆袋

菌丝满袋后移入林地，耳袋进棚前用0.2%多菌灵或高锰酸钾液消毒耳袋表面，再用已经消毒的刀片在耳袋的一侧以V形开口，开口长1.5～2.0厘米，切口处的“帽舌”具有保护作用，既可以防止培养料水分过多散失，又可以防止喷水渗入料内。每袋开口6～8个。将耳袋开口面向外斜靠于铁丝上摆放，袋与袋之间间隔10厘米，避免耳片长大后互相碰撞，影响朵形美观，同时又有利于通风换气。

七、出耳管理

控制小拱棚内温度在18～25℃，相对湿度85%～90%，并加强光照，刺激原基分化，当分化的原基形成幼嫩耳芽时要有足够的散射光，保持湿润并适当通风换气。耳芽出现杯状时每天喷水3～4次，使相对湿度提高到90%～95%，湿差掌握昼湿夜干、晴湿阴干、气温高湿低干。

八、采耳

当耳片全部展开，边缘略卷，颜色由紫色转为紫褐色，稍有白色孢子堆出现时，为采收适期。采耳后停水3～4天，待菌丝恢复生长后再喷水，以促进下批原基形成，一般可采收3～4批。

也可在采耳后施用0.1%～0.3%磷酸二氢钾或0.5%尿素，连续施用2～3次，或将上述营养液交替施用，一般可增产20%～30%。

九、黄背木耳加工储藏

黄背木耳储藏适温为0℃，相对湿度95%以上为宜。因为黄背木耳属于胶质食用菌，质地柔软，易发黏成僵块，需适时通风换气，以免霉烂。即使在适宜的温湿度环境条件下，采用筐、箱或塑料袋包装储藏，就是适时通风换气，也只能储藏15～20天。因此，采收后的鲜木耳应该及时制干，以免造成腐烂变质。

（一）制干的方法

1. 晒干　黄背木耳采收后，如果天气晴朗，光照充足，就将采收的木耳薄薄摊放在晒席里，烈日暴晒1～2天，达到制干程度即可。

2. 烘干　黄背木耳采收后，如果遇到下雨，应及时烘干。可利用烤棚或自建简单烤室，将鲜木耳放在烤筛上，烧炭火加温，温度以不超40℃为宜，如果温度过高，容易烤焦烤熟或自溶腐烂。烘烤时烤筛上下移动，使其受热一致，干燥均匀。烘烤时千万不要过多翻动，也千万不要用烟熏，以免影响木耳的品质。

（二）储藏

制干的黄背木耳，先拣出碎片、杂物等，然后按照大、中、小及好、中、差分级包装，也可以混装（统货），采用食品级塑料袋装好，扎紧袋口，密封后放置在木箱或木桶内，置于干燥通风的室内储藏。

第七节　林下羊肚菌栽培技术

羊肚菌，别名羊蘑、羊肚菜、羊肚菇、蜂窝菌、美味羊肚菌，属羊肚菌科羊肚菌属的大型食药兼用菌，是子囊菌中最著名的美味食用菌。主要分布于西藏、云南、四川、重庆、新疆、山西、东北、河南、陕西、甘肃、青海等地。羊肚菌菌盖部分含有异亮氨酸、亮氨酸、赖氨酸、蛋氨酸、苯丙氨酸、苏氨酸和缬氨酸 7 种人体必需的氨基酸。羊肚菌的营养相当丰富，可与牛乳、肉和鱼粉相当，有“素中之荤”的美称。据测定，羊肚菌每百克干品含蛋白质 24.5 克，脂肪 26 克，碳水化合物 39.7 克，还含有维生素 B_1、维生素 B_2、维生素 B_{12}、烟酸、泛酸、吡哆醇、维生素 H、叶酸等多种维生素和大量人体必需的矿质元素，其钾、磷的含量分别是冬虫夏草的 7 倍和 4 倍，锌的含量是香菇的 4.3 倍、猴头菇的 4 倍，铁的含量是香菇的 31 倍、猴头菇的 12 倍等。羊肚菌含抑制肿瘤的多糖，以及抗菌、抗病毒的活性成分，具有增强机体免疫力、抗疲劳、抗病毒、抑制肿瘤等诸多作用。羊肚菌既是宴席上的珍品，又是久负盛名的食补良品，民间有“年年吃羊肚，八十照样满山走”的说法。羊肚菌性平、味甘，具有益肠胃、消化助食、化痰理气、补肾、壮阳、补脑、提神之功效，对脾胃虚弱、消化不良、痰多气短、头晕失眠有良好的治疗作用。羊肚菌有机锗含量较高，具有强健身体、预防感冒、增强人体免疫力的功效。

一、生长特性

羊肚菌通常生长在杨树、桦树为主的针阔叶混交林下的腐殖土中，在田边、溪沟及火烧迹地也有发现，一般 3～5 月雨后大量发生，对海拔高低无特殊要求。菌丝生长最适温度为 18～25℃。昼夜温差大，林间温度在 4～16℃有利于子实体的形成。羊肚菌适合在土壤湿润的环境中生长，子实体大量发生时，要求土壤含水量 50%～60%，空气相对湿度 80%～90%。

二、原种培养基制作

（一）原种培养基配方

马铃薯 200 克，葡萄糖 20 克，琼脂 20 克，维生素 B_1 1 克，水 1 000 毫升。

（二）原种培养基制作方法

沸水煮马铃薯 30 分钟，取汁。汁中加入葡萄糖、琼脂等其他辅料，持续搅拌加热，待琼脂溶尽后装入试管，每支灌装至 1/5 处，用棉花塞封口。高压蒸汽灭菌 2 小时，取出后斜放冷却。

三、原种制作

（一）母种孢子收集

以刚采摘的新鲜羊肚菌为母种，采用孢子弹射法收集羊肚菌孢子。收集孢子放置于室温下（温度不超过 25℃）7 天左右，待菌丝爬满培养基后接种。

（二）原种制作方法

接种须在无菌的接种箱内操作，接种后将试管放置于 25℃以内的避光环境内。菌丝 10 天左右便可长满培养基。

四、栽培种培养基制作

（一）栽培种培养基配方

木屑 75%，麸皮 20%，石膏 1%，石灰 1%，腐殖土 3%。

（二）栽培种培养基制作方法

料水比 1∶1.3，湿度 60%左右，搅拌混合后装菌瓶，培养基装至瓶高 4/5 处，用棉花塞住瓶口。高压蒸汽灭菌 8～10 小时，待冷却后取出备用。

五、栽培种制作

（一）原种选择

选择菌丝生长健壮、无杂菌、无变色的原种。羊肚菌菌丝为白色，略微发黄，成熟后产生菌核，菌核为黄褐色，肉眼可见。

（二）栽培种制作

> **温馨提示**
>
> 接种须在无菌、无尘、密闭的空间内进行，操作全程须进行蒸汽消毒。

每支原种可接种栽培种 10～15 瓶。栽培种菌瓶放置在温度不超过 25℃的铁房间内约 30 天，菌丝长满菌瓶，以出现黄褐色菌核为宜。

六、林下栽植方法

（一）场地选择

选择以杨树或桦树为主的针阔混交林，林分郁闭度 0.7 以上，林下以疏松、肥厚、湿润的腐殖土为宜。

（二）栽植方法

10 月底进行播种。播种前浅翻林下土壤，然后直接将菌瓶内的栽培种撒播至土壤中，播完后，覆盖腐殖土 1～3 厘米厚，再在上面覆盖 2 厘米厚的阔叶树树叶。

七、栽后管理

栽后第二年 3 月中旬，昼夜温度上升到 4～16℃时，子实体便可发生。出菇期间，要保持覆土湿润，土壤含水量保持在 50%～60%，掌握少量多次的浇水原则。据对野生羊肚菌生长状况的观察，这个时期，温度变化过大，低于4℃，或高于16℃，子实体都很难萌发；初春遇到干旱，要及时浇水，保持土壤湿度，否则也会严重影响子实体的发生。总之，早春保证羊肚菌生长环境的温度和湿度是获得栽培成功的关键。

八、采摘和加工

（一）采摘

羊肚菌一般丛生，成熟后若不及时采摘，很容易被虫食。采摘时用手捏住菌柄摇动连同菌根一起拔出，顺便剪去泥脚，分级放入筐内。采收时注意不要伤到附近的小羊肚菌。每天要及时采收，直至不再有子实体出现。

（二）加工

羊肚菌采摘后要及时晾干或烘干，否则会被线虫和菌蛆啃咬。干燥后的羊肚菌用密封塑料袋盛装，保持菌体完整，避免碰撞。

第八节　林下美味牛肝菌栽培技术

美味牛肝菌，别名牛肝菌、大腿蘑、大脚蘑、大脚菌、网纹牛肝菌、白牛肝、山乌茸、白牛头等。主要分布于我国河南、台湾、黑龙江、吉林、四川、重庆、贵州、云南、西藏、内蒙古、陕西、江苏、安徽、浙江、福建、湖南、广东、西藏等地区。其菌肉厚而细软、味道鲜美，可食用，是优良食用菌。含有人体必需的8种氨基酸，以及腺嘌呤、胆碱和腐胺等生物碱。具有祛风散寒、补虚止带之功效。常用于治疗风湿痹痛、腰腿疼痛、手足麻木、四肢抽搐，还可用于治妇女白带异常及不孕症。

一、选地与覆盖腐殖质

选择海拔300～600米处郁闭度0.7～0.9的栎类、松树幼林，林下以山地黄土、黄壤、灰沙土、黄棕壤、暗棕壤、紫色土及黄沙土为宜。通过锄草割灌等抚育措施，扩大林下空地面积用于牛肝菌栽培。然后将沟谷内较厚的腐殖质运至选好的林地内，均匀撒在林下空地上，尽可能使作业的林下空地都被腐殖质覆盖，并调整酸碱度到 pH 5.0～6.0。

二、子实体培养

（一）诱导长菇法

可用半腐叶 39%、杂木屑 39%、米糠 20%、白糖 1%、石膏 1%，或半腐叶 39%、玉米粉 39%、米糠 20%、白糖 1%、石膏 1%的培养基，在 pH 5.5～6、温度 5～20℃的摇瓶培养条件下，经 90 天人工诱导培养美味牛肝菌的子实体，其菌丝生长较好，浓密粗壮，瓶壁上有大量黄褐色成片菌核。

（二）菌根合成长菇法

在无菌条件下，通过孢子或菌丝体碎片获得美味牛肝菌的纯菌种培养，同时通过种子培养出共生植物的幼苗。然后把美味牛肝菌菌丝体及寄主植物幼苗放到适宜的培养基内，经过一定时间的培养后，菌丝体会感染植物幼苗，形成菌根。把长出菌根的寄主幼苗种植在适宜的土壤里，同时按照寄主植物和菌根生长发育所需的条件进行管理。随着寄主植物的生长，在条件适宜时，美味牛肝菌的子实体就会陆续发生。

三、美味牛肝菌的人工栽培

美味牛肝菌接种要求无菌操作。确保接种后成品率高，具体操作要求如下：

（一）环境净化

采用接种室或接种箱、接种帐接种，事先应消毒，采用气雾消毒剂，每立方米 5～8 克，点燃产生气体消毒。

（二）菌种预处理

先拔掉菌种瓶口棉塞，用塑料袋包裹瓶口，再用接种铲伸入菌种瓶袋内，把表层老化菌膜挖出。如果出现有白色扭结团的基质也要挖出，并用棉球蘸75%乙醇擦净瓶内壁四周。若是扎袋头的菌种，开袋口时也用同样方法处理好菌种。

（三）接种

无菌操作接种主要掌握以下5个方面。

1. 选择时间 选择晴天午夜或清晨接种，此时气温低，杂菌处于休眠状态，有利于提高接种的成品率。雨天空气湿度大，容易感染霉菌，不宜进行接种。

2. 接种物入室 塑料袋搬入接种室或接种帐内后，连同菌种、接种工具、酒精灯一起，进行第二次消毒。先用气雾剂熏30分钟以上，接种前40～60分钟再用紫外线灯照射30分钟，达到无菌条件。接种人员要注意清洁卫生，接种前双手用75%乙醇擦拭或戴乳胶手套。

3. 接种要敏捷 打开袋口，若是套环棉塞的拔出棉塞。把菌种接入袋内，重新扎好袋口或棉塞复原封口。如果是瓶栽的把瓶口覆盖薄膜揭开，接种后复原。

温馨提示

接种时一定要迅速敏捷，否则易引起杂菌污染。另外，接种器具为金属制品，久用易灼热，菌种通过酒精灯火焰区时，如果动作缓慢，则容易烫伤菌种。

4. 更新空气 每一批料袋接种完毕，必须打开门窗通风换气30～40分钟，然后关门窗，重新进行消毒，继续接种。接种后如果不通风，由于室内酒精灯和人的体温的影响，加上接种时打开穴口，使料内水分蒸发，形成高温、高湿，容易造成杂菌污染。

5. 清理残留物 在接种过程中，菌种瓶的覆盖膜废弃物，尤其是工作台及室内场地上的木屑等杂物，必须集中一角，不要乱扔。待每批料袋接种结束后，结合通风换气，进行一次清除，以保持场地清洁，杜绝杂菌污染。

（四）移植与施肥

将接种好的菌袋置于选好的林下空地栽培，或在牛肝菌密度比较大的地方，采摘牛肝菌后，在附近空地挖30厘米×30厘米×30厘米的新穴，然后用铁锄在已经种植牛肝菌的地方挖出25厘米×25厘米的带牛肝菌根的整体土块，细心地移植在新穴里，移植后，用附近的腐殖质把穴填满，并用力压平。由于牛肝菌只能在深度腐化的腐殖质里生长，没有腐化或半腐化都不能生长。因此，在6月下旬或7月上旬雨季来临之时，应在腐殖质的表层均匀撒施营养肥。营养肥的配方有很多种，常用的配方是杂木屑∶玉米屑∶米糠∶糖∶尿素＝4∶4∶1∶0.5∶0.5。

四、出菇管理

（一）干湿交替

时雨时晴，或白天晴、夜间有雨最有利于子实体形成，少雨低湿环境不利于子实体的形成。菌丝体生长阶段土壤含水量以60％左右为宜，子实体生长阶段相对湿度以80％～90％为好。

（二）温差刺激

美味牛肝菌菌丝体在18～30℃下生长，但最适温度为24～28℃；子实体可在5～28℃下生长发育，子实体形成的适宜温度为16～24℃，低于12℃就不易形成子实体。

（三）光线调节

美味牛肝菌的菌丝体生长不需要光照，而子实体的形成需要一定散射光的刺激。美味牛肝菌多发生于七阴三阳或半阴半阳有散射光的林地，林地郁闭度最好调整到 0.7～0.9。

五、采收

美味牛肝菌的子实体长至七八分熟时及时采收，并用不锈钢刀削除菌柄基部带泥沙、杂质及虫道的部分，然后按照开伞程度分类处理。一般菇蕾、幼菇用来加工成盐渍菇，半开伞菇、开伞菇切片加工成脱水干品。

第九节　林下大球盖菇栽培技术

大球盖菇，别名赤松茸、皱环球盖菇、皱球盖菇、酒红色球盖菇、斐氏球盖菇、酒红菇，富含蛋白质、多糖、矿质元素、维生素等生物活性物质，氨基酸含量达 17 种，人体必需氨基酸齐全。大球盖菇是国际菇类交易市场上的十大菇类之一，也是联合国粮农组织（FAO）向发展中国家推荐栽培的蕈菌之一。子实体单生、丛生或群生，中等至较大，单个菇团可达数千克重。

一、栽培前准备

（一）合成培养料及堆积发酵

1. 合成培养料配比　根据当地农业废弃物情况，就地取材，选择稻草、稻壳、麦秸、玉米秸秆、竹叶、竹屑、菌糠等原材料。考虑到原料成本和取材的难易程度，同时为了保证大球盖菇菌丝正常生长和产量，推荐以下配方。

配方一：单独使用稻草或稻壳或麦秸或玉米秸秆，营养土适量。

配方二：稻草或麦秸 50%，稻壳 50%，营养土适量。

配方三：玉米秸秆（粉碎）50%，稻壳 50%，营养土适量。

配方四：稻壳 85%，木屑 15%，营养土适量。

配方五：稻壳70%，大豆秸秆（粉碎）30%。

配方六：稻壳或稻草（切段）70%，出过菇耳的滑子蘑、平菇、香菇、木耳等废料菌糠及污染料（经发酵处理）30%，多菌灵0.1%。

配方七：稻壳（稻草）85%，草炭土15%。

配方八：稻草70%，菌糠30%。

配方九：竹叶40%，稻草40%，菌糠20%。

配方十：竹叶60%，砻糠40%。

配方十一：竹屑50%，稻草30%，菌糠20%。

2. 预湿

（1）浸草。将稻草投入沟池中，引入干净水浸泡48小时后捞出沥水。也可以将稻草铺在地面，采用喷淋方式使稻草吸足水分，每天多次喷水、多次翻动，使稻草吸水均匀，含水量达到70%～75%。用手抽取有代表性的稻草一把，将其拧紧，若草中有水滴渗出而水滴是断线的，表明含水量适度。若拧紧后无水滴浸出，说明含水量偏小。

（2）稻壳调湿。大水喷淋稻壳，边喷水边用铁耙子或铁锹翻拌，使稻壳润透水，无干料，含水量宜大不宜小。

稻草或稻壳经调湿适量后，在低温期就可以铺料播种了。一般在自然气温20℃以内的环境条件下，单独使用稻草、稻壳或麦秸经浸水适度后，就可以进行生料栽培，人工费用低，但产量偏低。

温馨提示

外界自然气温高的投料季节，生料铺床播种后料垄容易发酵生菌，造成栽培损失，因此合成培养料需经过堆积发酵处理。

3. 堆积发酵方法

(1) 建堆。首先将堆积场地用石灰 1 500 倍液进行全面杀菌除虫处理，将调湿适度的培养料堆成底宽 3 米左右、高 1.5 米、长不限的梯形堆，堆表呈平面，料堆小不易升温，料堆过大中心容易缺氧，影响发酵效果。料堆好后从料堆顶面向下打孔洞至地面，孔距 40 厘米，孔径 10 厘米以上，并在料堆两侧面间距 40 厘米打两排孔洞至料堆中心，防止料堆中部和底部缺氧产生酸度。

(2) 翻堆。料堆四周用草帘封围，顶部不封盖，3～4 天堆内开始升温。料堆内温度达到 55℃时，保持 48 小时以上，当料内有白色粉末状高温放线菌出现时，进行第一次翻堆，翻堆时将里面的料翻到外面，四周、顶部和底部的料翻到中间。重新建堆后打孔洞，当料温再现 55℃以上时，再保持 2～3 天，当料呈茶褐色，料中有大量白色粉状物，无氨臭及料酸味，质地松软即为发酵好的标志。

发酵好的料要及时散堆，调水降温，准备铺料播种。如长期堆积、发酵过头，会使料中营养过分消耗，极不利于菌丝正常生长，轻者减产，重者绝收。

在散堆时，要进行一次调水降温，使料含水量补足到 75%左右，当料温降到 25℃以下时方可铺料播种使用。

(二) 林地选择与整理

林地要选择交通便利，近水源或能打井的地块，地势略平坦，地面平整。树林地最好是 4 年以上的成年林地，野生杂木林地应树荫遮密性好，便于清林整理。松树林地栽培效果较好，底层的枯枝败叶是大球盖菇菌丝分解利用的较好培养基质，但其地表覆盖的当年落叶含单宁、松香物质，要清除。

林地在投料种植前要清除杂草或林地的小杂树，开好排水沟，对林地进行全面的杀菌除虫处理。地面撒施石灰，用清水冲灌消毒，无近水源的地块要提前打井，喷水设备齐全，提前做好菌床，成行的杨木林地要以树木为床中心，可防止取土刨伤树根。

二、栽培与管护

（一）林地做床

南北走向做菌床，床宽 1.3 米，作业道宽 40～50 厘米，床比地面低 2～3 厘米，其表土堆放在作业道上，用于料垄表层覆土。床面修整成中间略高的龟背形，防止床底积水。用石灰粉喷撒床面，见白即可。

（二）铺料

当培养料调水达到 75%，料温度降至 25℃以下时开始铺料，稻壳原料最好装入编织袋内运往栽培场地，以方便运料及铺料。

铺料时，首先铺 8 厘米左右厚度的培养料，然后将菌床分成两个料垄，垄间距 10～12 厘米，实际每个单垄宽 50～55 厘米，形成一床双垄模式，这种窄条幅双垄模式增加了投料量，林地利用率高。

双垄窄床铺料方式能有效防止料床温度升高且透氧性能好，有助于球盖菌丝正常健旺的生长发育。大球盖菇易在菌床边缘密集出菇的习性特点，使大床分成双垄又能增加两个边缘，增加了出菇效应，从而提高了产量。

（三）播种

第一层料铺完后，进行穴播，将菌种掰成核桃大小块状，顺床宽播 3 穴，菌种块间距 8～10 厘米，顺料垄长依次 3 行穴播，菌种块间距 8～10 厘米。播完第一层菌种后，进行第二次铺料，厚度 7～8 厘米，整理料垄呈龟背形，将菌种块按入表层料内 2 厘米深处，顺料垄 3 行依次穴播，间距 8～10 厘米，播后用料盖严。规整料垄呈龟背形。垄沟可铺 2～3 厘米厚少量料，该垄沟最易大量出菇且菇的质量最好。然后覆土，并在料垄两侧扎孔径 3～5 厘米孔洞，间距 20～25 厘米，呈“品”字形。用石灰水喷洒杀虫后覆盖稻草。

（四）发菌管理

菌种播入后注意床温变化，温度过高需打孔灌水降温。当菌丝快长至培养料 2/3 时，要求覆土层湿度保持湿润即可，不能大水喷浇而使菌丝不易上土。

秋季高温育菌期作业道沟必须勤灌水，降低床温，可有效防止高温退菌，但水不能过多流入垄床底部，以免淹死菌丝。

经 30～40 天料垄菌丝吃透覆土层而充满菌丝体，覆土层内和基质表层菌丝束分枝增粗，通过营养后熟阶段后即可出菇。

（五）出菇管理

菌丝束分枝上出现小米粒大小的白状物时是出菇前兆。在出菇前用 1 500 倍石灰水再次进行杀菌除虫处理，以防止出菇期害虫危害子实体。

每天喷两次水，保持稻草和覆土层湿润即可。移动覆盖的稻草，让爬在稻草上的菌丝倒伏，迫使从营养阶段向生殖阶段转化。

大豆粒大小的幼菇出现后，以保持覆土层及覆盖稻草湿度为主，每天小水喷浇，使正在迅速膨大生长的子实体得到充足的水分和空气湿度。

出菇期喷水原则：诱导幼菇发生时，少喷勤喷，幼菇长大时少量多次，菇多多喷、菇大多喷，晴天风大多喷、阴天雨天可少喷或不喷。正常温度下从幼菇露出白点到成熟需 5～7 天。

大球盖菇出菇适宜温度为 10～25℃，低于 4℃或超过 30℃不能出菇。遮阴不好的林地要将稻草覆盖厚些，但稻草要膨松、不紧密，用叉子挑悬空，透进一定量的光线，并能有效防止因林地风大吹干裸露的菇体。在晚秋初冬温度降低时更要加厚覆盖管理，利于在上冻前多出一潮菇。

采摘后的菌床要停水 3 天，让料垄基质营养休养生息，充分储蓄营养。检查料垄中心的培养基是否偏干，发现偏干时，要采用两垄间多灌水，让两垄间水浸入料垄中心的方法，或采取料垄扎孔洞的方法，目的是让水尽早浸入料垄中部，达到相应的湿度标准，使偏干的中心料在适量水分作用下加速菌丝的繁殖和生长，形成大量菌丝束，满足下潮菇对营养的需求。但也不能过量大水长时间浸泡或一律重水喷灌，避免大水淹死菌丝体，使基质腐烂退菌。

三、病虫害防治

病虫害防治以防为主。可采用农业防治、物理防治、药剂防治等方法进行综合防治。首先要把好菌种质量关，选用优质菌种，搞好环境卫生，选用新鲜、干燥、无霉变原料；栽培前将原料暴晒 2～3 天，及时清除鬼伞。绿霉发生后应清除菌床上的病灶，并将其带到远离栽培场地的地方深埋，在感病区域及其周围喷洒石灰水。

四、采收

用于盐渍的大球盖菇的菇体应在六七分熟，即菌盖呈钟形，菌膜尚未破裂时采收，用竹片刮去菇脚泥沙，清洗干净以供盐渍用。

用于干制的大球盖菇的菇体应在采收前 2 天停止喷水，用竹片刮除菇体鳞片和菇脚泥沙，根据需要保留菌柄或用不锈钢剪刀剪去全部或部分菌柄，清洗后在通风下沥干水，或置太阳下晾晒 2～4 小时，按菇体大小和干湿程度筛选分级，菌褶朝下摆放在烘烤筛上，用烘干机或电热鼓风干燥机在烘房内进行机械烘干。

第十节　林下杏鲍菇栽培技术

杏鲍菇，别名雪茸、刺芹侧耳、平菇王、干贝菇，属侧耳科侧耳属低温型菌株，从播种到出菇需 50～60 天。其子实体生长期，保持温度 15℃为佳，空气相对湿度以 85%～95%为宜，保持较清新的通风及弱散光。杏鲍菇的营养十分丰富，植物蛋白质含量高达 25%，含 18 种氨基酸和具有提高人体免疫力、防癌抗癌的多糖。同时，含有大量的寡糖，是灰树花的 15 倍、金针菇的 3.5 倍、真姬菇的 2 倍，它与胃肠中的双歧菌一起作用，具有很好的促进消化、吸收的功能。杏鲍菇是集食用、药用、食疗于一体的珍稀食用菌品种，菌肉肥厚，质地脆嫩，特别是菌柄组织致密、结实、乳白，可全部食用，且菌柄比菌盖更脆滑、爽口，具有愉快的杏仁香味，口感似鲍鱼，适合保鲜、加工。

一、栽培前准备

（一）生长环境

1. 营养　在实际生产中可以将棉籽壳、玉米棒等作为主要原料，调配氮源时以麦麸等作为主要辅料，以降低生产成本，并同时提高菌丝长速及其活力。

2. 温度　杏鲍菇菌丝喜欢 25℃左右的培养条件；子实体生长的适宜温度为 10～25℃，最适温度为 15℃左右。

3. 水分　人工栽培时以基料含水率 65%左右为宜；发菌期间，要求调控培养室空气湿度为 70%左右；出菇阶段应保持在 85%～95%的湿度，以确保子实体正常健康的发育。

4. 酸碱度　菌丝生长阶段培养料最适 pH 6.5～7.5，出菇期 pH 5.5～6.5。

（二）菇棚建造

菇棚要选择在交通方便、近水源、环境干净、土质肥沃的林地。对于菇棚的建造要本着控温保湿、空气流畅、光线暗淡、便于操作的目标进行。菇房宽 2 米，高 0.8～1.2 米，墙高大约为 3 米，棚内要搭建排架，即菇床，用于放栽培袋。各排之间要留出一条作业道，便于管理人员的日常工作。

二、栽培与管护

一般 10～11 月制作栽培袋。

（一）培养料配方

配方一：棉籽壳 88%，玉米混合粉 10%，石灰 1%，碳酸钙 1%。

配方二：杂木屑 75%，麸皮 22%，糖 1%，石灰 1%，碳酸钙 1%。

配方三：棉籽壳 50%，杂木屑 30%，玉米混合粉 18%，石灰 1%，石膏粉 1%。

上述配方含水量 60%～65%。

将上述培养料分别按比例称量，置拌料场地面翻拌均匀，调节含水量 60%～65%。用 17 厘米×33 厘米×0.004 厘米的折角聚乙烯袋或聚丙烯袋装料，每袋装干料 500 克（湿重约 1 100 克），对角反折直插式封口。装完后灭菌。

接种用食用菌无菌接种器，在接种操作平台上两人配合全开式打开袋口接入菌种，每 750 克瓶装杏鲍菇栽培种可接料袋40～60 袋。接种后置清洁卫生的室内发菌培养，保持温度 20～25℃，空气相对湿度 70%以上。每天通风 1～2 次，保持空气新鲜，大约 30 天菌丝满袋。

（二）排菇床

将长满菌丝的菌袋直立排放在床上，打开袋口，拉直袋筒膜，筒口膜表面盖 1 层报纸，喷水保持报纸湿润，调控温度15℃左右、空气相对湿度 80%，促其出菇。杏鲍菇从原基形成到子实体成熟，一般需 13～15 天。

幼菇在袋内小气候中生长，当菇体在封闭的袋内向上生长至距袋口 2 厘米时去掉报纸，让菇体接受散射光向空间伸展，增加喷水逐渐提高相对湿度达 85%～95%，促使菇体不断长大，形成正常的子实体。

（三）病虫害防治

危害杏鲍菇的主要病害有黄腐病、枯萎病等；主要害虫有跳虫、菇蛆等。

1. 黄腐病

（1）症状。子实体初期易出现黄褐斑，随后扩展到整个菇体，致菇体停止生长，最后变黄、变软、腐烂。这是由细菌类假单胞杆菌引起的病害。

（2）发生条件。高温（20℃以上）、高湿、通风不良时极易发生。主要是通过水来传染，当子实体含水量过高时容易发生。

（3）防治方法。在出菇期间，当温度高于 18℃时，千万不要向子实体喷水，只能向地面和四周墙壁上喷水来增加湿度；同时，还要加强通风换气管理，避免出现高温、高湿环境；每次喷水后，结合通风换气管理，降低菇体表面水分，可防止细菌性病害发生。出现病害后，要及时摘除病菇，加强通风换气管理，防止传染其他菇体。

2. 枯萎病

（1）症状。杏鲍菇幼菇生长停止，萎缩死亡，最后变黄、腐烂。

（2）发生条件。出现这种现象，主要是高温（22℃以上）引起幼菇死亡，最后出现细菌感染，变黄并腐烂。

（3）防治方法。子实体生长期间，将温度控制在 10～20℃，最高温度不得超过 22℃。高温时采取降温措施。幼菇枯萎死亡后，及时摘除，防止菇体腐烂引诱害虫取食繁殖，出现虫害。

3. 畸形菇

（1）症状。子实体形状不规则，即为畸形菇，商品价值降低。

（2）发生条件。子实体生长期间，遇到 22℃以上高温，抑制了菌盖分化和发育。此外，空气相对湿度低于 70%时，也容易长成畸形菇。

（3）防治方法。合理安排出菇季节，将出菇温度控制在 13～20℃，避免在 20℃以上出菇。子实体生长期间菇棚内空气相对湿度保持在 85%～95%，以满足子实体生长发育所需水分条件。适时开口出菇，加强通风换气管理，保持菇棚内空气新鲜，避免二氧化碳浓度过高。

4. 跳虫　又名烟灰虫、弹尾虫。危害子实体的主要是菇疣跳虫和黑角跳虫。局部发生虫害处喷洒 0.3%～0.5%敌百虫水，菇棚周边喷洒氰戊菊酯。

5. 菇蛆

（1）在堆料期间，经常在料堆周围喷洒 0.5%敌敌畏。

（2）定期在菇棚周围喷洒 0.5%敌敌畏，并经常进行环境消毒。

（3）堆料前先将粪肥预堆，进棚后采用后发酵技术，可有效防止菇蛆发生。

（4）出菇后若发生菇蛆，可用除虫菊酯喷洒杀虫，无药害残留，防治效果较好。

三、采收及加工

（一）采收

当杏鲍菇子实体的菌盖平展，中间下凹，表面稍有绒毛，孢子尚未弹射时为采收适期。采收时手握菌柄，整朵拔起。采收后清理料面，停止喷水，生息养菌7～10天可出第二潮菇，生物转化率可达100%。

（二）加工

杏鲍菇适合烤干，干品风味极好，口感脆、韧、鲜。但菌盖、菌柄肉质厚，整朵很难烤干，因此烤干之前需要把菌柄和菌盖切片，之后根据食用菌产品烤干要求进行烘干。干品白至奶油黄色，外观好。

杏鲍菇还可制罐或盐渍，风味极好。

第十一节　丛生竹林下竹荪栽培技术

竹荪，别名竹笙、竹参、面纱菌、网纱菌、竹姑娘、僧笠蕈，常见并可供食用的有长裙竹荪、短裙竹荪、棘托竹荪和红托竹荪等4种，为鬼笔科竹荪属中极其名贵的食用菌，是寄生在枯竹根部的一种隐花菌类，被誉为雪裙仙子、山珍之花、真菌之花、菌中皇后，具有较高的食用价值和药用价值，含有人体必需的多种氨基酸、维生素及各种矿物质，具有补肾、清肝、明目、清热、润肺、减肥、降血压、治疗糖尿病、抑制癌细胞等功效。

目前，人工栽培竹荪主要为大田种植，这种栽培方法不仅需要搭建荫棚，还不能连作，一般种植过的田地要轮种其他作物3年以上才能作为竹荪栽培地，否则低产甚至绝收。因此，这种方式在一定程度上造成了田地资源的浪费。利用麻竹等丛生竹林下套种竹荪栽培技术不但充分利用林地资源和丛生竹林清林废弃物，让竹荪仿野生生长，而且竹荪栽植后的基质作为有机肥，既能降低丛生竹林的肥料成本，又能提高第二年竹笋产量和质量，增加林农收入，是一举多得的林下种植好模式。

一、配料及发酵

（一）原料配备

每亩丛生竹林需要培养料干料用量约 2 500 千克，分别为竹叶、竹枝粉碎料 1 250 千克，竹屑 1 250 千克，麦麸 7.5 千克，玉米粉 7.5 千克，过磷酸钙 25 千克。

（二）堆料发酵

堆制原料时，从下往上依次铺竹叶、竹枝粉碎料 30 厘米厚，竹屑 20 厘米厚，然后撒上一层过磷酸钙（6 千克左右），并浇少量水；重复铺料堆 3～4 层，堆高 1.5～1.8 米，原料堆好后按每 100 千克干料浇水 60 千克，在料堆上浇足水分，可在露天下自然发酵，也可用薄膜将其遮盖发酵。当中心料温达到 65℃时，开始第一次翻堆，以后每隔 10 天翻堆 1 次，共翻 3～4 次。翻堆时要求做到上下、内外的培养料互相调换位置，使培养料上下、内外发酵均匀一致。当料发酵呈暗褐色、无氨气刺激味时便可下地接种。

二、林地选择及整地

选择地势比较平缓、阴凉潮湿、土质疏松、腐殖质含量高的丛生竹林地作为栽培场地。

在播种前 7～10 天清理竹林地杂物及野草，最好翻土晒白。将丛生竹株间空地作为竹荪菌床。菌床可做双行单垄（行宽 50 厘米，沟宽 30 厘米）或单行单垄（行宽 70 厘米，沟宽 30 厘米），长度不限，菌床底部施入生石灰，每亩 50 千克。丛生竹林周围挖深排水沟。将堆制好的培养料按 25～30 厘米厚，每平方米用料 20～25 千克堆在菌床上，即可播种。

三、播种

在 3～4 月中旬，选阴天或多云天气播种，播种时直接在菌床上以梅花形间隔6～7厘米块状点播一层竹荪菌种，一般每平方米铺放规格12厘米×24厘米的菌种2～3袋，然后在菌种上均匀撒上麦麸和玉米粉。播种后用小铲将料与种轻轻压实以利菌种萌发，然后翻沟中泥土并敲碎成细土，均匀地覆盖在料面上，厚度10～15厘米，最后再盖一层地膜或竹叶保温保湿。

四、发菌管理

播种后正常温度下每天揭膜通风30分钟，培育30天左右，菌丝爬上料面，可把盖膜揭开去掉。种植后70～80天出菇。最佳生长温度27～30℃；透光以25％～30％为宜；出菇期培养料含水量以60％为宜，覆土含水量不低于20％，空气相对湿度大于85％为好；出菇期晴天每天早晚各喷水1次，雨天注意排水。竹荪栽培十分讲究喷水，具体要求：覆盖竹叶变干时，需喷水；覆土发白时，要多喷、勤喷；菌蕾小时轻喷、雾喷，菌蕾大时多喷、重喷；晴天、干燥天蒸发量大时要多喷，阴雨天不喷。这样才能长好蕾，出好菇。

五、病虫害防治

竹荪菌丝整个生长期间，常见的虫害有螨类、蛾类、跳虫、菇蚁和白蚁等，还有鬼伞、裸盖菇、草菌等竞争杂菌，影响竹荪的产量和质量。

（一）杂菌的防治

主要是栽培料的选择及处理上要严格；保持培养料的湿度；人工拔除杂菌等。

（二）虫害的防治

1. 白蚁　发现蚁巢时要及时用红蚁净药粉撒在有蚁路的地方，或者用蜂蜜1份、水10份和90％敌敌畏2份混合后进行诱杀，也可用0.5％敌敌畏来驱避。

2. 蛞蝓、蚯蚓、螨类防治 可在场地四周喷10%食盐水驱赶蛞蝓；或者晚上在菇场旁投放莴苣叶，蛞蝓喜欢爬到叶上，清晨收回并烧毁。在菌床上放蘸有糖液的报纸、废布或新鲜烤香的猪骨头可诱杀螨类。进料前在菌床上浇1%茶籽饼液可防治蚯蚓。

六、采收与烘干

从现蕾到采收大约需要20天，当竹荪颈顶破菌球时即可采收。采收方法：用小刀割断菌索，切忌用手向上拉断，以避免损坏尚未成熟的菌蕾和菌蛋，然后摘除菌盖和菌托，不要将菇损坏，及时在箅筛上摆放好，放进烤房进行烘干。

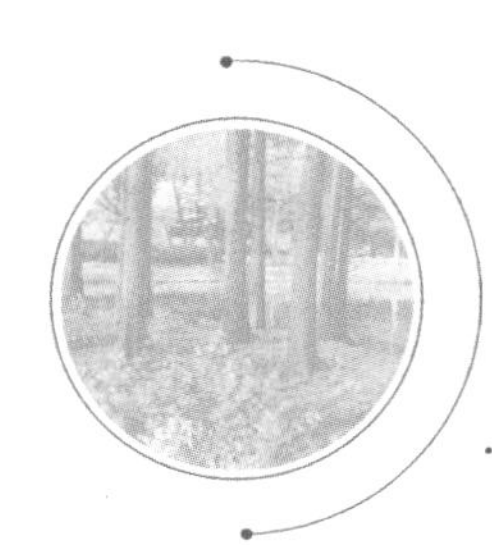

第七章 林花草模式

林花草模式是指在林地种植花草的一种经济效益较高的林下种植模式。在郁闭度0.7以下的林地，有选择地种植不同种类的耐阴花草及优质牧草和园林绿化草坪草，如紫花苜蓿、黑麦草、鲁梅克斯、白三叶草、十大功劳等，树木的生长对花草影响不大，花草的经营管理却能促进树木生长，饲草收割后可饲喂畜禽，香草收割后可提取各种香精，且技术容易掌握，市场前景也比较好。

第一节　林下紫花苜蓿种植技术

紫花苜蓿是蝶形花科苜蓿属多年生草本植物，是世界上栽培最早、种植面积最大、种植国家最多的优良牧草。其产量高、质量好、营养全而丰富，是任何牧草都无法比拟的，所以被誉为牧草之王。紫花苜蓿喜温暖半干燥的气候条件，生长发育最适温度为20～25℃，气候温暖且昼夜温差大时有利于生长；抗旱、抗寒及耐牧性较强，适合在年降水量400～800毫米的地方生长，降水量多的地方应种植在排水良好的地方。涝地、洼地不利于紫花苜蓿的生长。温暖干燥且有排灌条件的地方最适合紫花苜蓿的生长。紫花苜蓿喜光耐阴，充足的光照有利于其分枝及产量和质量的提高。紫花苜蓿对土壤要求不严，但在沙壤土和壤土中生长最为适应。

林下紫花苜蓿种植可用杨树＋紫花苜蓿、柳树＋紫花苜蓿、刺槐＋紫花苜蓿、松树＋紫花苜蓿等模式。适于平缓、土层较厚的土地。播种时间一般是秋播，在8～9月。

一、选地

紫花苜蓿适应性广，对土壤要求不严，除盐碱地、内涝地、低地以及黏土地外均可种植。如果要获得高产，必须选择土壤结构良好、土质松软、有机质丰富、土层深厚、含盐量0.1%以下，并且排水良好、水分充足的平坦地或缓坡地沙质壤土，pH 6.5～7.5。另外紫花苜蓿为异花授粉植物，在草地周围应有一定数量的授粉蜂群，特别是应有赤眼蜂。为了便于操作管理，尽量选择交通便利、大面积连片且具有排灌措施的林间地块。1～3年生幼林下空间大，光照条件较好，可以种植紫花苜蓿。

二、整地及施肥

紫花苜蓿种子细小，需要有良好的整地质量。要求秋翻、秋耙和秋施肥，以便接纳较多的秋冬降水，促进生长。紫花苜蓿以施基肥为主，重点是增施磷肥，适当搭配其他化肥。在一般的土壤中，有机肥的施用量为24吨/亩，再加过磷酸钙15～30千克/亩、硫酸钙10～15千克/亩，培肥地力，促进紫花苜蓿根瘤菌的生长，增强固氮能力，提高产量。新种紫花苜蓿的土地上根瘤较少，需要根瘤菌接种。根瘤菌的接种可用土壤接种法，即从着瘤好的紫花苜蓿高产田取表层土壤拌在紫花苜蓿种子上，每10千克种子拌原土1千克；也可用特制的根瘤菌粉接种；还可用接种体处理土壤。

三、播种

1. 品种选择　紫花苜蓿是世界性牧草，有120多个品种。幼林下种植紫花苜蓿，要根据当地土质状况和水肥条件等实际情况，因地制宜地选择紫花苜蓿品种。维多利亚、美国皇后、德国紫花苜蓿、WL525HQ等品种再生能力强，适于在水肥充足、土质较好的幼林地种植。另外，还有一些地方性品种，如新疆大叶苜蓿、陇东苜蓿、陇中苜蓿、晋南苜蓿、准格尔苜蓿、和田苜蓿、沧州苜蓿、无棣苜蓿、淮阴苜蓿等，可因地选择种植。

2. 种子处理　紫花苜蓿种子的发芽力可保持3～4年，种子越新鲜发芽力越强，但种子硬实率越高。购买种子时一定要选择新鲜的，然后再进行硬实处理。硬实处理方法：①冷热处理，用凉水和温水交替浸泡种子6小时，消除种子硬实；②先用碾米机进行碾磨处理，再用风车或簸箕清除杂质。另外，播前进行晒种，既可消灭种子上的病菌，又可提高发芽率。紫花苜蓿苗期容易遭受金针虫、金龟子、地老虎等危害，可在播前用药剂拌种。可用50%辛硫磷乳剂拌种，拌种比例为1.5∶500。

3. 播种时间　紫花苜蓿春夏秋季均可播种，北方为春播，中南地区及华东地区为秋播。北方春播要早，3～5月可播种；中南地区在雨季结束后的8月底至9月底进行秋播。

4. 播种量　按照国家规定，紫花苜蓿的种子质量共分为三个等级，一级种子纯净度不低于95%，发芽率不低于90%；二、三级种子依次降低5%，三级种子的水分含量不高于12%，低于三级的种子不能作为优良种子来播种。一级种子的播种量为1.3～1.5千克/亩，土壤墒情和土质较差的地块播种量可再增加0.5千克/亩，二、三级种子的播种量是按其相应的纯净度和发芽率进行推算。

5. 播种方法　可采用条播，土壤肥沃时行距50～60厘米，土壤肥力较差时行距可缩小到30～40厘米。宽行距可采用双条播，窄行距可采用单条播。

四、水肥管理

紫花苜蓿第一茬刈割后，生长快，需水量大，此时需进行灌溉，同时结合灌溉，每亩追施10～15千克复合肥和紫花苜蓿专用肥，以利于紫花苜蓿再生，提高产量。还要做好防涝工作，多雨季节及时排除积水，防止烂根或死亡。

五、杂草防除

紫花苜蓿苗期生长极为缓慢，容易遭受杂草危害，特别是高大的杂草对紫花苜蓿影响更大，所以要在播种的第一年苗期开始，每隔20～30天进行1次除草。如果草荒十分严重时，可采用氟乐灵化学除草，其对多种杂草的消除效果很好，而对紫花苜蓿则无任何副作用。

六、病虫害防治

1. 病害 紫花苜蓿常感染菌核病、黑茎病等，除选用抗病品种外，要早期采取拔除病株，或刈割后喷洒多菌灵等措施防治。

2. 虫害 紫花苜蓿容易遭受螟虫、盲蝽危害，要早期发现，及时用速灭杀丁、敌杀死来防治。

七、收割留茬

紫花苜蓿现蕾至初花期收割，产量和草质都较好。收割时避开雨天。收割高度应在根冠部以上，留茬高度以7～10厘米为宜。冬前最后一次收割应在霜前20～30天，以保证安全越冬。收获种子时，要在上部荚果变黄、中下部荚果变褐色时及时收获。

第二节　林下冬牧 70 黑麦草种植技术

冬牧 70 黑麦草属禾本科黑麦草属多年生或 1 年生牧草和绿肥作物。主要分布在长江中下游地区和淮河流域，一般在冬季林下栽种，多采用与豆科绿肥如紫云英等混播。由于其分蘖多，再生能力强，对水肥要求较高。在林中空地种植，一般每亩产3 000～5 000 千克。冬牧 70 黑麦草茎叶细嫩，适口性好，营养丰富，氨基酸含量高，含多种微量元素，是一种高蛋白、高脂肪、高赖氨酸的牧草。

一、整地

（一）浅耕

选择地势平坦，排灌方便，有机质含量较高的肥沃土壤种植。翻出地里的残根，以便施肥，恢复地力。浅耕伴随耙地 1～2 次，能保墒除茬，为施肥、深耕做好准备。

（二）施足底肥

由于冬牧 70 黑麦草产草量高，需养分较多，因此必须施足基肥。一般每亩施腐熟有机肥 5 000 千克、过磷酸钙 40 千克、碳酸氢铵 25 千克，有机肥打碎撒匀，化肥随犁沟撒施，并随下犁掩入土中。施肥后要浇足底墒水。

（三）深耕细耙

耕深 20～22 厘米，使耕作层土壤疏松熟化，以利于冬牧 70 黑麦草根系生长，增加根系吸收水肥能力。要求地犁到头到边，无卧垡，边犁边耙，对出现的大土块进行人工破碎，达到土细地平。

二、播种

（一）播种期

冬牧 70 黑麦草以秋播为主，南方地区播种期 10 月 20～

25 日，在此时段内宜早不宜迟，否则将影响冬牧 70 黑麦草产量的提高。北方地区以 8 月下中旬至 10 月中旬为佳。

（二）播种方法

播种方法以条播为主，也可撒播，一般行距 10～15 厘米，播深 2～3 厘米，具体深度还要视墒情、土质、整地等灵活掌握，其变幅不宜过大。多在果树行间作，并实行与小杂粮轮作。

（三）播种量

一般每亩播种量 7.5～10 千克，视土质墒情、整地质量、种子发芽率高低等酌情增减。

三、田间管理

（一）中耕除草

结合中耕及时消灭杂草，增加地温，促进萌发生长。

（二）施肥

为了促进返青，加速植株生长，一般早春每亩追施尿素 10 千克。每次刈割后要及时追施肥料，补充地力。一般每亩穴施碳酸氢铵 15～20 千克。施肥要均匀，深度 6～8 厘米，施后随之覆土，用脚踏实，谨防化肥挥发。

（三）灌溉

在天气比较干旱的情况下，必须进行灌溉，灌溉结合施肥进行。追施肥料后，立即灌水 1 次，使化肥及时溶解被冬牧 70 黑麦草吸收利用。灌后能下地时，浅锄 1 次，以增加地温，迅速发挥肥料作用，促进返青快长，同时也能起到保墒作用。一般情况下，有灌溉条件的地方至少可以冬灌 1 次，春灌 1 次。

（四）病虫害防治

1. 病害

（1）冠柄锈病。

①症状。冠柄锈病主要危害黑麦草的叶片、叶鞘和茎秆。病

害发生初期，叶片褪绿发黄，在叶片上形成小的淡黄色病斑；发病中期，病斑逐渐扩大蔓延成菱形、椭圆形或不规则状，病斑上着生纵向条状排列的夏孢子堆；发病严重时，病斑汇合，散生的夏孢子排列不规则，夏孢子堆初期为淡橘黄色，后期逐渐变成黄色或淡黄褐色突起，散出黄色粉末（即夏孢子）。

②防治方法。在栽培过程中加强田间管理。病害发生时，采用20%三唑酮乳油1 000倍液、25%三唑酮可湿性粉剂1 500倍液、12.5%烯唑醇可湿性粉剂1 000～2 000倍液、25%丙环唑乳油2 000倍液等药剂喷雾防治，连续使用3～5次，均有很好的防效。

（2）黑粉病。

①症状。黑粉病发病初期，叶片开始卷曲，叶片和叶鞘上出现冬孢子堆。冬孢子堆最初为淡黄色，之后逐渐变成灰黑色，成熟后孢子堆破裂，散发出大量黑色粉状孢子。感病植株一般呈淡绿色或黄色，植株稍有矮化，严重时叶片卷曲并死亡。

②防治方法。加强田间管理，注意清除杂草和病残体。采用三唑酮、多氧清、多菌灵等药剂防治，均有一定防治效果。

（3）褐斑病。

①症状。褐斑病主要危害黑麦草的根、茎、叶、叶鞘及穗。发病初期，叶片及叶鞘上形成圆形的褐色小病斑；湿度较大时，病斑纵向扩展成条形、菱形或不规则状；发病后期，病斑中心枯白，边缘变成红褐色，严重时整个叶片呈水渍状腐烂。

②防治方法。冬牧70黑麦草褐斑病在高温高湿条件下容易发生，平时种植过程中要注意清除杂草和病残体。病害发生不太严重时，可用代森锰锌、福美双等药剂进行防治；病害发生严重时，主要用万霉灵、甲基硫菌灵等药剂防治，生物制剂特里克和X_8等药剂也有一定的防治效果。

（4）网斑病。

①症状。发病初期，叶面出现直径为0.5～1.5毫米的深褐色

小斑点；发病中期，病菌扩展，叶面出现线纹清晰的典型网状斑纹，颜色为深褐色至黑褐色，周围组织通常褪绿呈黄色，老叶症状比嫩叶突出；发病后期，病斑愈合，病叶从尖部逐渐向下枯萎。

②防治方法。经常轮作可以减少病害的发生。病害发生后，可采用20%三唑酮乳油1 000倍液+高脂膜200倍液组成复配剂喷雾，也可单独喷施多菌灵、甲基硫菌灵，或与高脂膜复配使用。

(5) 黏菌病。

①症状。发生初期，病斑呈块状、不规则状；9月以后，温湿度下降，病斑逐渐消失，黑麦草受害叶片的颜色比正常叶片略暗。发病叶片上的子实体呈灰白色，孢子囊团汇成条状，孢子囊破裂后释放深褐色孢子粉侵染周围寄主。

②防治方法。及时清理田间或草坪上的枯枝败叶。病害发生初期，可用70%甲基硫菌灵可湿性粉剂600～800倍液、50%苯菌灵可湿性粉剂800～1 000倍液+70%代森联水分散粒剂600倍液、25%溴菌腈可湿性粉剂500～1 000倍液+70%代森锰锌可湿性粉剂700倍液、25%嘧菌酯悬浮剂1 000～2 000倍液、30%嘧霉·福美双可湿性粉剂800～1 000倍液+75%百菌清可湿性粉剂600～800倍液等药剂，连续防治2～3次。

(6) 大斑病。

①症状。黑麦草大斑病主要危害叶片、茎和花序。由于温度、湿度和品种的差异，在叶片上可形成多种病斑。干旱气候下感病，病斑为直径1～2毫米的褐色或污褐色小斑点；多雨高温季节发病，病部先生成油渍状褪绿小点，然后扩展成边缘浅褐色、中部灰绿色圆形至椭圆形的污斑，直径为5～10毫米；若气候仍为潮湿多雨，病斑迅速纵向扩展，形成(17～45)毫米×(10～20)毫米的大型褐条斑，后期颜色转为深褐色，中部干裂；若天气转晴，气温高，病斑发展缓慢，最后转为中部呈米灰色、边缘深褐色的椭圆形大斑；一般情况下，褐色斑点多呈横向扩

展，最后发展成长9～28毫米的横断叶面的深褐色条形斑块，病部干缩内缢，中央浅褐色至米灰色，外围呈黄色晕圈。

②防治方法。对牧用草场采取合理刈割措施；对于生长茂密、发病较重的地段，可用20%双效灵水剂300～400倍液、50%瑞毒铝铜可湿性粉剂600～800倍液、20%羟锈宁或25%粉锈宁可湿性粉剂1 000倍液等药剂，于病害盛发前或急性病斑产生期喷雾，用药量500升/公顷，防治1～2次，效果良好。

（7）灰斑病。

①症状。灰斑病发生时，田间症状表现为圆形或近圆形的焦枯状病斑。发病初期，叶片上出现水渍状小斑点；发病中期，病斑扩展为菱形、椭圆形或圆形，中心灰色至浅褐色，边缘紫色至深褐色；发病后期，病斑愈合为不规则状，部分叶片枯萎，湿度较大时，病斑表面出现大量的灰色霉层。

②防治方法。加强田间养护管理，及时清除杂草和田间植株病残体；降低土壤紧实度；减少农药使用量。病害发生后，可用稻瘟灵、春雷霉素、咪鲜胺、丙环唑等单剂进行化学防治，复配药剂可选用甲基硫菌灵+三环唑、稻瘟灵+咪鲜胺、稻瘟灵+三环唑等。在使用时，为了提高防治效果，施药量要充足，药液的最少用量为200毫升/米^2。

2. 虫害

（1）黏虫类。黏虫在全国各地均发生危害，尤其喜食禾本科牧草植物。黏虫的成虫体色呈淡黄色或淡灰褐色，体长17～20毫米，前翅中央各有两个淡黄色圆斑，其下方有一小白点，白点两侧各有一小黑点。老熟幼虫体长38毫米左右，体色由浅色至黑色不一，头部淡黄褐色，腹足基部有阔三角形黄褐色或黑褐色斑。幼虫一般6龄，各龄形态变化很大。

防治方法：

①用糖醋酒液诱杀成虫。配制方法是取糖3份、醋4份、酒

1份、水2份，调匀后加1份2.5%敌百虫粉剂。诱剂放入盆中，每公顷放2～3盆。

②用药剂防治。用2.5%敌百虫或5%马拉硫磷喷粉，每公顷喷粉22.5～30.0千克；或用40%辛硫磷乳油5 000～7 000倍液、90%敌百虫1 000～1 500倍液喷雾防治。

(2) 蚜虫类。蚜虫类可以吸食多年生黑麦草的叶片、茎秆和幼穗的汁液，严重的致使生长停滞，最后枯死。蚜虫分无翅型和有翅型。无翅型体长1.7～1.8毫米，黑绿色，腹部腹管周围多为红色，腹管较短。有翅型前翅中脉3叉，腹部暗绿紫色。

防治方法：冬灌能杀死大量蚜虫；增施基肥，清除杂草，均能减轻危害损失。药剂防治可用1.5%乐果粉，每公顷用量22.5～30.0千克，或50%灭蚜松1 000倍液喷雾。

四、刈割

当植株高20～30厘米时开始刈割。春节前刈割1次，时间在12月中旬至第二年1月，割青留茬高度5～6厘米。以后每隔30天左右刈割1次。从春节过后至5月中旬刈割3次。每次刈割后，必须追施尿素和氯化钾混合肥1次并浇水以促其生长。

五、留种

确定留种的冬牧70黑麦草，一般在春节后刈割1～2次即停止刈割，并要加强田间管理，施肥灌溉，促进萌发生长。待6月上旬种子成熟时采种，一般每亩可产种子70～80千克。

第三节　林下鲁梅克斯K-1杂交酸模种植技术

鲁梅克斯K-1杂交酸模（以下简称“鲁梅克斯K-1”），别名洋铁叶子、高秆菠菜，为蓼科酸模属多年生草本植物，是我国在引进乌克兰酸模 K-1 的基础上，选育成功的一种多年生牧草。一次种下，可连续收获 25 年，而且生命力旺盛。茎叶鲜嫩多汁、柔软，味道略酸微甜，粗纤维含量低，蛋白质含量高。

可利用幼林空地种植鲁梅克斯 K-1，在中等水肥条件下每亩可产鲜草 8 000～10 000 千克，可作为长期青饲料来源，既节省饲料用粮，又降低饲料成本。

一、种子及播种期的选择

建议到各地的牧草专业管理单位或畜牧兽医部门购买鲁梅克斯 K-1 种子，以保证质量。

播种期 4～10 月，地温 16℃以上时，选择晴天播种，阴雨天不适合种子发芽及幼苗生长。

二、选地与整地

鲁梅克斯 K-1 虽适应性强，对土壤要求不严，但要获得高产，最好还是选择地势平坦、土层肥厚、有机质含量高、酸碱度适中、有灌溉条件的林间空地。结合整地，每亩施腐熟有机肥约 3 000 千克，整地应深犁深耙，平整细碎土壤。

三、种植

鲁梅克斯 K-1 可种子直播，也可育苗或分株繁殖。

（一）种子直播

播种前精细整地，施足基肥，灌水保底墒，镇压。播种期以春、秋为宜，在炎热夏季不宜播种。一般采取条播，播种深度 1.5～2 厘米，播后要立即镇压，每亩播种量 100～150 克。

（二）育苗移栽

育苗地的地表温度要求为 10～35℃，以 20～25℃为最佳。播种量每平方米 4～6 克，播种后覆土 0.5～1 厘米厚。出苗后防止高温、暴晒、霜冻、水淹、干旱等不利因素对幼苗的伤害，当苗龄达到40天且苗长到5～6片叶时，即可选择阴天，在整好地、施足基肥的林间空地上按行距50厘米、株距12～15厘米进行移栽，要求栽匀、栽直、栽正，深度以埋住根茎为宜，栽后应踏实并浇足定根水。

（三）分株繁殖

把生长健壮的鲁梅克斯K-1植株连根挖起，割去生长点以上的茎叶，切去根的下部，仅留上部带生长点的7～8厘米根茎，按每个分株上留12个芽，将根纵向切开为数个分株，然后定植，株行距25厘米×60厘米，植后浇定根水。

四、林间管理

（一）灌水与排水

灌水是鲁梅克斯K-1林间管理的关键环节。移栽地从移栽到第一次收割一般灌水2～3次。直播地，从播种到第一次收割一般灌水3～4次。每收割1次灌水1～2次。每次灌水要灌足灌透。入冬前，夜冻昼消时要灌1次越冬水，早春返青之后要灌1次返青水。土壤水分过多或间歇性水淹都会影响其生长，应及时排去积水。

（二）施肥

鲁梅克斯K-1除了在幼苗定植时施足磷、钾肥等基肥外，每次收割后都要追肥。追肥以氮肥为主，一般每次每亩追施农家肥500千克或尿素20千克，加适量磷、钾肥，土壤条件好的只在春季施一次磷、钾肥也可。有条件的地区，另追施有机肥、微量元素肥、生物肥等都可以产生不同程度的增产效果。

（三）中耕除草

在鲁梅克斯K-1分蘖期要清除杂草，中耕松土，特别是生长第二年以后，土壤容易板结，更应深松土壤，并结合中耕松土施入尿素和适量磷、钾肥。

（四）病虫害防治

1. 病害　白粉病和叶基腐病是鲁梅克斯 K-1 的两种主要病害。其防治方法主要有农业防治和化学防治。

（1）农业方法。主要是培育鲁梅克斯 K-1 的健壮植株，提高抗病能力，适时收割，防止积水尤其防止积污水。

（2）化学防治。主要用 25％三唑酮可湿性粉剂或 75％百菌清可湿性粉剂防治白粉病；用 20％甲基立枯灵乳油或 40％五氯硝基苯粉剂防治叶基腐病。

2. 虫害　鲁梅克斯 K-1 容易遭受蓝叶甲、褐背小萤叶甲、夜蛾科害虫以及蝼蛄、蛴螬、地老虎等地下害虫的危害，宜采用综合措施防治。

（1）农业防治。加强肥水管理，提高鲁梅克斯 K-1 植株的生长速度和再生能力，降低虫害的损失；适时或适当提前收割，破坏虫害栖身和采食环境；收割后喷药，以提高施药效果；结合中耕，消灭地下害虫。

（2）人工防治。摘除鲁梅克斯 K-1 叶片上的卵块；利用害虫昼伏夜出和假死性等进行人工捕捉。

（3）物理防治。在鲁梅克斯 K-1 大面积种植区的田间安放安全高效灭蛾器防治蛾类害虫。

（4）生物防治。使用 Bt 乳剂等生物农药和百草 1 号等植物（提取物）性农药进行生物防治；保护利用天敌。

（5）化学防治。危害鲁梅克斯 K-1 的蓝叶甲和褐背小萤叶甲，用菊酯类农药防治效果显著。甜菜夜蛾的抗药性比其他害虫强，用单一的化学农药防治效果往往不理想，宜采用混配方式防治。

五、刈割

当鲁梅克斯 K-1 植株高度达到 70～90 厘米，或叶片长到50 厘米长时即可刈割利用。割后留茬高度3～4厘米，其后每隔30～40天刈割1次，每年最后1次刈割宜在5℃以下的气温使鲁梅克斯K-1停止生长的前20～25天，让鲁梅克斯K-1植株安全越冬，保证来年丰收。鲁梅克斯K-1含有较高的蛋白质和各种维生素，是各种畜禽特别喜欢吃的青饲料，刈割后可直接鲜喂，也可青贮。鲜喂要切短、切碎或打成浆。还可进行干草调制与工业加工。

第四节　林下白三叶种植技术

白三叶别名白车轴草、荷兰翘摇，为豆科三叶草属多年生草本植物。目前全世界广泛种植。我国在四川、重庆、贵州、云南、湖南、湖北、广西、福建、江苏、浙江、吉林、黑龙江等省份均有野生白三叶分布或种植。主要推广品种有海发（Halfa）、考拉（Koala）、瑞文德（Rivendel）、胡依阿（Huia）等。白三叶可作为绿肥、牧草应用，还可用于水土保持及观赏。

白三叶喜温暖湿润气候，生长最适温度20～25℃，温度低于10℃时生长缓慢。耐热、耐寒能力强，耐旱能力一般。无灌溉条件时，正常生长年份最低降水需要600毫米。可耐长时间水淹。耐阴，可在林地下种植用作地表覆盖。土壤要求不严，适宜土壤pH 6～7，土壤pH 4.5时也能生长，但长势差，耐盐碱弱。

白三叶

一、选地及整地

1. 选地 白三叶对土壤要求不严，可在一般的疏林地、幼林地进行林下种植，但以肥沃湿润的弱碱性土壤生长最佳。

2. 整地 由于白三叶种子细小，幼苗顶土力差，因而播种前须将地块整平耙细，无杂草和残茬，以利于出苗。酸性土壤还应施用石灰。在土壤黏重、降水量多的地域种植，应开沟做床以利排水。

二、播种技术

1. 播种时期 白三叶一般为春播或秋播，春播宜在3月上中旬，秋播不得迟于10月中旬。重庆大多以秋播为佳，但在冬季寒冷地区宜春播。

2. 播种方法 主要用种子播种，也可用成草分株栽植或用枝压埋。以秋播为最佳，条播或撒播，以条播为主，行距30厘米，播深1～2厘米。由于白三叶种子细小，可用等量的细土拌匀后播种。单播每亩播种量0.5～1千克。当与禾本科植物混播时，混播比例为1∶2，每亩播种量0.25～0.4千克。作为草坪草用，每平方米播种量10～15克。

三、田间管理

1. 除草 白三叶苗期生长缓慢，易受杂草侵害，在苗期应勤除杂草，春播更应如此。在高温季节，白三叶停止生长，在形成草层覆盖后的2～3年要及时清除杂草。

2. 灌溉与补播 由于夏季高温、炎热、干旱，应对白三叶适当灌溉。如有缺苗，可在秋季适当补播或移栽，恢复产草能力。

3. 病虫害防治 白三叶病虫害少，但收割不及时，有时也有褐斑病、白粉病发生，因此及时收割利用即可防治，也可喷施三唑酮、代森锌等进行防治。

4. 追肥与灌溉 白三叶每次收割后或放牧后都应及时追肥与灌溉。

四、刈割利用

青饲以白三叶开花前刈割为宜，20～30 厘米高是刈割的适宜期，留茬高度 5 厘米。刈割后再生能力强，迅速形成二茬草层覆盖草地。秋季生长茎叶应予保留，以利越冬。一般每 25～30 天收割 1 次，每年可刈割鲜草 4～5 次。一般每亩产鲜草 4 000～6 000 千克，折合干草 1 000～1 500 千克。刈割的鲜草可直接少量饲喂畜禽，也可青贮或调制干草。

五、收种

白三叶花期长，5～7 月种子陆续成熟，种子成熟集中于 6 月，当多数花球成黑褐色时，可一次性连草收割采收，也可在 5 月底开始分批人工多次采收种子。每亩种子产量 10～15 千克，高的可达 20 千克。

第五节 林下十大功劳种植技术

十大功劳别名狭叶十大功劳、细叶十大功劳、黄天竹、土黄柏等，为小檗科十大功劳属植物，主要分布于中国广西、四川、重庆、贵州、湖北、江西、浙江，在日本、印度尼西亚和美国等地也有栽培。

十大功劳喜温暖湿润的气候，性强健，耐阴、忌烈日暴晒，有一定的耐寒性，也比较抗干旱。生于海拔 350～2 000 米的山坡林下及灌木丛处或较阴湿处，阴生，喜排水良好的酸性腐殖土，极不耐碱，怕水涝。

花期 7～9 月，果期 9～11 月。全株也可供药用，有清热解毒、滋阴强壮之功效。

一、培育壮苗

野生的十大功劳越来越少，在生产中大多采用播种育苗，也可采用分株育苗和扦插育苗。

（一）播种育苗

11 月下旬果实成熟，12 月采果，先不要脱粒，把果实堆积起来经过一段时间的后熟，再搓去果皮，把种子淘洗干净，阴干后冬播或与湿沙混合储藏一冬，于第二年 3 月春播。在苗床上开沟条播。行距 15～20 厘米，沟深 7 厘米，覆土厚 2～2.5 厘米，播后盖草保墒。4 月下旬开始萌芽出土时及时揭掉盖草，梅雨过后搭设荫棚遮阴。也可采取穴播，穴距 20 厘米左右，每穴撒种子 4 粒左右，覆土厚 6 厘米左右，每亩播种量 20 千克。穴播节省种子。播种后保持土壤湿润，2 周左右的时间即可出苗。第二年早春分苗移栽一次，仍继续遮阴，在育苗床再培育 2～3 年后，当苗高 30～40 厘米时即可出圃。

（二）扦插育苗

少量繁殖可采用扦插育苗。

硬枝扦插应在 2～3 月进行，采冬季落叶后的 1～2 年生健壮茎秆做插穗，按 15 厘米一段截开，插入疏松的沙壤土中，入土深 10 厘米，保持苗床湿润，并于 5 月开始搭设荫棚遮阴，晴天每天进行喷雾保湿，播后约 2 个月即可生根。

嫩枝扦插可于梅雨季节进行，选择当年生已充实的枝条，或用 1 年生枝条，长 15～20 厘米，枝条用生根剂处理后 2/3 插入沙壤土的苗床中，搭棚遮阴，苗床温度控制在 25～30℃，1 个月后即可生根，成活率可达 90%以上。

(三) 分株育苗

十大功劳的茎秆呈丛状直立向上生长，分枝力弱，可在10月中旬至11月中旬或2月下旬至3月下旬进行分株，即把整丛植株分开栽种，成活后对原有茎秆进行短截，促使根系萌发新的根蘖条而形成新的株丛。在春、秋季可留宿土或带泥球移植，养护管理简便，注意修剪枯枝，保持植株整洁即可。

二、栽植与管护

(一) 栽植

林下套种十大功劳管理较为粗放。一般在3～4月栽植，干旱半干旱地区宜在秋季9～10月栽植。栽植前先整地，并施足底肥。整平耙细后按130厘米宽开厢，在厢面上按30厘米×30厘米的株行距挖栽植穴。然后带土球起苗，并剪去一部分叶片，减少蒸发面积。按每穴一株将幼苗栽于穴内，填土踏实至与地面相平，浇足定根水。水渗后再盖一层隔墒土。一般实生苗栽植后4～5年才能开花。

(二) 中耕除草

全年中耕除草3～5次，使土壤疏松，增加土壤通透性，利于植株生长和结果。中耕时根际周围宜浅，远处可稍深，切勿伤根。及时疏花及拔除杂草，每当灌水和雨后都要松土。

(三) 水肥管理

干旱时可以通过沟灌、喷灌、浇灌等方式进行灌溉。1～2年生苗生长缓慢，在入冬前需要施一次腐熟饼肥或禽畜粪肥，第二年早春适量施入饼肥，生长季节每20天施一次腐熟的稀薄液肥，每年追肥2～3次即可健壮生长，3年生苗开始加快生长。

(四) 病虫害防治

1. 主要病虫害 十大功劳抗病虫害能力强，主要病虫害有十大功劳炭疽病、斑点病及枯叶夜蛾、大蓑蛾等。

2. 防治方法 一是及时疏沟排水，降低田间湿度，保持通风透光，增强植株抗病力。二是炭疽病和斑点病等病害，可用70%甲基硫菌灵可湿性粉剂1 000倍液喷雾防治，也可于发病期喷洒波尔多液或百菌清等药剂；同时，清除病落叶并烧毁。三是枯叶夜蛾和大蓑蛾等害虫，可用90%敌百虫原药1 000倍液喷杀；介壳虫发生期喷洒敌敌畏、亚胺硫磷等药剂防治。

（五）留种技术

5～8月十大功劳果粒变软、果色发紫泛黑时采摘果序，脱下果粒，用细沙拌和搓揉后置于水中，捞去漂浮的果皮、果肉及瘪粒，摊晾后与细沙拌和储藏，以供第二年播种。

（六）采收与加工

十大功劳栽植4～5年即可收获，叶子全年都可采用，晒干；秋冬挖根，晒干或备用；果实成熟后呈蓝绿色时，采摘果实，砍茎秆，晒干或备用。

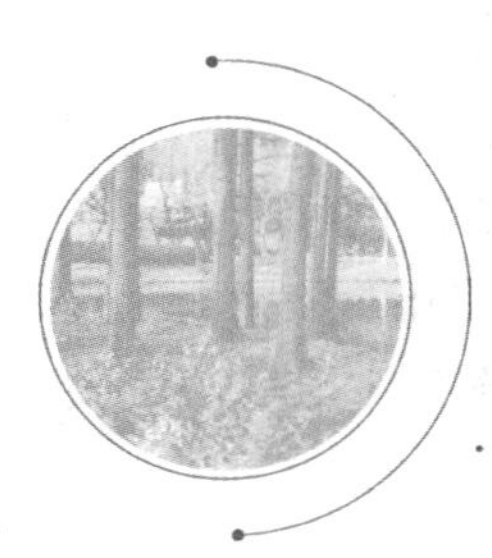

第八章 林油模式

林油模式是指在林下种植花生、大豆、油菜等油料作物的林下种植模式。这些油料作物都属于浅根作物，具有固氮根瘤菌，不与林木争肥争水，覆盖地表还可防止水土流失，可提高土壤肥力和改良土壤，秸秆还田又可增加土壤有机质含量。但树冠太大时不宜间作此类作物。

第一节 林下花生高产栽培技术

花生，又名长生果、落花生等，为豆科落花生属一年生草本植物，是优质食用油主要原料之一，出油率高达45%～50%，且油酸的相对含量高达50%以上。油酸对人体心血管有益，能够降低高血脂、坏胆固醇，而不影响或相对提高好胆固醇含量。花生主要分布于巴西、中国、埃及等地，中国广泛种植。抓住林果前3年树木基本形不成遮光的特点，在幼林下种植花生等低秆作物，形成林果-作物特色农业种植模式，可缓解发展林果收益慢、周期长、投入大等问题，实现林下种植多种经营及综合发展，可提高土地利用率及经济林的产出，增加农民收入，拓宽农民增收渠道。

一、选用良种

合理密植的花生要高产，良种是基础。首先要选择适合幼林下种植的花生品种。选用的种子要饱满、整齐、无破损。在剥壳前要进行晾晒处理。剥壳后选择形状整齐、粒色纯正的籽粒做种。

二、施足基肥

花生比较耐瘠薄，且自身有固氮能力，所以施肥应以基肥为主，如果能够一次性施好施足基肥，一般可以少追肥或不追肥。结合深翻整地，一般基肥每亩施农家肥 3 000 千克，同时施入磷酸二铵 10～25 千克，外加康地增 50 千克。

三、适时播种，合理密植

一般 5 厘米深地温稳定通过 12℃ 即可播种。花生的种植密度要根据当地气候、地力、品种和栽培条件而定。林下花生一般每亩种植 9 000～10 000 穴，每穴 2 粒，即每亩种植 18 000～20 000株。

四、科学管理

（一）清棵壮苗

在花生齐苗后进行第一次中耕时，用锄头将幼苗周围的土向四周扒开，使 2 片子叶和第一对侧枝露出土面，以利于幼苗的第一对侧枝健壮发育，形成健壮幼苗。

（二）中耕除草

分别在苗期、团棵期、花期进行 3 次中耕除草。除草时要掌握“浅、深、浅”的原则，苗期中耕防止壅土压苗，花期中耕防止损伤果针。

（三）控棵增果

花生开花后，要防止水肥不足引起的植株早衰和高产田土壤肥力较高引起的植株徒长。在这一阶段应及时进行深锄扶垄培土，以便果针入土结实。如果发现有过早封垄现象，要及时叶面喷施 0.50％矮壮素溶液，抑制徒长。

（四）适时追肥

花生苗期，如果土壤贫瘠、基肥不足，造成幼苗生长不良时，应早追施苗肥，促苗早发。中后期随着根瘤菌固氮能力增强，自身固氮量可基本满足生长需要，因此氮肥用量不宜过多，以追磷、钾、钙肥为主，以免引起徒长。到生长后期，随着根系的衰老，喷施叶面肥效果十分明显。叶面喷施磷肥，可促进荚果充实饱满。

五、病虫害防治

1. 花生锈病　一是选种抗（耐）病品种，如粤油 22、粤油 551、汕油3 号、恩花 1 号、红梅早、战斗 2 号、中花 17 等。二是因地制宜调节播期，合理密植，及时中耕除草，做好排水沟，降低田间湿度。改大畦为小畦，同时增施磷、钾肥。三是清洁田园，及时清除病蔓及自生苗。四是药剂防治，发病初期喷洒 75％百菌清可湿性粉剂 500 倍液，或胶体硫 150 倍液，或 1∶2∶200 波尔多液，或 15％三唑醇可湿性粉剂 1 000 倍液，每亩用兑好的药液 60～75 升。喷药时加入 0.2％洗衣粉等展着剂有增效作用。第一次喷药适期为病株率小于 50％，病叶率小于 5％，病情指数小于 2 时。

2. 花生青枯病和根结线虫病　部分集中产区花生青枯病和根结线虫病发生很严重。合理轮作是有效的防治方法。

3. 花生病毒病　花生病毒病主要有丛枝病、花叶病和矮缩病。丛枝病在东南沿海较严重，发病时果针不向地反而向上呈钩状，俗称“花生公”。花叶病和矮缩病北方较多。春花生提早播种，秋花生延迟播种，有避病效果。

4. 其他病害 早、晚斑病发病较晚，对植株生长发育的影响是慢性的，由于花生已进入成熟期，很易忽视其危害。其他如根腐病、小菌核病、壳腐病、冠腐病、叶腐病等也有发生。一般用轮作换茬、选种抗病品种、精选种子、加强管理、注意排水等综合性措施进行防治。

5. 虫害 花生的害虫很多。地下害虫有蛴螬、蝼蛄、地老虎和种蝇等，用毒土、毒谷、诱饵防治均有效。苜蓿蚜虫、棉铃虫、斜纹夜蛾和卷叶虫等都危害叶片，可用药剂防治。斜纹夜蛾有趋光性，可诱杀。

六、收获

花生成熟的时间不太一致。可以根据不同的花生品种特性和商品用途灵活掌握。一般集中在每年的 8～10 月。4 月上旬播种的花生，在 8 月 20 日前后可以采收。花生成熟时，植株中下部的叶片转黄，并且脱落。拨开土层之后，可以看到花生的果壳硬化。剥开荚果，内壁颜色由白色转变成褐色，颗粒饱满、光润。这时即可收获。

收获后晾晒，促进后熟，提高籽实成熟度。晒干以后，要拣出秕果、变色果、病虫果，于通风干燥处储藏或榨油。留种花生须在霜前收获晾晒。

第二节 林下大豆高产栽培技术

大豆，别名菽，是豆科大豆属一年生草本植物。全国各地均有栽培。大豆营养全面，含量丰富，其中蛋白质的含量比猪肉高 2 倍，是鸡蛋的 2.5 倍。大豆蛋白质的氨基酸组成和比例与动物蛋白质近似，容易被人体消化吸收。大豆可以加工豆腐、豆浆、腐竹等豆制品，可以榨油、提炼大豆异黄酮等。豆粉是代替肉类的高蛋白食物，可制成多种食品，包括婴儿食品。大豆榨油后的饼粕，是畜禽喜食的优质蛋白饲料。另外，大豆还可作为医药、工业等领域的原料。

在幼树期，树行之间可以种植大豆，既培肥地力又产生效益。林下间种大豆不仅能够提高光、热、水、气、土、肥等的利用率，还能充分挖掘时间和空间的潜力，达到增收的目的。林下种植大豆有利于保护耕地、减少水土流失、培肥地力、建设生态农业、促进农业可持续发展。

一、品种选择

林下种植大豆，宜选择株高适宜，抗倒性好，株形宝塔形，叶片较厚，分枝少，不裂荚，底荚高度高于15厘米，成熟落黄性好，籽粒商品性好的大豆品种，如石豆2号、石豆11、邯豆11、邯豆5号、邯豆6号、邯豆8号等。

二、施足基肥

播种前施基肥，可促进大豆幼苗生长和幼茎较快木质化，以利壮苗抗病。一般每亩施腐熟有机肥1 500～2 000千克、复合肥40千克做基肥。

三、适期早播、足墒下种

大豆适宜播期6月10～25日，播种深度3～5厘米，土壤水分较差时适当深一点，水分充足时要浅一点。每亩播种量5千克左右，行距40～50厘米，株距8～10厘米。播种时，土壤水分应达到田间最大持水量的70%左右。一般应于播种前1周浇水造墒，也可在雨后播种或播后喷灌。

四、适期控旺、追肥，防止后期干旱

大豆初花期可根据植株长势、天气情况适当控旺。

豆株初花期营养生长与生殖生长同时并进，此时植株根系的根瘤菌释放的氮素不能满足其生长需要，需追施氮肥以促进花的发育和幼荚生长。一般趁雨每亩施尿素3.5～5千克，植株生长过旺可酌情减量或不施尿素。叶面喷肥分别于大豆苗期和开花前期，选用0.05%～0.1%钼酸铵溶液或2%过磷酸钙溶液，每亩用量50千克，并加磷酸二氢钾150克、尿素100克，喷雾，每隔7天1次，连续3次，正反叶面都喷湿润，以扩大吸收面，增进吸收，提高肥效，使增产显著。

温馨提示

大豆初花至结荚鼓粒期，若天气干旱要适期浇水，防止受旱影响产量。

五、化学除草及病虫害防治

（一）适期化学除草

播种后1～3天芽前土壤封闭，要求畦面平整，土细均匀，无大小明暗垡，土壤潮湿。每亩用50%乙草胺乳油100～150毫升，兑水30千克喷雾；也可在豆苗1～3片复叶期，各类杂草3～5叶期，每亩选用15%精喹禾灵乳油75毫升加250克/升氟磺胺草醚水剂50～60毫升，若莎草生长多的地块加480克/升灭草松水剂100毫升，兑水50千克，茎叶喷雾。为确保化学除草质量，一定要准量用药、准量兑水，适期化除，防止重喷、漏喷。

（二）科学用药治虫

1. 苗期治虫 苗期主要防治地下害虫、蓟马、二点委夜蛾幼虫等。于地老虎一至三龄幼虫期，选用90%敌百虫800～

1 000倍液、40%辛硫磷乳油 800 倍液、50%杀螟硫磷 1 000～2 000 倍液、2.5%溴氰菊酯乳油 3 000 倍液喷雾防治。

2. 花荚期治虫 花期注意防治点蜂缘蝽、盲蝽、棉铃虫，药剂可参考苗期治虫，并且在第一次喷施后 10～15 天，进行第二次喷药。

3. 鼓粒期治虫 重点防治点蜂缘蝽、盲蝽、造桥虫、大豆食心虫等危害，药剂可参考苗期治虫。

在只对大豆进行喷药的情况下，田间的林木就成为害虫的“安全岛”，因此建议在喷药的同时对林木也一起喷药，彻底杀灭害虫。每次喷药药液中加入磷酸二氢钾，可提高茎秆韧性和籽粒商品性。

（三）大豆“症青”

近几年在多地发生大豆“症青”病害，症状表现为染病的植株叶片肥厚，结有豆荚但不鼓粒，后期无熟相，甚至到霜降节气以后叶片不发黄，不落叶，在田间点片发生，严重时整个地块发生导致绝收。这种病害的发病机制尚不清楚，但是已经证实和点蜂缘蝽、盲蝽等刺吸类害虫危害相关性极强，在花期和鼓粒期的危害性最大。可使用吡虫啉和氰戊菊酯（单用或混用）及氯虫·噻虫嗪，可有效预防“症青”的发生。

六、收获

大豆进行机械收割，要求叶片落净，豆荚豆秆基本干透，轻晃豆秆能听到清楚的豆粒撞击响声，脱出籽粒手感光滑，无软粒、无青粒，即可开始收割。作业前拔除田间个别大草和青棵，避免染色。

第三节　林下油菜高产栽培技术

油菜是十字花科芸薹属草本作物，我国南北各地均有栽培，尤以长江流域为广。油菜具有美丽鲜亮的黄色花朵，可以作为一种观赏植物；油菜籽是种子植物油的重要来源之一；工业菜籽油还可作为制造生物燃料、润滑剂、润滑脂、清漆、肥皂、树脂、尼龙、塑料、驱虫剂、稳定剂和药品的原料。

一、品种选择

根据当地的气候条件和自然条件合理选择品种，如中杂油2号、油研7号、湘油15和油研9号等比较适合重庆林下种植。

二、播种

早春播种油菜，应在2月底前完成，最迟不超过4月初，此时的气候条件更符合油菜的生长习性。秋季当重新播种油菜时，应在前茬油菜籽收获后用小型旋耕机将茎叶压碎并旋入土壤，旋耕深度14～15厘米，然后再播种。果园或幼林地种植油菜，应适当增加油菜的种植密度以增加生物产量。一般早春播种量以每亩0.8千克为宜，秋季林下油菜再播种时应考虑到秋季温度较高容易造成较低的油菜出苗率，适当增加播种量至每亩1千克，以充分发挥油菜的群体优势，从而提高油菜的个体生长。

三、田间管理

（一）施肥灌水

在果园或幼林下种植油菜可以有效抑制杂草的生长，并有效减少杂草处理的工作量。进行灌溉处理时，可与果树或幼树同时灌溉。种植油菜前，应先施基肥，每亩施用磷酸二铵7.5千克和尿素15千克。后期施肥时，应根据油菜的具体生长情况进行相应的施肥处理，为油菜的生长提供足够的养分。

（二）病虫害防治

油菜生长期病虫害主要有白斑病、菌核病、菜蚜、菜青虫等，应及时进行防治，以免造成危害。

1. 白斑病 发病早期，叶片上出现许多灰棕色或黄白色小病斑，呈圆形，严重的会导致油菜死亡。

防治方法：一是农业防治，选择抗病力强的品种；避免田间积水过多；及时播种。二是化学防治，在发病初期，可喷洒50%苯菌灵可湿性粉剂1 500倍液、25%多菌灵可湿性粉剂400～500倍液或50%甲基硫菌灵可湿性粉剂500倍液进行防治。

2. 菌核病 植株发病后引起早衰，角果减小，结实率、千粒重降低，造成减产减油。为了避免油菜产量损失，应采取综合防治的措施。中后期病株上的病叶要及时摘除，并用井冈霉素防治。

3. 菜蚜、菜青虫 菜蚜可用10%吡虫啉可湿性粉剂或25%吡蚜酮可湿性粉剂2 500倍液喷雾防治；菜青虫可用20%灭幼脲悬浮剂或Bt可湿性粉剂1 000倍液喷雾防治。

4. 黄条跳甲 可用50%敌敌畏乳油或90%敌百虫1 000倍液喷杀。

四、采收

油菜籽收获适期一般在油菜终花后25～30天。此时油菜八分熟，种子的重量和油分的含量接近最高值。采收时，选择晴天早晨收割、傍晚收割、带露水收割，阴天可以全天收割。收获时，要做到轻割、轻放、轻捆、轻运，边收、边捆、边运、边堆。不宜在田间堆放、晾晒，应选择在地势较高、不积水的地方堆垛。为防垛下积水，应在垛下垫捆好的角果向上的油菜捆或废木料等。堆放4～6天后，选择晴朗天气，抓紧时间摊晒、碾打、脱粒、扬净，当水分降到8%～9%时即可入库或出售。

第九章 林粮模式

林粮模式是指在林下种植绿豆、豌豆、甘薯、魔芋、马铃薯等粮食作物的一种经济效益较好的林下种植模式。这种模式大多种植具有固氮根瘤菌的豆类作物，不与林木争肥争水，又能覆盖地表，防止水土流失，提高土壤肥力，是十分常见的林地立体开发模式，适合1～3年树龄的速生林，此时树木小，遮光少，对农作物的影响小。在不同林分中根据农作物的特性选择不同的种植模式，完全可以实现“双丰收”。

第一节　林下绿豆、豌豆栽培技术

绿豆，别名青小豆、菉豆、植豆，为豆科菜豆属一年生直立草本植物。全国各地均有种植，产区主要集中在黄淮流域及东北、华北地区。绿豆是我国重要的小杂粮之一，含有丰富的蛋白质、必需氨基酸、维生素及矿物质，具有较高的营养价值和保健功效。

豌豆，别名青豆、麦豌豆、寒豆、雪豆、毕豆、麻累、荷兰豆、回鹘豆等，为豆科豌豆属一年生攀缘草本植物。适应性广，抗逆性强，遍及全国。豌豆营养丰富，清香脆嫩，粮菜兼用，茎秆可做优质饲草。

一、林地选择

宜选择幼林或郁闭度≤0.7的中龄林或成熟林，林地秋季深耕、树蔸盘耕，以利冬季蓄水纳墒、防虫防病。

二、绿豆栽培技术

（一）施肥整地

套种方式下重施基肥，以满足树木和绿豆对肥料的需求。每亩施优质腐熟农家肥2～2.5米^3，复合肥50～75千克做基肥。播前随旋耕机具施入地中。春季整地备耕，精细整地，达到地面平整，土壤上松下实。有灌溉条件的地区在距树木主干0.5～1米处开厢挖沟做床播种。

（二）品种选择

选择高产优质多抗品种（系），如晋绿豆6号、晋绿豆3号、晋绿豆4号、汾绿豆5号等，所选种子的生育期90～100天。

（三）种子处理

用种子重量0.2%的40%辛硫磷乳油进行种子闷堆拌种。

（四）套种

1. 种植方式 幼林地绿豆种植带应距离树木主干0.5～1米，成林绿豆种植带应距离树木主干1.5米以上，绿豆以条播为宜。

2. 播种时期 土壤5厘米深地温稳定在15℃以上时，即可播种绿豆，适宜播种期为5月中旬至6月上旬。

3. 播种密度 幼林地绿豆种植密度为12 000株/亩（行距0.33米，株距0.16米），成林地绿豆种植密度为10 000株/亩（行距0.33米，株距0.20米）。可用小型机械进行定量播种。

4. 播种深度 绿豆播深以3～5厘米为宜，沙壤土略深，黏壤土略浅，要求播种深度一致，覆土均匀。

5. 播种机具 平地选用动力机械播种，山坡丘陵地选用手动小型播种机。

（五）田间管理

1. 查苗补种 出苗如遇土壤干旱或鸟禽危害，造成缺苗断垄率≥10%的要及时补种，缺苗断垄≥50%的需毁苗重播。

2. 中耕除草 为了达到提温、保墒，防板结、除草害的目的，绿豆生育期内结合中耕除草3～4次，中耕深度应掌握浅—深—浅的原则；清除树蔸周围的杂草和枯枝病叶，减少树木害虫寄主。

3. 合理追肥 在绿豆花荚前期每亩补追尿素5～10千克，也可用2%磷酸二氢钾水溶液叶面喷施1～2次。

4. 适时灌溉 有灌溉条件的地区在绿豆现蕾到开花期结合天气和土壤水分状况进行灌水。

（六）病虫害防治

坚持“预防为主，综合防治”的植保方针，优先进行农业防治、物理防治和生物防治，科学合理进行化学防治。

1. 绿豆立枯病 用15%噁霉灵水剂450倍液或70%甲基硫菌灵可湿性粉剂500倍液，在发病初期喷雾，连续防治2～3次。

2. 绿豆叶斑病 用75%百菌清可湿性粉剂500～800倍液或75%代森锰锌可湿性粉剂600倍液，在发病初期喷雾，连续防治2～3次。

3. 绿豆白粉病、锈病 用25%三唑酮可湿性粉剂2 000～3 000倍液或50%多菌灵可湿性粉剂500倍液，在发病初期喷雾，连续防治2～3次。

4. 蚜虫 用25%吡虫啉可湿性粉剂1 500～2 000倍液，在发生初期喷雾防治。

5. 红蜘蛛 用1.8%阿维菌素乳油3 000～5 000倍液、20%螨死净可湿性粉剂2 000倍液或15%哒螨灵乳油2 000倍液，在发生初期喷雾防治。

6. 豆荚螟 用2.5%溴氰菊酯乳油4 000倍液或90%敌百虫

700～1 000 倍液，在花荚期喷雾防治，连续防治 2～3 次。

7. 豆象 用 40%辛硫磷乳油 500 倍液浸种 2 小时，花荚期用 40%辛硫磷乳油 500 倍液喷雾防治，连续防治 2～3 次。

（七）收获

适合机械收获的地块，可采用机械收获。若不能机械收获时，小面积种植根据成熟情况随熟随收，以每隔 7 天采摘 1 次效果较好。大面积种植采收可在 80%豆荚成熟时，利用早晨或下午收割，避免中午炸荚丢粒。收割后堆成小垛放置 1～2 天，促其后熟，然后及时晾晒脱粒、入库。入库后可用磷化铝熏蒸防止豆象危害。

三、豌豆栽培技术

（一）深翻整地，施足基肥

播种前，结合山地果园秋季深翻，进行整地开穴，疏松土层。缺水果园抓紧雨后整地播种。整地后每亩用腐熟人粪尿 1 000 千克、过磷酸钙 20～25 千克做基肥，以利幼苗生长和壮苗、齐苗。

（二）品种选择

豌豆食荚选用台湾小白花、甜脆、灰豌豆等，食粒选用中豌 6 号或三月黄等品种，荚粒兼用的选用草原 31、中豌 8 号等。

（三）适时播种，播前拌菌

适时播种，有利于早出苗，使幼苗在越冬前有一定苗架和根群基础，增强越冬抗寒力。尽量不重茬，一般在 10 月上旬至 11 月中旬开行点播，每 1 米行长播 35～40 粒，并开好排水沟。播种前用根瘤菌和钙镁磷肥拌种，新开垦山地果园拌菌尤为重要。拌菌方法：播种前浸种 12 小时，待种子吸水后捞起，每亩用根瘤菌 150～200 克、钙镁磷肥 10～15 千克搅拌均匀后播种。

（四）中耕培土，搭架摘心

第一次在株高 5～7 厘米、第二次在株高 15 厘米时进行中耕除草并培土。蔓生豌豆在株高30厘米时用树枝搭支架。春节前后可采摘部分茎梢或摘心作为蔬菜上市，可每隔7～10天采摘1次。

（五）补充追肥

豌豆对磷、钾肥敏感，因此需施足磷、钾肥，采取以磷增氮措施，提高肥料利用率。初花期至盛花期每亩补施尿素10～25千克、复合肥8～12千克；开花结荚期可用0.2%磷酸二氢钾进行叶面喷施。

（六）防病治虫

1. 根腐病　用种子重量0.25%的20%三唑酮乳油拌种，或用种子重量0.2%的75%百菌清可湿性粉剂拌种。

2. 褐斑病　发病初期喷洒50%苯菌灵可湿性粉剂800倍液、70%甲基硫菌灵可湿性粉剂500倍液、75%百菌清可湿性粉剂600倍液，每7天1次，连喷2～3次。

3. 白粉病　发病初期用25%三唑酮可湿性粉剂2 000～3 000倍液，或70%甲基硫菌灵可湿性粉剂1 000倍液，或50%多菌灵可湿性粉剂500倍液，或0.2～0.3波美度石硫合剂等喷雾防治，每隔10～20天喷1次，连喷2～3次。

4. 褐纹病　发病初期喷50%混杀硫悬浮剂500倍液，或75%百菌清可湿性粉剂600倍液，每7天1次，连续喷药2～3次。

5. 黑潜蝇　可用45%杀螟硫磷乳油或40%辛硫磷乳油1 000倍液防治，亩施药液75千克。

6. 潜叶蝇　选择残效期短，易光解、水解的药剂，此外，由于幼虫潜叶危害，所以用药必须抓住产卵盛期至孵化初期的关键时刻。发生初期每亩用1.8%阿维菌素乳油10～15毫升，兑水50千克喷雾防治，也可用21%增效氰戊·马拉松乳油800倍液、2.5%溴氰菊酯乳油或20%氰戊菊酯乳油2 500倍液、10%溴·马乳油2 000倍液、10%菊·马乳油1 500倍液喷雾防治。在防治适期喷药均能收到较好的防治效果。

（七）采收

1 鲜食豌豆 掌握在青荚籽粒略鼓（食荚）或鼓粒期（食粒）陆续采摘上市出售。

2. 干豌豆 完熟期时及时采收豌豆干籽。

第二节 林下甘薯栽培技术

甘薯，别名番薯、红薯、朱薯、金薯、红山药、玉枕薯、山芋、地瓜、甜薯、红苕、白薯等，为旋花科甘薯属一年生草本植物，地下部分具圆形、椭圆形或纺锤形的块根，是一种高产而适应性强的粮食作物。块根除作主粮外，也是食品加工、淀粉和酒精制造工业的重要原料，根、茎、叶又是优良的饲料。

一、选用良种

目前适合示范推广的甘薯良种主要有龙薯 515、济薯 26、烟薯 25、心香、冀紫薯 2 号等品种。

二、培育壮苗

壮苗的标准为茎粗壮，节间短，叶片肥厚、大小适中，无病虫，剪口乳汁多，苗高 20～25 厘米，茎粗 0.5 厘米以上。

（一）苗床选择

选择背风向阳、排灌方便、土质肥沃、3 年内没有种过甘薯的地块做苗床。林下种植每亩需备苗床 1～1.5 米^2。

（二）适时排种

3 月上旬排种，播种前 7～10 天耕整土地做好苗床。排种后浇足水，每平方米苗床浇稀粪水 30～50 千克，待种薯表面晾干后再盖 3～4 厘米湿润细土，以不见种薯为宜，然后搭小拱棚覆膜。

（三）苗床管理

要坚持前期高温催芽、中期适温长苗、后期低温炼苗的温度控制原则。齐苗前以催为主，床温保持在30～35℃，温度超过35℃要及时揭膜降温，薯苗长至6～7片叶时转入炼苗为主，在气温不低于20℃时，揭膜炼苗，经3～5天炼苗后即可剪苗栽插。加强水肥管理，苗床不宜过干或过湿，床土发白要少量浇水，保持床土湿润，每次采苗后追施1次腐熟稀薄人畜粪尿水，提高薯苗产量。

三、移栽

移栽前深耕，以加厚活土层，改善通气性，加强蓄水能力，促进土壤养分释放。5月中上旬起垄移栽。按1米分厢起垄，垄高30～40厘米，垄面呈小拱形，每垄交叉插双行，行距40～50厘米，株距26～33厘米，幼林地每亩种植2 000～2 500株，起垄时注意按水平方向进行，防止水土流失。

四、林间管理

（一）补苗

薯苗移栽后1周，发现缺苗要及时补苗。

（二）中耕除草

在薯蔓满田前，土壤裸露，容易板结也容易滋生杂草，需要进行中耕除草，一般进行2～3次。

（三）追肥

1. 提苗肥　结合第一次中耕施提苗肥，每亩用尿素2千克，兑1米^{3}稀粪水泼浇。

2. 结薯肥　在封垄前结合中耕施结薯肥，每亩用复合肥15千克加硫酸钾5千克，穴施并培土。

（四）综合防治病虫害

甘薯主要病害有黑斑病、根腐病和薯瘟，主要防治措施是在选用抗病品种的基础上，注意合理轮作，田间发现病株应及时拔除，并用敌磺钠（使用浓度见说明）淋灌。害虫主要有蛴螬、卷叶虫、斜纹夜蛾等，注意消除田间杂草，田间虫害严重时可用2.5%溴氰菊酯乳油500倍液进行防治。

五、适时收获

一般在平均气温下降到15℃左右开始收获。收获过早，影响甘薯产量，且高温下不宜储藏。收获过晚，容易受低温冷害，出粉率和耐储性均会降低。

第三节　林下魔芋栽培技术

魔芋，别名蒟蒻、蒻头、鬼芋、花梗莲、虎掌，为天南星科魔芋属薯芋类作物，在我国南方各省份丘陵地区、秦岭大巴山地区、四川盆地、云贵高原、云南南部和台湾等地有着丰富的魔芋

林下魔芋

资源。魔芋含有丰富的碳水化合物，热量低，蛋白质含量高于马铃薯和甘薯，微量元素丰富，还含有维生素A、B族维生素等，特别是葡甘聚糖含量丰富，具有减肥、降血压、降血糖、排毒通便、消肿去毒、防癌补钙等功效。

一、林地的选择

根据魔芋属半阴性植物的特点，种植魔芋应选择海拔在600～1 400米区域内的退耕还林地和荫蔽度在50%左右的自然乔木林地，如果林木过于高大要除去其部分枝条，使得林下魔芋能接受阳光。要求坡度在30°以下，交通便利，相对背风，土层深厚，腐殖质含量高，质地疏松，不易积水，排灌方便，土壤pH 6.5～7.5为宜。林下种植魔芋选择树种以板栗树、核桃树、杜仲树、槐树、樟树和其他混交林等乔木阔叶林为主，李树、桑树、猕猴桃架下也可种植魔芋，以槐树地块最佳。

二、清林整地

新种植户，在上一年11月至第二年3月农闲季节，将林下的空闲地深翻30厘米，清除石块、杂草，同时，对荫蔽度过大的林地可适当剃除树木部分侧枝和细枝，以不伤害树木正常生长、满足魔芋生长过程中处于半荫蔽状态为宜。提前整地可有效杀死地下害虫，促进树叶腐烂，疏松土壤，蓄水保墒，也为春播农忙腾出时间。

三、适时播种

（一）播种前的准备工作

1. 品种的选择　可选用花魔芋。种芋应大小基本一致，无虫孔、无破烂、无损伤且顶芽凹陷较深，外观细嫩光滑呈高桩形。如生产商品芋，应选用100～250克球茎为宜。

2. 科学施肥 魔芋属块茎类作物，对磷钾肥需求量较大，加之根系分布较浅，呈水平状分布，因此，施肥的原则是以基肥为主，追肥为辅；有机肥为主，适当补施化肥；磷钾肥为主，氮肥为辅。如没有有机肥，最好选用魔芋专用肥或薯类专用肥。肥料的施用量：有农家肥的地方每亩施腐熟农家肥3 000～5 000千克、硫酸钾15～30千克、尿素8～10千克。无农家肥的地方，每亩施魔芋专用肥50～60千克。应在播种前撒施入土壤中，避免肥料与种芋接触而造成烂种。基肥施用量约占总施肥量的80%，追肥占20%。

3. 种芋消毒处理 为尽量预防因种芋带病而造成后期田间发病，在精选种芋的基础上，播前对种芋进行一次消毒处理。消毒方法是：用1 000万单位农用硫酸链霉素兑水50千克浸种1小时；或用40%福尔马林200～250倍液浸种20～30分钟，也可用1%硫酸铜溶液浸种10分钟。浸种消毒后将种芋晾干即可播种。

（二）做床播种

在播种前根据树木的株行距大小，在距树蔸0.8～1.0米的林下空地做成1～1.5米宽、20厘米高的苗床。将种子播在床上。播种行距按种芋直径7～8倍，株距按种芋直径5～6倍确定。做高床能增加土层厚度，疏松土壤，利于排水，方便后期林间除草等林间劳作，并避免踩踏魔芋。对于自然林和熟土层较薄，不便做床起垄的林地，可采用起土堆的办法将魔芋播种在土堆上，土堆高30～40厘米，大小以1.0米×1.2米为宜，也可根据周围熟土多少而确定土堆大小。播种密度与做床播种密度相同。对于坡度较大的林地可采取挖鱼鳞坑的方式，将周围的熟土集聚到坑内进行播种。坑的大小应灵活掌握，以方便操作为宜。

适期播种，原则是外界气温稳定回升到12℃时便可选择晴天按每亩4 000株的密度进行播种。一般海拔600～900米区域在 4 月中上旬播种，海拔 900～1 400 米区域在 4 月中下旬至 5 月上旬播种，先低山后高山。播种方法是：100 克以下种芋宜起沟条播，100 克以上种芋宜挖穴点播。播种深度以种芋上能覆盖 10～15 厘米厚的土为宜，种芋大宜深播，种芋小宜浅播。同时，为预防魔芋顶部主芽凹陷而积水造成烂种现象的发生，在播种芋时将顶芽向一个方向倾斜 45°放置。种芋放好后覆土 10～15 厘米厚。

四、生长期管理

田间生长期管理主要以除草和防病为中心，生长中期视情况适当追施氮肥。魔芋出土前 10 天左右，可用 41%草甘膦异丙铵盐水剂或 10%草铵膦水剂喷施，进行一次化学除草。出苗散盘至收获期视杂草多少进行 2～3 次人工除草。因魔芋根系浅，人工除草需注意勿伤根。魔芋生长中期 7～8 月，如发现植株缺肥发黄，可每亩追施 5～10 千克尿素，切忌将肥料落到叶片上引起烧叶，最好在即将下雨前结合除草同时进行。

魔芋病害目前生产上发病最重的是软腐病和白绢病两种，严重时可导致整块地绝收，生产中应高度重视。除种子储藏、播前种子处理外，在魔芋生长过程中应随时进行田间观察，发现一株，带块茎及周围土壤一并清除，并销毁带块茎植株，同时用生石灰或农用硫酸链霉素喷洒发病株周围，防止残留在土壤中的病菌随降水再次感染相邻植株。除此之外，在发病初期，7 月底至 8 月初魔芋旺盛生长时期用化学农药喷施防治。常用的化学药剂及用量为每亩用 70%代森锰锌可湿性粉剂 100～150 克，或 50%甲基硫菌灵可湿性粉剂 100～200 克，或 50%多菌灵可湿性粉剂 100～200 克。将药剂兑成水溶液进行 2～4 次喷雾防治，具有很好的防治效果。

魔芋害虫主要有芋双线天蛾、甘薯天蛾、豆天蛾和铜绿金龟子等。防治方法：在幼虫出现初期，可喷施2.5%溴氰菊酯乳油1 800倍液或45%马拉硫磷乳油1 000倍液，喷药时间应选在晴天16:00～18:00。在林下种植，虫害最严重的是铜绿金龟子，幼虫危害魔芋地下球茎，可结合冬季整地或播种前施肥时用3%辛硫磷颗粒剂撒施在土壤中杀灭幼虫或虫卵。

五、及时收获

应该在霜降至立冬期间，魔芋叶柄已基本倒伏枯死，地下球茎已停止生长时，及时选择晴天土壤较干燥时一次性全部收获当年生魔芋的商品芋，收获时注意勿挖伤块茎。对于鞭状茎和小球茎仍留在原地用土盖好，待来年继续生长。对达不到商品芋收获的地块，可选择性地挖大留小，然后将林间的枯枝烂叶及杂草覆盖在地面，同时在海拔1 000米以下地区，对倒苗后茎秆留下的孔洞一定要用土封好，并用树叶等覆盖保温，预防冻害。对冻土层超过5厘米的地块、海拔1 000米以上的区域无论是商品芋或种芋都应一次性收获出售或保温储藏。

在海拔1 000米以下区域当年不收获的种子地，可在白露前后几天每亩播种油菜籽1.0～1.5千克。冬季油菜苗对地下魔芋可起到很好的保温、保湿作用，也可以抑制早春杂草生长；春季在油菜盛花期，魔芋出土前，将油菜就地割掉覆盖在地面，可起到抑制杂草、增加肥力的作用。

六、种芋冬季保藏方法

（一）堆藏

应在干燥、通风条件好的室内储存，室内温度控制在5～10℃，先在地面铺5～10厘米厚的过筛细河沙，河沙湿度60%～70%。储放时一层河沙一层魔芋，最后在表面覆沙20厘米厚。堆放高度40～50厘米，宽度1.0～1.2米，长度视魔芋数量而定。在沙堆中每隔1米插一束作物秸秆以利透气。

堆放前室内应彻底消毒，每隔半个月检查一次沙堆湿度，过干可适当喷水，过湿应摊开散湿。发现有霉烂魔芋应挑出，并对周围河沙进行消毒处理。

（二）就地沟藏

此法适用于储藏数量较大，基地运输较远的情况。魔芋收获后就地沟藏，方法是在背风向阳、地势较高、不易渗水和积水的地方，挖1米深、1米宽的地沟，沟的长短根据种芋数量确定。沟底铺10厘米厚作物秸秆或新鲜干树叶，沟中间每隔1米竖一束1.3米高的秸秆用于通气，然后一层魔芋一层细土，土壤湿度50%～60%，至地面后覆盖20厘米厚的土，然后再在土上盖10厘米厚的树叶，最后搭上防雨棚即可。

（三）窖藏

储藏前用硫黄或甲醛彻底消毒储藏窖。在窖底铺10厘米厚的干沙或稻草，然后一层魔芋一层干草或细沙，窖正中竖一束直径10～15厘米的玉米秆，以利通气。藏至窖容量50%即可，窖口半封闭盖好。

无论哪种储藏方法，在储藏前都必须对种芋进行消毒、精选、分级，晾干种芋表面水分，尽量减少种芋损伤，保持良好的通风透气和保温条件。切忌用塑料薄膜覆盖而妨碍通风透气。

第四节　林下马铃薯栽培技术

马铃薯，别名土豆、地蛋、山药蛋、洋芋、洋番芋、薯仔、荷兰薯、番薯仔等，为茄科茄属一年生草本植物。从目前马铃薯的种植情况看，林下套种马铃薯技术操作简单，增收显著，每亩可增收2 000～3 000元。马铃薯是世界第四大粮食作物，同时也是我国第四大粮食作物。其营养价值高、适应力强、产量大。

一、生长环境

马铃薯性喜冷凉，是喜欢低温的作物。其地下薯块形成和生长需要疏松透气、凉爽湿润的土壤环境。对温度的要求：块茎生长适温16～18℃，当地温高于25℃时，块茎停止生长；茎叶生长适温15～25℃，超过39℃停止生长。

二、林地选择

选择交通便利、水源方便、林下气候凉爽、土壤疏松肥沃、土层深厚、土壤pH 6.5～8.5、排水透气良好的幼林地或郁闭度0.4～0.5的成林地。

三、整地施肥

春季结合树木松土除草，清理表层石块、杂草及较大的土块，在马铃薯播种前一次性施足基肥，拉线条施，每亩撒施优质腐熟农家肥5 000～7 000千克、过磷酸钙40千克、磷酸二铵50千克、硫酸钾20千克（忌施氯化钾肥），翻土20～30厘米深，将基肥与土壤翻匀，然后整平耙细，注意不要损伤树木根系。基肥施足后一般不再施追肥。

四、种薯处理

1. 选种与切块 选用产量高、品质好、块茎大而整齐、结薯集中、抗病性强、生育期短的中早熟脱毒马铃薯品种，如早大白、荷兰7号、鲁引1号等。播前20天进行切块，一般选用30～50克小种薯播种为佳，如果用大种薯，则应进行切块，

50～100 克的中薯，纵切 3～4 块，每块重 20～30 克且有 1～2 个健壮芽眼，切口距芽 1 厘米以上；100 克以上的大薯，视芽眼螺旋形向顶部斜切。准备 2 把切刀、2 块切板、5%高锰酸钾溶液，每 10 分钟或切到病、烂薯时，轮换消毒 1 次。种薯切块后立即用含有甲基硫菌灵、多菌灵（用量约为种薯重量的 0.3%）的中性石膏粉拌种消毒，并摊开晾干，使伤口愈合。

2. 种薯催芽

（1）整薯催芽。一般在 2 月初严格挑选出窖种薯后，将小种薯放在空屋内或温室内，使温度保持在 10～15℃，最高不超过 20℃，有散射光即可，每隔 7～10 天翻动 1 次，大约经过 40 天完成催芽过程。

（2）切块催芽。将已切块的中大种薯切口晾干，待切口愈合后堆于温暖向阳的室内，室内温度保持在 15～20℃，进行避光催芽，堆高不超过 30 厘米，上盖潮湿草袋，每隔 3～5 天翻动 1 次，一般 10 天左右即可萌芽。待芽长至 0.5～1.0 厘米时摊开晾芽，经过 3～4 天的见光炼芽，使芽发绿变粗，当芽长至1～2厘米时即可播种。

温馨提示

催芽是保证马铃薯早出苗、出齐苗、出壮苗、早发棵、多结薯、结大薯的关键技术措施。

五、适时播种

3 月中下旬，10～15 厘米深地温稳定在 6～7℃时开始播种，早播可采用双膜覆盖，晚播采用地膜覆盖，实行大垄双行种植。先在幼林或成林行间起垄，垄面上宽 60 厘米、下宽 80 厘米，垄高 15～20 厘米，在垄中间开深 20 厘米的种植沟，施上 1 行种肥并盖上一层细土，按行距 30～35 厘米、株距 25～30 厘米将薯块切口向上芽眼向下（或向侧）在肥料两旁呈“品”字形摆 2 行种薯，播深 6～8 厘米，每亩种植 4 500～5 000 株。播后稍压，使之与土壤充分接触，发出的根系一出来就能直接扎入土壤，吸取营养和水分，有利于苗齐苗壮。播种后培起“凹”字形垄，垄中间凹下 5 厘米左右，培土厚度 12 厘米以上。然后地面定向喷洒除草剂拉索，浓度为 0.2 千克兑水 75 千克，最后用宽 90 厘米、厚 0.008 毫米地膜覆盖或盖上 8 厘米厚的稻草。

六、林间管理

（一）引苗

薯苗出土后捅破地膜使苗露出，并压实地膜空隙。幼苗没有露出覆盖物的种薯，要在种薯处轻轻扒开覆盖物引出幼苗，然后把覆盖物复原，这样能加快出苗速度，提早出苗时间，延长营养生长期。

（二）中耕除草

马铃薯从出苗到现蕾初期，需进行 1 次中耕培土，疏松土壤，增加垄沟深度，防止下雨或灌水时水漫过垄面，降低膜内地温，促进马铃薯块茎膨大，同时防止薯块顶出土变绿，影响商品性。

马铃薯一般不用除草。若杂草过多需人工及时拔除，不能使用除草剂。

（三）水肥管理

马铃薯既怕旱又怕涝。出苗前不宜漫灌，块茎形成期及时适量浇水，块茎膨大期不能缺水。苗期以促为主，团棵前喷一次植物动力 2003 叶面肥，适时浇水，保持土壤湿润。现蕾前期控制浇水。开花期适当浇小水 1～2 次可促进块茎膨大，现蕾结薯期保持土壤湿润，并再喷 1 次植物动力 2003 叶面肥。收获前 1 周停止浇水。

刚覆盖的新草吸收水分慢，容易干燥，使薯苗受旱，要及时通过床沟润灌、喷灌，禁止漫灌，并及时排水落干。

生长期间如遇暴雨，要及时清沟排水，切不可使林间积水。生长后期稻草开始腐烂，保水性增强，更要注意排水，否则块茎容易腐烂。

（四）垄沟秸秆覆盖

在培土结束后，用草帘或麦秸覆盖垄沟，标准以不露地面为宜，每隔3～5米用土压稻草或麦草，防止秸秆被风刮走，覆好后及时灌水。地膜马铃薯垄沟覆盖秸秆，一是可以抑制田间杂草；二是保墒，减少水分蒸发，节水增效，全生育期灌水1～2次；三是可以遮阴，防止太阳直射，降低地温，有利于薯块膨大；四是可以改良土壤，提高土壤肥力；五是马铃薯薯形好，产量高，商品性好，增产20%以上。

（五）预防低温冻害

1. 施药防冻 施用抗冻剂或复合生物菌肥，也可覆盖农膜；并注意浇水，保持土壤湿润。

2. 叶面施肥 低温过后气温回升时，及时喷施叶面肥如磷酸二氢钾，促使马铃薯尽快恢复。

（六）病虫鼠害防治

稻草覆盖的马铃薯草害发生较轻，主要是地下害虫、病害和鼠害。

1. 地下害虫 播种时用辛硫磷拌成毒饵防治地下害虫。

2. 蚜虫 可用25%氰戊菊酯乳油2 000倍液喷雾防治蚜虫。

3. 病害 主要病害是晚疫病、黑胫病、病毒病、青枯病等，首先应选择抗病性强的脱毒种薯；其次要与茄科作物相对隔离；如发现病株，可用70%代森锰锌可湿性粉剂500倍液、65%代森锌可湿性粉剂500倍液或75%百菌清可湿性粉剂600倍液喷

雾防治，并及时拔除病株。

七、及时收获

春季播种的马铃薯一般在芒种前后收获。6月上中旬当大部分茎叶由黄绿转为黄色、块茎停止膨大时，根据市场行情及时收获，收大留小，分批收获，分批上市。收获作业过程中尽量避免刮碰树枝或根系。马铃薯收获后及时清除残膜。

Part 03

第三篇
林下养殖

林下养殖是指利用林区良好的自然生态环境，在已经郁闭成林的林地利用林下空间发展立体养殖，满足农产品市场需求。主要发展模式有林禽模式（林下放养鸡、鸭、鹅等家禽）、林畜模式（林下放养猪、牛、羊、兔等家畜）、林特模式（利用林木的花放养蜜蜂、林下人工驯养繁殖林蛙等特色养殖）。

第十章 林禽模式

林禽模式是指在适宜的林地散养鸡、鸭、鹅等家禽，充分利用林下杂草多、小昆虫多，以及鸡、鸭、鹅喜欢觅食营养物质的特点，同时鸡、鸭、鹅的粪便也能滋养土地，实现林“养”鸡（鸭、鹅）、鸡（鸭、鹅）“育”林的良性循环和林禽优势互补，从而促进林业经济发展，是一种复合型林业经营模式。林下养殖家禽的优势和特点体现在以下方面：一是林下温湿度条件较好，有利于家禽生长。二是森林环境相对与外界隔离，有利于家禽防疫。三是林下有丰富的有机饲料资源。林下昆虫较多，可为鸡（鸭、鹅）所啄食，林下还有许多天然牧草，鸡（鸭、鹅）食百草，节约饲料，而且产蛋量高，鸡（鸭、鹅）蛋、鸡（鸭、鹅）肉自身有机成分、风味物质也比普通鸡（鸭、鹅）高出许多。四是鸡（鸭、鹅）粪便返归林地，为林木生长提供优质的有机肥料。五是只需建设简易场舍，节约投资成本。六是生产的鸡（鸭、鹅）蛋、鸡（鸭、鹅）肉均为天然绿色有机食品，市场销售好，价格走俏。最显而易见的是，林农的收入也会增加。

第一节　林下鸡养殖技术

林下养鸡以放养柴鸡为主。在优良的放养环境中，鸡群活动时间长，可以享受良好的光照。鸡只毛色光滑鲜艳，富有光泽；鸡肉紧致结实细嫩，风味独特，鸡汤味道鲜美。这样散养出来的柴鸡深受消费者的喜爱，销售价格和利润也较好。

一、林地选择与鸡舍建设

（一）林地选择

选择林下养鸡的林地应该远离村落和农田以及学校等场所500米以上，但在交通上要便利。林地的朝向最好是朝南而背风向阳，空气要保持清新，有干净的水源且水源充足、排水方便，坡度最多不要超过25°，保证三分阳七分阴的光照条件和林木覆盖密度。

（二）鸡舍的建设

鸡舍要求挡风雨，单棚面积不得少于25米^2（长8米、宽3米、高1.7米以上）。以经济实惠和灵活便利为原则，利用竹子和木条等大材料搭建鸡舍，采用简易式屋顶，四周用塑料膜围上，确保夏天通风良好，冬天能保温。内部构造一般多选用竹子和木条胶合板材料，在鸡舍内用木条或竹子做一批30～50厘米的栖息架，最好建吊脚楼，减少兽害和地面潮冷对鸡的危害。同时雏鸡和母鸡的鸡舍搭建也要有所区别，一般雏鸡的鸡舍内要使用活动板房，母鸡的鸡舍内要有产蛋的鸡窝。鸡舍的供水、供料等生产用具也要因地制宜、就地取材、节约成本、方便适用，可用毛竹破开制作水槽，一般100只鸡用长3米左右的水槽即可，有条件的可购买专用饮水器。

二、品种选择

地方柴鸡，即本地鸡，有的叫草鸡或土鸡。如麻鸡、三黄鸡等，具有体型小、毛色美观、活泼好动、耐粗饲、抗病力强等特点，适于放养。而且产蛋率高，蛋的品质好，肉质细嫩，味道鲜美可口，深受养鸡户和消费者的喜爱。在重庆市林地适合饲养的柴鸡品种主要有本地柴鸡、铁脚麻鸡、桂林大发和三黄鸡等。

三、柴鸡的育雏

育雏期是柴鸡养殖中比较关键、技术要求较高的饲养阶段，了解和掌握雏鸡的育雏过程，对于提高经济效益至关重要。

（一）选择合适的育雏时间及育雏方式

1. 育雏时间　柴鸡育雏一般选择在春季3～5月，因为这段时间气候干燥，气温回升快，阳光充足，雏鸡生长发育较好。

2. 育雏方式　柴鸡育雏多采用两种育雏方式。

（1）垫料地面散养。是指在育雏室地面铺上5～8厘米厚的麦秸、木屑、玉米壳等作为垫料，整个育雏期雏鸡都生活在垫料上，育雏结束后更换垫料。采用这种育雏方式的多为小规模养殖户或山区养殖户。

（2）笼养。在育雏室架设育雏笼。育雏笼为叠层式，一般为4层，每层高度为33厘米，上下两层笼间设置承粪板，层间间隙为5～7厘米。采用这种育雏方式的多为规模养殖户或是从饲养“洋鸡”改为养柴鸡的养殖户。

（二）做好育雏前的准备工作

1. 育雏物品准备

（1）饲料。育雏可用全价配合饲料或自配雏饲料。柴鸡0～6周龄累计饲料消耗为每只750～800克。自配饲料应注意选择无污染、不变质的原料，且要求搅拌均匀、颗粒大小合适、适口性好。配一次饲料饲喂时间不能过长，1 周内吃完为宜。

（2）疫苗。柴鸡育雏期所用疫苗主要有马立克氏病疫苗、鸡新城疫疫苗、鸡传染性法氏囊病疫苗、鸡传染性支气管炎疫苗和鸡痘疫苗等，所用疫苗应根据本地疾病流行情况制定的免疫程序而定。

（3）药品。育雏期常用的消毒药品有新洁尔灭、百毒杀等，防治药品如庆大霉素、氟哌酸、土霉素纯粉、电解多维、葡萄糖等，根据实际需要配备。

（4）其他物品。育雏笼，规格可根据需要定做。一般高 24 厘米、宽 45 厘米、长 100 厘米，每个笼子在育雏初期可放 45 只雏鸡。到育雏结束时，每个笼子不能多于 25 只。育雏笼数量根据育雏量的多少而定。

此外还需要台秤、喷雾器、连续注射器、推粪车、断喙器，以上物品一般为每样一个。其他需要准备的物品有温度计、刺种针、滴瓶、承粪板、报纸、开食用塑料布（35 厘米×60 厘米）、水槽、料槽、水桶、记录本等。

2. 育雏舍的整理、消毒和试温 每批柴鸡进雏前都要对育雏舍进行整理、消毒和试温。首先要将育雏舍内粪渣、灰尘等清理干净，地面用 2%火碱泼洒。料槽、水槽、鸡笼等所有用具都应清洗干净，并将其摆放到位。然后检修水、电、通风设备，做到育雏舍干净、密闭、保温且能正常通风换气。进雏前 1 周对育雏舍及设备进行熏蒸消毒。熏蒸时视育雏舍育雏年限及污染程度可采用高锰酸钾 21 克/米^3 加甲醛 42 毫升/米^3，放入陶瓷盆中，密闭熏蒸 48 小时后，打开门窗通风 3～5 天。注意熏蒸时先放高锰酸钾后倒入甲醛，熏蒸过程从育雏舍内向外逐步进行。育雏舍试温应在进雏前 2～3 天。如采用锯末炉或点燃火道的方式加温，应注意检查是否漏烟。试温时一定要把育雏舍温度加高到32～35℃。育雏开始前应在门前消毒池放入药物。

（三）育雏期条件控制

1. 温度　1～3日龄育雏舍温度应为32～34℃，4～7日龄为30～32℃，8～10日龄为28～30℃，11～14日龄为26～28℃，以后每周下降2～3℃。育雏舍内各部分空间的温度是有差异的，以上温度是指雏鸡活动空间的温度。当外界夜间温度与育雏舍温度相吻合时即可停止加温，这个过程要逐渐进行，可先白天停后全天停，整个过程在1周的时间完成。

2. 光照　1～3日龄需要全天光照，4～7日龄每天光照20小时，8～21日龄每天光照16小时，6:00～22:00开灯，白天如果自然光照较强可减少开灯数量，3周后完全采用自然光照。人工补光以每平方米3.5～4瓦为宜，如采用多层笼育应在下层育雏笼的侧面墙壁上加装灯泡。

注意单个灯源瓦数不能过大，以25瓦或40瓦为宜。

3. 通风　在保证温度的前提下应每天坚持通风，注意防止煤气中毒。

4. 湿度　7日龄前保证育雏舍内相对湿度为60%～65%，7日龄后育雏舍内相对湿度为50%～55%。

5. 密度　柴鸡育雏如采用4层笼育，每笼面积为0.45米^2，开始每个笼子可放45只，先放上面两层笼，下面两层待密度增大时再使用。育雏结束时每笼不能超过25只。如采用地面垫料育雏每群以250～300只为宜，开始时可用木板将雏鸡隔成小群，防止挤压，避免发生啄癖。育雏开始时育雏密度为240只/米^2，到育雏结束减少到220只/米^2。

（四）育雏期饲养管理

1. 饲喂

（1）雏鸡第一次饲喂时间。雏鸡第一次饲喂应在初次饮水后2～3小时。第一次饲喂时应把饲料撒在开食盘或塑料布上，开食最好安排在白天进行。

（2）雏鸡每天饲喂次数。雏鸡每天饲喂6次，从6:00开始每隔3小时喂1次，如果每天饲喂5次，则从6:00开始每隔4小时喂1次。

（3）1～3日龄鸡饲喂饲料。应将1/3半熟小米加2/3配合饲料搓成粒状饲喂，每次每百只雏鸡还要加喂1个蛋黄。

（4）1～3日龄鸡每次饲喂时间。从6:00开始至24:00结束，每隔3～4小时喂1次，每次饲喂50分钟，喂后去掉塑料布洗干净晾干。

（5）4～7日龄鸡饲喂饲料。应将1/4半熟小米加3/4配合饲料拌匀后饲喂，不加蛋黄。7日龄后用饲槽喂全价配合料。

（6）白痢病预防。7日龄前为预防白痢病可在饲料中添加0.2%土霉素纯粉和0.04%痢特灵。

（7）11～12日龄雏鸡断喙。11～12日龄雏鸡断喙前后各2天，可将饲料中维生素加倍，另外每100千克料中添加200克维生素K，这样利于止血，防止热应激。

（8）球虫病预防。笼育雏鸡40日龄左右，地面垫料育雏20～25日龄时，在饲料中添加克球粉、马杜拉霉素等预防球虫病的药物，喂药3天后停3天，然后再喂3天，几种药物应交替拌料使用。

2. 饮水

（1）雏鸡第一次饮水时间。雏鸡第一次饮水时间以孵出后24小时为宜，初次饮水最好用凉开水，并加入5%葡萄糖水。

（2）雏鸡饮氟哌酸水。初次饮水之后，要给雏鸡饮氟哌酸水，每 100 千克水中加 50 克氟哌酸，连饮 7 天，停 3 天，再饮 5 天，然后饮自来水。

（3）雏鸡饮水用具。前 7 天用小水桶或用罐头瓶改制的小水桶饮水，7 天后用水槽饮水。

（4）雏鸡饮电解多维。每次免疫前 2～3 天给雏鸡饮电解多维，按说明书中标明的用量添加，这时不能混饮其他药物。

四、饲养规模

育雏结束后需要逐步放入林下散养，这时必须要注意密度的问题，密度过大，可能会造成鸡群难以管理，密度过小，又无法进行合理的柴鸡养殖。适当的柴鸡养殖密度一般是以每亩50 只为宜。鸡群一般达到 2 000 只左右较为适合，少于这个数量，经济效益不理想，多于这个数量，管理上难度较大。

五、饲养管理

育雏结束后，选择叫声响亮、羽毛光润发亮、行动十分灵活的健康雏鸡，根据林地饲养规模情况和适当的养殖密度，分批放养。雏鸡放养的时候，可以采用训练的方式进行人工觅食习惯的培养。两个人互相配合工作，一个人投食，另一个人负责驱赶，形成鸡的抢食习惯。早上和晚上采用的方法相同，训练 10 天左右，就可以形成抢食习惯。等到 5 周大时，进入了育成期的放养。柴鸡白天吃虫子和草，晚上在太阳下山前 1 小时补充饲料。随着鸡龄的增长，育肥工作不断地进行，待到 25 周大时就基本完成了育肥工作，可以上市销售了。

第二节　林下鸭养殖技术

鸭肉营养丰富，适于滋补，是各种美味名菜的主要原料，一般人群均可食用。

近年来，各地人工林种植均有不同程度的发展，但人工林周期长见效慢、短期效益无法保证，可通过在林下空地养殖鸭子，使人工林和鸭子互利共生，增加林地短期效益，实现林牧结合，长短期效益互补的良性发展。

一、放养品种

应选用抗逆性强，既适于圈养，又可在林下空地放养，食性广、食量大、肌胃发达、消化能力强的旱养鸭品种，如金康一代高产蛋鸭、樱桃谷SM3、山麻鸭、吉安红毛鸭等，能用青粗饲料替代食料，节约成本。

二、放养时期

根据人工林地饲料资源情况，人工林下养鸭分为以放养为主时期和以圈养为主时期。最适放养时期为林内动植物繁衍生长盛期，一般在4月中旬至10月底。此时林内牧草生长丰茂，林副产品残留多，鸭子可采食各种青草、野菜和落地花、叶、果等植物性食料以及各种虫卵、蛹、爬行昆虫、毛虫和近地表飞虫等动物性食料。成年鸭全年都可以放养。

三、放养林地选择

鸭子行动笨，不能上树啄食，为人工林地低栏放牧提供了保证。凡是土壤和水源条件较好、主干较高、推行生草制或成林的人工林地均可放养。

温馨提示

放养的鸭子可起到有效控制杂草的作用，同时鸭粪还可为人工林提供优质肥源。

四、放养方法

（一）划定轮放区

根据放养鸭子的数量及林地面积划定轮放区，用高 50 厘米的尼龙网拦成几个区轮放。为便于管理一般每区以 3 500 米^2 放养 1 000 只左右为宜。人工林地面积小、养鸭数量少时，可以不分区，但应根据人工林内杂草及昆虫等的生长繁殖情况实行间断放牧。在轮放区内要为鸭子备足饮用水。

（二）棚舍建造

人工林下放养是在圈养的基础上开发的一项新技术，同样需有棚舍，以备晚上补饲、饮水、产蛋时使用。

鸭舍应选择在略微偏僻的地方，应远离干线公路，避免噪声较大，同时又要建在交通方便处，以便于饲料和产品运输，还应注意选择在地势高燥通风向阳的地方，并有一定缓坡，以利于排水通畅，千万不要建在低洼潮湿处，一是避免夏季暴雨造成洪涝灾害，二是潮湿环境中病原微生物繁殖影响鸭群健康，场址最好选择在沙质土壤上。可因地制宜，在不远离放养林地的情况下采用依山靠崖、旧建筑物改造等方法建造塑料大棚鸭舍，一般是在林间依托林木建立东西走向的高 2.5～2.8 米、宽 4～6 米、长 50 米左右的大棚，使大棚坐北向南，东西墙用红砖建造，南北为敞开式，棚顶覆盖塑料薄膜，再盖 12～15 厘米厚的稻草或麦秆。这种鸭舍冬季采光好，夏季通风，有冬暖夏凉的特点。应以 6～7 只/米^2 计算棚舍建筑面积，还要考虑料槽和饮水器槽占地。

根据不同的饲养方式对鸭舍有不同的要求：

1. 地面平养的鸭舍 在棚体内的北面挖一条宽 150 厘米、深 30 厘米的排水沟，沟上铺竹排和塑料网，网上放饮水器或饮水槽，这样能使水排在坑内，鸭子活动方便，舍内比较干燥卫生。同时棚内地面应高于棚外地面，中间高两边低，高于四周

50厘米以上，以防雨季进水；在地面平养的还要有5～10厘米厚的垫料，提供一个干燥干净舒适的生长生活环境。垫料可用稻壳、稻花、麦秸、干沙土等。

2. 网上养殖的鸭舍　在地面50厘米以上高度建造架子或架上竹排，上铺塑料网和围网，这样粪尿便直接漏下，比较卫生。棚架高于炉子，保温省煤，夏季易通风散热。肉鸭生活在干燥处，不与粪便接触，可减少疾病发生。

鸭舍建设还要考虑光照，在料筒上方要装灯泡，高2米，间距6米，灯泡为40瓦，有条件的可安装定时器，一周内24小时光照，两周后关灯1小时。

每100只雏鸭用一个直径45厘米的饮水器和一个料筒，均匀摆放，随着鸭子的生长，逐渐增加料筒和饮水器。

（三）调教雏鸭开食和饮水

雏鸭第一次采食叫开食，一般在雏鸭出壳后12～24小时调教最好。因为出壳不满12小时的雏鸭，身体软弱，行动少而缓慢，这时雏鸭可继续吸收利用体内剩余的卵黄，以满足其营养需要，因此不必马上喂料。12小时后，雏鸭行动开始活泼，并逐渐出现采食的行为，这时应尽快调教饮水和开食，要先饮水1小时后再开食。如果24小时后再饮水、开食，会造成雏鸭干脚脱水，严重影响雏鸭质量和成活率。调教雏鸭的具体方法：先提几只雏鸭使其饮用饮水器中的水，然后使其采食饲料盘中的雏鸭料，以带动其他雏鸭饮水、采食。雏鸭开食后，按每100只雏鸭1个料筒和1个饮水器，摆放均匀，保持清洁卫生，1周内饮水器和料槽内保持全天不断水、不断料（全价颗粒饲料为主），让其自由采食，但必须少给勤填，随吃随给，做到料舍内既有饲料，又不会料过多，以防腐败变质。随着日龄的增加，要不断分群，降低饲养密度。1周后每昼夜饲喂6次，2周后喂5次，3周后喂4次。

（四）育雏的温度、光照、湿度、密度、通风管理

温度是育雏的关键，直接影响雏鸭体温调节、运动、采食、饮水、饲料消化吸收等。1～3日龄，34～32℃；4～6日龄，28～30℃；7～10日龄，24～26℃；11～13日龄，20～22℃，温度逐渐降低，与环境温度逐渐一致。注意看鸭定温，温度过高时，鸭子会远离热源，张口呼吸喘气，烦躁不安，容易造成体质弱，抵抗力低；温度过低时，雏鸭扎堆，挤压，影响采食、饮水，容易造成惊吓或窒息死亡；温度适宜时，采食后静卧无声音，并且分布均匀。因此，冬季要防风保暖，防止温度过低造成挤堆压死；夏季要做到通风，喷水降温，防止中暑等。由育雏向育肥过渡时，温度要逐渐接近室外温度。

光照也是育雏的关键，因雏鸭胆小且采食、饮水频繁。为避免应激和骚动，应全天24小时光照。棚舍前后尽量少种树木，更不能密植，以便能使光线照到地面上，保证鸭子获得充足的光照。特别是冬季，可以在林外设置一块围栏空地，于中午前后将鸭子驱赶进去晒太阳。

湿度不宜过大。因为湿度过大，雏鸭呼吸困难，鸭体不适，容易造成病菌繁殖，发生疾病。雏鸭舍要尽量保持干燥，高温季节更要注意加大通风量，加快水汽排放。

肉鸭育雏密度过大，互相拥挤，会造成生长缓慢、发育不整齐，甚至造成伤残，诱发啄羽、啄肛，感染疾病等。网上育雏时较合理的密度是每平方米1周龄25～30只、2周龄15～25只、3周龄10～15只、4周龄8～10只，地面育雏较合理的密度按网上育雏的50%计算（注意冬季密度可大一些，夏季密度可小一些）。同时，按照每群200～300只进行分群饲养，对小鸭、弱鸭、伤鸭还要挑出来单独进行管理。

（五）放养密度

根据放养鸭的大小、强弱决定放养密度，掌握宜稀不宜密的

原则。一般平均每亩人工林地放养成鸭200～300只。

（六）按时补饲

林区内有大量的昆虫、林木害虫和植物种子等多种鸭子喜食的食物，但由于鸭子数量多，并不能满足其生长发育的需要。因此，为补充放养时期饲料的不足，对放养鸭要适时加强补饲。饲料可因地制宜，按科学方法自行配制。雏鸭放养从4周龄（青年鸭）开始，前期为育雏期，可圈养。雏鸭在早晚各补饲一次，以补充能量的不足。按早半饱晚喂足的原则确定补量，并逐渐减少喂饲次数和数量，促使鸭子自由采食。随着雏鸭的生长及放养林地食料的增多，可根据放养鸭啄食杂草、野菜、昆虫及林副产品的多少，决定放养鸭补饲的数量。以放养为主时期，晚上回舍棚后进行补饲，并备足饮用水，满足饮用。春天幼龄雏鸭放养前，要先进行适应外界温度变化的锻炼，逐渐进入放养林地内。夏季也可人工收割一些青草、蒿类、树叶等，经腐烂后，滋生各种昆虫供鸭食用。

另外，还要在空地上经常撒些细沙等，以助其消化。

五、加强监管，严防鼠害

林区内老鼠、蛇类、黄鼠狼等野生动物较多，对鸭子饲养造成了一定的危害，所以放养鸭要严防山猫、黄鼠狼之类野兽的侵害。侵害鸭的兽类都惧怕网具，因此采用尼龙网围圈放养区是有效的安全防御措施，不管放养多少只，也不管面积大小，都要用网围圈，并固定专人管理，明确责任，要经常维护棚舍，加强夜晚管理。特别是放养幼龄鸭，防鼠害更为重要，要加强监管，不能有一点马虎。同时，可养几条家犬，帮助预防兽类危害。

六、防疫灭病

放养鸭的防疫同样坚持“预防为主，防重于治”的方针。要按照常规防疫程序，定期进行疫苗接种，做好防疫灭病工作。场区入口处应设立消毒池，对进出人员和车辆进行消毒。要经常对棚舍周围环境及有关器具进行清扫、清洗和消毒。应定期进行环境消毒和带禽消毒。环境消毒可用生石灰、草木灰或火碱进行。带鸭消毒可选用对人禽无毒或低毒的药物，如百毒杀等。防疫可根据各品种的防疫程序执行。

对新出壳的雏鸭，由于个体小，抗病力弱，为提高成活率，防止造成育雏期的高死亡率，必须在健雏、弱雏分别饲养的前提下，本着“预防为主”的方针积极搞好雏舍消毒，做好雏鸭常发病的药物预防和疫苗注射。

1. 搞好检疫　严禁从疫区引进鸭苗。

2. 鸭舍消毒　将饲料桶、饮水器等可移动的设备搬到舍外洗刷干净后消毒或日光暴晒。彻底清除鸭舍内的粪便、污物，高压冲洗塑料网、地面、墙壁，喷洒消毒液，然后晾晒干备用。选择使用消毒剂时，要2～3个不同种类的消毒剂交替使用，防止细菌产生抗药性。

3. 疾病治疗　重点预防雏鸭常发的沙门氏菌病、大肠杆菌病、支原体病，1～7日龄用恩诺沙星和环丙沙星，10～20日龄添加复方气管炎片；用药时注意交替使用。

4. 疫苗注射　1～3日龄雏鸭应用鸭瘟鸭病毒性肝炎二联活疫苗进行皮下或肌内免疫注射，0.5毫升/只；5～7日龄雏鸭应用鸭传染性浆膜炎灭活疫苗皮下注射，0.5毫升/只；10～15日雏鸭应用禽流感灭活疫苗肌内注射，0.5毫升/只；25～30日龄雏鸭应用鸭瘟弱毒苗肌内注射，0.5～1毫升/只。注射疫苗时加电解多维或维生素C粉拌料，注射疫苗前后应停用抗生素1～2天。

七、防止中毒

放养人工林地在必须喷施农药时，严禁喷剧毒农药。应使用

低毒高效农药或低浓度低毒农药。在喷药期间，实行限区围栏放养，以避免因乱放而中毒。也可将鸭圈养 3～5 天，然后再放入放养区。在限区放养时，可适当增补饲量。

八、把握市场

经过一段时间的饲养，鸭子出栏时间可视市场行情而定。市场价格高时，可以提前出栏；价格低时，可适当晚几天。但必须注意，最后阶段鸭子增重所获增值应等于或近似于最后阶段的饲养成本，这样才能获得最佳经济效益。

第三节　林下鹅养殖技术

鹅全身都是宝，羽毛是富贵华丽的服装用料，鹅肝是餐桌上的美味，鹅肉营养丰富，氨基酸完全，脂肪是单一不饱和脂肪酸，价值可与羊肉相媲美，是高档餐馆的必备。鹅肉性平、味甘，具有益气补虚、和胃止渴、止咳化痰、解铅毒等作用，可预防慢性病、补虚益气、暖胃生津。

造林投入产出的周期较长，即使是速生林前 5 年也没有收益，一般种植户很难坚持，特别是到第三年，树冠郁闭度在 0.7 左右时已不适合种植农作物，此时可改种牧草放养鹅，80～90 天出栏，平均每只鹅获利 10～15 元，可以实现“种养结合，长短期效益互补”的良性循环。

一、林木选择

林地密度应为 2 米×3 米或 3 米×3 米，树木要求树龄 3 年以上，郁闭度 0.7 左右的速生林。这样，肉鹅生长过程中，上有树冠遮阳，可防止阳光直射，利于牧草和鹅生长。

二、牧草选择

牧草可选择适合林地种植，青绿期长、适口性好，鲜草产量高、营养丰富，有良好的耐践踏性和持久性，每年可多次刈割的俄罗斯饲料菜、紫花苜蓿或白三叶、冬牧 70 黑麦草等。这些牧草植株较矮，不影响树木生长。有树木遮阳，俄罗斯饲料菜不易得枯叶病；紫花苜蓿盛草期延长，且能提高产草量；白三叶本身喜阴，色泽翠绿，适口性强，营养丰富；冬牧 70 黑麦草 10 月播种，冬春生长，利于牧草生长。

三、鹅棚选址及建棚

大棚应建在远离村庄和交通干道，但交通便利、地势较高、排水良好、通风透光的林间空地上。设计跨度以林间行距为限，长度可根据饲养数量灵活掌握，每平方米 5～10 只，每棚以饲养 1 000 只左右为宜。棚内地面垫 15～20 厘米厚沙土，使其高于四周，以利排水。大棚最好坐北朝南，南北两头用砖砌墙或围竹篱笆，高 60～80 厘米，每间留一活动小门，棚顶塑料薄膜应处于活动状态，取放方便，以利于通风和保温，棚内温度高时打开，风雨天或低温时放下。

四、鹅种选择

若搞纯种繁育，可选择五龙鹅、四川大白鹅、皖西白鹅等，品种越纯越好。若养商品肉食鹅，可选择扬州白鹅、潍坊三元杂交肉食鹅等。

五、进雏前消毒试温

引种前要做好育雏舍的卫生消毒试温工作。消毒药品最好选择正规厂家生产的鹅专用消毒剂，如养殖棚以前养过禽类，在彻底打扫卫生的同时最好选用福尔马林和高锰酸钾熏蒸消毒。进雏前2～3天进行试温，检查供热系统是否完好，观测温度是否均匀、平稳，以满足育雏舍温的要求。

六、雏鹅的日常管理

雏鹅饲养是养鹅的关键时期。雏鹅培育的成败直接影响到中鹅的生长发育。

雏鹅的日常管理主要包括环境调控和饲养管理两个方面。

1. 环境调控

（1）保温。鹅苗刚出壳时，自身的体温调节机能比较差，既怕冷又怕热，必须实行人工保温。温度是否合适，可根据雏鹅的动态、叫声和吃食情况来判定。温度过低时，叫声低而长，聚集在一起互相挤压、打堆，不愿活动，不吃食，容易引起感冒、压死和冻死；温度过高时，鹅彼此分离，张口呼吸，叫声高短，两翅下垂，饮水频繁，容易引起呼吸道疾病或热死；温度适宜时，雏鹅均匀散开，表现安静，活动自如，无异常叫声，吃饱喝足后，安静入睡。在育雏时要经常观察雏鹅的表现，及时采取相应措施，温度偏高时要通风散热，温度偏低时要升火加温。育雏温度要平稳，不能忽高忽低，以免影响雏鹅体质。适宜的育雏温度是1～5日龄时为27～28℃，6～10日龄时为25～26℃，11～15日龄时为22～24℃。

（2）湿度。1～10日龄雏鹅，相对湿度应保持在60%～65%，10日龄后，相对湿度应保持在55%～60%。防湿主要是勤换垫草，并及时清理粪便，保持地面干燥和环境清洁卫生。

（3）饲养密度。合理的养殖密度有利于雏鹅的生长发育，一般雏鹅平面饲养时，1～2周龄为15～20只/米^2，3周龄为

10只/米^2，4周龄为5～8只/米^2，5周龄以上为3～4只/米^2，每群最好不超过200只。

（4）通风换气。为了保证鹅舍的空气质量，必须注意鹅舍的通风换气。在鹅舍2米高处要留有换气孔，以排出育雏舍内的水分和氨气，而且还可以避免风直接吹在雏鹅身上，以免受凉。冬季，在保温的情况下必须注意每天中午温度较高时通风换气。

（5）光照。育雏期间，一般要保持较长的光照时间，有利于雏鹅熟悉环境，增加运动，便于雏鹅采食、饮水，以满足生长的营养需求。1～3日龄光照时间为24小时，4～15日龄为18小时，16日龄后逐渐减为自然光照，但晚上需要开灯加喂饲料。夜间的光照强度，0～7日龄每15米^{2}用1盏40瓦灯泡，8～14日龄换用25瓦灯泡，高度距鹅背部2米左右。

（6）消毒。一个干净卫生的环境，可以大幅度减少鹅群的生病。使用除臭消毒剂，可以有效降低圈舍氨气等有害气体及粪便的臭味，改善饲养环境，增进鹅群健康。使用益生菌制剂喷洒圈舍内，能够使环境中的有益菌数量远远超过有害菌群数量，从而抑制有害病菌的生存。

2. 饲养管理

（1）及时“潮口”。雏鹅第一次饮水称为“潮口”，可促进卵黄吸收、胎粪排出。“潮口”最好在出壳24小时之内，当雏鹅绒毛干爽并行走自如，有啄食手指行为和垫料时进行，要保证每只雏鹅都能饮到充足的水，水内按比例添加育雏宝。

（2）适时开食。鹅在首次饮水后表现有伸颈张口等啄食行为时即可开食，否则营养供应会脱节。

（3）精心饲喂。饲料主要是精饲料和青饲料，二者比例为1∶1。青饲料切碎，精饲料可采用鸡鸭开口料，3日龄内每天喂6～8次，4～10日龄每天喂4～6次。

（4）分群。育雏期间，应根据雏鹅的生长发育情况及时分群，分群时间一般在7日龄、15日龄、20日龄进行，每小群以50～60只为宜。对一些体质弱的雏鹅，应单独开小灶饲养，多给精料和优质草料，让它们尽快赶上群体水平后再合群饲养，以保证雏鹅生长整齐，提高育雏率。

（5）适时放牧。11～20日龄，以青饲料为主，并开始放牧，让鹅自由采食青草。为防止牧草污染和提高产草量，还可以人工收割切碎后与精饲料搭配饲喂，此时精饲料、青饲料比例为1∶2。30日龄后青饲料比例可增加到80%～90%，70日龄时，精饲料占日粮的30%～40%，经过15～20天催肥，即可出栏。

七、中鹅的饲养管理

中鹅是指4～10周龄的青年鹅，中鹅生长发育的好坏，与上市肉用仔鹅的体重大小有密切关系。雏鹅经育雏和放牧锻炼，消化能力和抵抗能力增强。中鹅阶段以放牧为主，补饲为辅。

放牧的场地要由近到远，实行分区轮牧，轮牧间隔时间15天以上。放牧时间逐渐延长，每天要吃五六分饱，以适应鹅多吃多拉的特点，如放牧吃不饱，应给予补饲。放牧人员放牧时以相应的信号使鹅建立条件反射，养成良好的生活规律，便于管理。

八、育肥仔鹅的饲养管理

中鹅经过充分的放牧饲养以后，完成了第一次换羽，具有一定的膘度，除选留一部分作为备选种鹅外，其余的则育肥出售。用于育肥的仔鹅叫育肥仔鹅，通常指10周龄以上的商品性仔鹅。饲养上要充分喂养，快速育肥；管理上要限制活动，保持安静，控制光照。仔鹅的育肥方式有两种：一是放牧育肥，成本较低，放牧场地除了有充足的青饲料外，还要有较多的谷实饲料，如野草的种子，收获后的稻田或麦田内的落谷等，如谷实类饲料较少，则必须酌情补饲；二是舍饲育肥，这种方法生产效益高，育肥均匀度比较好，适合集约化饲养，日粮最好喂给全价育肥饲料（参考饲料配方：玉米40%、稻谷15%、鱼粉3.7%、米糠10%、麸皮19%、肉粉1%、菜籽粕11%、食盐0.3%），自由采食，一般育肥密度为每平方米4～6只。放牧育肥一般可增重0.5～1千克，舍饲育肥可增重1～1.5千克。

九、病虫害防治

（一）消灭越冬虫卵，降低虫口密度

晚冬至早春进行一次全面的病虫防治，选择高效、低毒、低残留、对人畜安全的农药；刮除树木病斑，在树干2米以下进行树干涂白，以增强树势及抗病力。涂白液配制方法：生石灰＋石硫合剂＋食盐＋清水，按5∶1∶1∶20的比例进行配制。进鹅苗后尽量减少喷洒农药次数，每次喷洒农药15天内禁止放牧，严防农药中毒。

（二）雏鹅防疫

1日龄注射抗小鹅瘟高免血清，春季0.5毫升/只，夏季1毫升/只，15日龄注射鹅副黏病毒疫苗0.5毫升/只。

十、鹅主要传染疾病的防治

（一）小鹅瘟

该病是由鹅细小病毒所致的雏鹅烈性传染病，多发于4～20日龄的雏鹅，发病率和死亡率可达95%～100%。病雏没有精神，掉群，打瞌睡，不愿吃食，喜欢喝水，排粪为灰白或淡黄绿色，并混有气泡。鼻孔流出浆液性分泌物，呼吸用力，临死前两腿麻痹或抽搐。

预防：主要通过种鹅的免疫使雏鹅获得母源抗体。雏鹅也可注射小鹅瘟高免血清或雏鹅用疫苗防止小鹅瘟的发生。

（二）鹅副黏病毒病

该病是由鹅副黏病毒所致的烈性传染病，各种日龄的鹅群均

有高度易感性。鹅群发病率为40%～100%，死亡率为30%～100%，两周以内的雏鹅发病率和死亡率均可达100%。鹅发病后精神委顿、不食，拉黄白色稀粪。

预防：主要是通过注射灭活疫苗或抗鹅副黏病毒病抗体预防。

（三）鹅疫

该病是近几年出现的一种病毒性烈性传染病，各种日龄的鹅群均有高度易感性。雏鹅的发病率可高达100%，死亡率可达95%以上，其他日龄的鹅群发病率一般为80%～100%，死亡率为60%～80%。预防主要是注射灭活疫苗或抗鹅疫抗体。

（四）鹅病毒性肝炎

该病是雏鹅的一种急性病毒性传染病，主要侵害5～20日龄的雏鹅。饲养管理不善，如饲料中缺维生素和矿物质、鹅舍潮湿、拥挤均可促使此病发生。病鹅精神沉郁、呆滞，食欲废绝，尚有饮欲；闭眼昏睡，缩头拱背，集堆或离群独处；有的软脚站立不稳，几小时后出现神经症状，全身抽搐，倒向一侧，头弯向背部，两腿阵发性痉挛，呼吸困难，有的出现腹泻，死后多呈角弓反张。

防治：以预防为主，种鹅在开产前接种弱毒疫苗是行之有效的预防方法。发病雏鹅注射病毒性肝炎的高血清或高免蛋黄液效果良好。

（五）鹅霍乱

鹅霍乱又叫禽出血性败血病或巴氏杆菌病。鹅霍乱病菌在自然界中分布较广，有时存在于健康鹅的呼吸道，当鹅的抵抗力下降时容易引起发病。最急性病例常无前期症状而突然死亡，有时边吃饲料边死亡，有时在奔跑时突然倒地，有时在交配时突然坠下，翅膀扑动几下即死亡。急性病例占多数，精神沉郁呆钝，离群独处，尾翅下垂，打瞌睡，少食或不食，体温高至43～44℃，身体消瘦，咳嗽，眼鼻有分泌物，后期呼吸困难，左右摇头或发出咯咯的呼吸声，排黄色、灰色稀粪。鹅的肉瘤变青紫色，病鹅衰竭麻痹而死。慢性病例除具有上述症状外，其关节肿胀、化脓、跛行，排泄物有一种特殊的臭味，少数病鹅出现神经症状，病程可外延长到数周。

预防：平时要搞好饲养管理，增强鹅的抵抗力，及时接种疫苗。

（六）鹅出血性败血病

该病是由禽多杀性巴氏杆菌所致的各种禽类的一种急性败血性传染病，多发生于青年鹅和成年鹅。

预防：注射灭活苗或活菌苗。

（七）鹅鸭疫里默氏杆菌病

该病是由鸭疫里默氏杆菌引起的一种接触性的鹅传染病，多发生于2～7周龄的雏鹅和仔鹅，常呈败血症，急性或慢性。

预防：注射灭活苗或活菌苗。

（八）曲霉病

曲霉病又称曲霉菌性肺炎，是由烟曲霉、黄曲霉、黑曲霉等所致的一种家禽常见的霉菌病。雏鹅常呈暴发性，1～15日龄时最为易感，发病率很高，死亡率可达50%。病原及其孢子广泛存在于稻草、谷物、木屑、发霉的饲料及墙壁、地面、用具和空气中。本病主要侵袭呼吸系统，表现为呼吸困难，张口呼吸，颈部气囊明显肿大，眼鼻流液，闭眼无神，食欲减少或消失，有些发生曲霉菌性眼炎，其特征是眼睑黏合，分泌物增多，使眼睑鼓凸。

防治：不使用发霉的饲料和垫料；对病鹅每只每日用霉菌素3～5毫克拌饲料中喂服，每天可喂两次，连用3天，停药2天，连续2～3个疗程。

（九）绦虫病

该病是由矛形剑带绦虫等多种绦虫所致的鹅肠道寄生虫病，常造成仔鹅较高死亡率。成虫寄生在鹅小肠内，节片随粪便排到外界，崩解后虫卵散落水中，被水中剑水蚤吞食后，幼虫从虫卵中逸出，并在剑水蚤体内发育成为似囊尾蚴。鹅吞食了含有似囊尾蚴的剑水蚤而感染。绦虫对鹅的危害主要是吸取营养，产生毒素和机械刺激，鹅感染后出现消化不良，食欲不振，渴感增加，粪便稀臭，先呈淡绿色，后变淡灰色，时有血便，混有长短不等的虫体孕卵节片。

防治：主要是避免在死水池塘放鹅。药物治疗采用硫双二氯酚、丙硫苯咪唑等。

（十）球虫病

该病由艾美尔属和泰泽属的各种球虫寄生于鹅的肠道引起，雏鹅的易感病性高。主要特征是病鹅消瘦、贫血和下痢。鹅感染本病后，其症状依发病情况和病程长短分为急性和慢性。急性病程数天到2～3周，多见于雏鹅，开始精神不佳，羽毛松乱无光泽，缩头，行走缓慢，闭目呆立，有时卧地头弯曲舒至背部羽下，食欲减退或废绝，喜饮水，先便秘后拉稀，粪便由稀糊状逐渐变为白色稀粪或水样稀粪，使泄殖腔周围黏有稀粪。后由于肠道损伤及中毒加剧，翅膀轻瘫，共济失调，渴感增加，食道膨大部充满液体，食欲废绝，稀粪便水带血，后期逐步消瘦，发生神经症状，痉挛性收缩，不久即死亡，雏鹅死亡率较高。

预防：加强饲养管理，场地卫生消毒是防止发病的重要措施。鹅群可用磺胺类药物、氯丙林、球虫灵等药物预防和治疗。

（十一）鹅裂口线虫病

该病是寄生于鹅肌胃的鹅裂口线虫引起的一种寄生虫病，主要危害小鹅，常造成大批死亡。患鹅出现食欲不振甚至废绝，消化障碍，生长受阻，精神沉郁，体弱，贫血，下痢。

预防：搞好鹅舍卫生，加强消毒。治疗上定期用左旋咪唑、阿苯达唑驱虫。

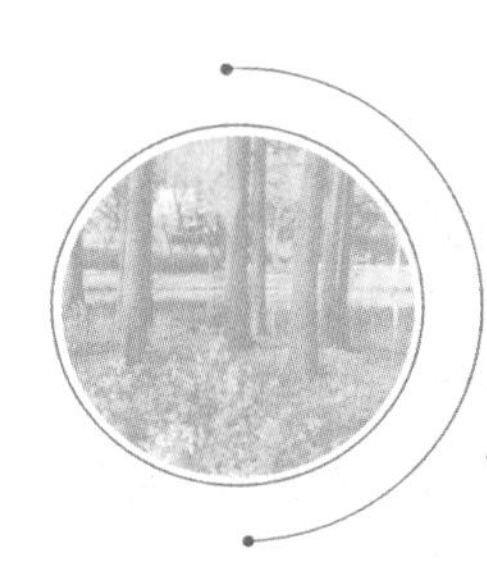

第十一章 林畜模式

在中龄林下空地种牧草，在林地下适度饲养肉猪、肉牛、奶牛、山羊、兔等畜类，可实现林下中短期效益互补，促进林业经济良性发展的目标。

第一节 猪沼竹循环养殖技术

猪为杂食类哺乳动物，猪肉味甘咸、性平，补肾养血，滋阴润燥；猪脑有益肾补脑的功效；猪肺可以补肺润燥，治疗肺虚久咳、咳血等症；猪心性平，有养心安神、定惊的功效；猪肝是补肝养血明目的佳品，可以治疗贫血、肝血不足导致的目昏眼干、夜盲症等症；猪肚有补脾胃的功效等。

一、猪-沼-竹生态种养模式的基本理念

麻竹笋加工废弃物蛋白饲料-猪-沼-竹生态种养模式是以麻竹笋加工废弃物生产植物蛋白饲料和生猪粪便生产沼气为核心，把麻竹种植、生猪养殖和农户生活三个孤立的活动组合成一个开放式的互补系统，使一种生物的废弃物成为另一种生物的养料或生产原料，实现物质循环利用，实现经济、社会和生态环境效益的高度统一。

将麻竹笋加工废弃物通过青贮或氨化生产植物蛋白饲料喂养生猪；猪的排泄物经干捡粪和固液分离后，粪渣固体经过堆积发酵制成有机肥，将其运输至麻竹林等用于基肥或追肥。污水及猪尿进入沼气池厌氧发酵，产生的沼气作为猪场及周边农村居民的加热能源或用于沼气照明等，沼液则通过专门管道或车辆运输至麻竹林地进行处理。这种模式把麻竹加工废弃物作为饲料被生猪取食，再将猪场粪污作为有机肥被种植的麻竹完全吸收利用，麻竹笋加工废弃物和猪场粪污既不会对环境及水源造成污染，又解决了麻竹笋加工废弃物污染环境的突出问题，还解决了麻竹林的有机肥来源问题，可实现变废为宝、环保生态的目的。

二、猪-沼-竹生态循环利用技术

（一）麻竹林选择

按照种养平衡的原则，根据生猪养殖规模，按照每亩麻竹林地承载生猪限量 1～3 头的要求选择盛产期的麻竹林。

（二）确定猪场规模

按照种养平衡的原则，根据麻竹林地面积和每亩麻竹林地承载生猪限量 1～3 头的要求确定生猪养殖规模。

（三）猪场建设

猪场选址要求在当地农业、自然资源、林业、生态环境等部门统一规划的适度养殖区内进行，猪场周围必须要有绿化隔离带或其他防疫措施，最重要的是要有足够面积的配套麻竹林地等进行沼液处理。

（四）沼气配套设施建设

可根据猪场每天产生的沼液量来确定沼气池的容积。沼气池的容量一般按照可容纳 9 天以上沼液量进行计算。

（五）储液池处理设施建设

储液池按存栏猪 0.2 米^3/头、稀释池按存栏猪 0.15 米^3/头的标准进行建造，在每个山坡顶部分别设计储液池和稀释池，盖上顶棚屋顶，防止雨水进入池内，池底防水防漏。储液池建筑总容量不得低于麻竹林生产用肥的最大间隔时间内养猪场排放沼液的总量。

（六）麻竹林沼液管网铺设

先将主管道接入稀释池中，自稀释池沿麻竹林与等高线垂直方向布设主管道，再按麻竹栽植的株行距用三通分段沿麻竹林与等高线平行方向布设自流管道，至每一丛竹林处用三通安装喷头。

（七）麻竹笋加工废弃物蛋白饲料配方

麻竹笋加工后废弃的笋节添加5％统糠＋3％玉米粉＋0.5％甲酸进行青贮，作为生猪的青饲料。

麻竹笋加工后废弃的笋壳添加5％统糠＋3％玉米粉＋0.5％甲酸＋0.5％尿素进行氨化，作为生猪的氨化饲料。

（八）猪场与麻竹林配套管理技术

1. 合理设计，节约用水 将含有猪粪尿的污水进行固液分离，粪渣固体和人工清粪一道进入大容量堆积池自然发酵成有机肥，集中运输至麻竹林等用于基肥、追肥，减少排水量，减轻粪液处理系统后阶段的压力。

2. 连接沼气池与储液池 通过污水泵和管道将沼气池与储液池相连，当沼气池快满时用污水泵将沼液抽到储液池沉淀，每隔30天将储液池中已经沉淀的沼液通过稀释池稀释后，启用喷灌系统给麻竹林自动喷施沼液。

三、应用推广及效益

麻竹笋加工废弃物蛋白饲料-猪-沼-竹生态循环模式在重庆市荣昌区双河街道应用推广，据估算，在500亩麻竹林周围建立了年出栏750头的养猪场2个，每年利用竹笋加工废弃物生产的

植物蛋白饲料喂猪，年可节约饲料成本 36 万元；对养殖污水进行治理，经发酵产生的沼气除可作为猪场的加热能源或用于照明外，还可供给本村 100 多户村民作为生活燃料和照明用，年可节约能源开支 18 万元；同时在猪场周边 500 亩竹林中铺设管网，将竹林分成 3 个区块轮流喷施沼液，使猪场产生的沼液得到资源化利用，建成了麻竹笋加工废弃物氨化饲料-猪-沼-竹生态循环模式。施用沼液的麻竹林笋、材、叶、苗比未施用沼液的竹林单产分别提高 150.00%、10.00%、10.00%、100.00%，每亩收入可达 4 240 多元，促进增收 1 700 多元。沼渣免费提供给国家现代农业示范区制作有机肥，不仅减少环境污染，还可生产有机食品，真正实现“减量化、资源化、无害化”的治污原则，取得了理想的治污效果，有效地保护了猪场周边的生态环境，确保了养猪业和麻竹生物产业的可持续发展。

第二节　林下牛养殖技术

牛肉味道鲜美，营养丰富，富含肌氨酸、丙氨酸、维生素 B_6、维生素 B_{12}、肉毒碱、蛋白质、亚油酸、钾、锌、镁、铁等，具有补中益气、滋养脾胃、强健筋骨、化痰息风、止渴止涎的功能。牛奶中含有丰富的蛋白质、脂肪、维生素和矿物质等营养物质，乳蛋白中含有人体所必需的氨基酸；乳脂肪多为短链和中链脂肪酸，极易被人体吸收；钾、磷、钙等矿物质配比合理，易于人体吸收。

林下养殖肉牛和奶牛，是利用林地夏季有树冠遮阴，比外界低 2～3℃而给牛创造良好的环境，适合牛的健康生长；同时，林木可吸收二氧化碳释放氧气，可灭菌滤毒、预防疾病、保护健康，还可净化空气、净化污水、消减污染。在林下养牛可减少绿化带建造费用，减少废水、废气对环境的污染，牛肉和牛奶产品更绿色环保。本节仅介绍肉牛养殖技术。

一、牛场及圈舍建设

林下养牛场地要求地势高燥、向阳、平坦、避风、有缓坡。坡度以1%～3%为宜。要求水量充足，水质清洁。

牛舍的排列方式分为单列、双列、多列布局。一般规模小的牛场采用单列式布置，随着规模的扩大可采用双列式或多列式布置。

肉牛场一般分生活区、管理区、生产区和病牛隔离治疗区。4个区的规划是否合理，各区建筑物布局是否得当，直接关系到牛场的劳动生产效率，场区小气候状况和兽医防疫水平，影响到经济效益。

二、牛的品种

国内较为优秀的肉牛品种有陕西的秦川牛、河南的南阳牛、山东的鲁西牛等，它们既可单独饲养，又可作为与外种肉牛杂交的母本。在我国饲养较多的国外优秀肉牛品种有西门塔尔牛、海福特牛、安格斯牛、利木赞牛、夏洛莱牛等，多用作杂交父本。

三、牛的饲养管理

（一）犊牛的饲养管理

1. 新生犊牛的护理　清除口鼻黏液；断脐；生后1小时内让其吃到初乳。

2. 犊牛早期断乳　一般犊牛在4～8周龄断乳，称早期断乳。

3. 犊牛的管理

（1）犊牛的卫生管理。哺乳用具每次用完后要及时洗净，用前消毒；擦干犊牛口鼻周围残留的乳汁，防止养成舔癖；每日刷拭一次，保持牛体清洁，使犊牛健康，养成温驯的性格。

（2）犊牛栏的卫生。户外单栏培育的犊牛舍为一半敞开式单间，前面设一简单犊牛围栏，并有小饲槽与草架。群栏培育，3 月龄后由单栏转入群饲，每栏约 5 头。

（3）运动与放牧。犊牛应在 10 日龄起开始运动，逐渐增加运动量，第二个月后开始放牧。

（二）育成牛的饲养管理

育成牛又称后备牛、青年牛。育成牛在体型、体重、乳腺等方面发育迅速，相对而言，需要较多的能量及钙、磷的补充。饲养管理上往往过于粗放，而导致体重不足。

1. 育成牛的饲养

（1）6～12 月龄的育成牛饲养。1 岁以内的育成牛仍需喂给适量的精料（1.5～3 千克/天）。为节约成本，可用尿素代替 20%～25%的粗蛋白。

（2）12 月龄至初次配种的育成牛饲养。只喂优质青粗料就能满足需要，青粗料质量差时可补给精料，并注意矿物质、食盐的补充。

（3）受胎至第一次产犊的育成牛饲养。妊娠前期仍按配种前的水平饲养。到产前 3 个月，饲料以优质青粗料为主，体积不宜太大，以免压迫胎儿，另外加喂精料 2～4 千克/天，喂量逐渐增加，以适应产后大量喂精料的需要。

2. 育成牛的管理

（1）分群。公母犊牛在 6 月龄后，必须分开饲养。

（2）刷拭。每天 1～2 次，每次 5 分钟。

（3）初次配种。体重达到成年牛的 70%时可进行初次配种。

（三）生长肥育牛的饲养

1. 持续肥育　犊牛断乳后就转入肥育阶段进行肥育，直至达到出栏体重。优点：饲养期短，增重高，总效率高。

2. “架子牛”后期集中育肥　犊牛断乳后给予粗放的饲养管理，牧草条件差，犊牛不能持续保持较高的增重速度，形成架子牛，应在屠宰前加强育肥，拉长饲养期并以后期补偿的方式使牛达到出栏体重。

四、肉牛的饲料加工与调制储存方法

（一）青贮饲料

1. 青贮饲料制作程序

（1）刈割和运输。各种青贮原料应及时刈割，一般禾草在孕穗至抽穗期，豆科牧草在孕蕾或开花初期刈割，随割随运。调制半干青贮时，牧草先在草场上干燥半天，然后耧成草垄进行阴干晾晒1～1.5天，使禾草的含水量降到不低于45%，豆科牧草为50%左右。

（2）切碎或铡短。一般切碎长度为2～3厘米。

（3）装窖和镇压。原料要逐层平摊装填，同时要踏紧，或镇压，排除空气。将适时收割的牧草或农作物秸秆及时运到青贮窖房，收运的时间越短越好。

在窖底先铺一层20厘米厚的干麦草，把切碎的青贮原料装入窖内，每次填入窖内约20厘米厚，用人力或机械充分压紧踏实，边切、边装、边踏实。

温馨提示

特别是窖的周边，更应注意踏实，直到装至高出窖面20～30厘米为止。

每立方米青贮料的重量，随制作时期和原料不同而有较大的差异，一般为400～500千克。

（4）封盖。原料装填完后，应立即密封。严格密封，防止透气漏水，是调制优良青贮料的关键之一。当原料装填与窖口四周边缘相平时（中间可高出一些，呈弓形），在原料上面加盖10～20厘米厚整株青草，踏实，随即覆土30厘米封严，或在原料上面覆盖塑料薄膜，薄膜上再压10～15厘米的沙土。封窖后头几天内原料下沉，顶部会出现裂缝，要及时加土填实，防止透气漏水。

（5）管理。密封以后，应经常检查，发现有漏气处时要重新密封；为防止雨水渗入窖内，四周应挖排水沟。

2. 混合青贮 青贮原料的种类繁多，质量各异，如有的干物质含量很低，有的则过于干燥，有的碳水化合物含量少，有的蛋白质含量少等，如果将两种或两种以上的青贮原料进行混合青贮，彼此取长补短，既能保证青贮易于成功，又能保证青贮质量。如甜菜叶、块根、块茎类可与秸秆、糠混合青贮，使青贮效果更好；豆科牧草与禾本科牧草混合青贮更容易成功。

3. 青贮饲料的饲喂方法 肉牛对青贮饲料的适口性强，采食量高。但第一次饲喂青贮饲料，有些个体可能不习惯，可将少量青贮饲料放在食槽底部，上面覆盖一些精饲料，等其慢慢习惯后，再逐渐增加饲喂量。

实践中，应根据青贮饲料的饲料品质和发酵品质来确定适宜的日喂量。适宜的青贮饲料喂量，一般每天每头为1.5～2千克。妊娠母牛应适当减少青贮饲料喂量，妊娠后期停喂，以防引起流产。

（二）氨化秸秆

1. 原料选择 玉米秸秆、稻草、高粱秸秆、小麦秸秆、皇竹草等。秸秆的含水量以30%～40%为宜。

2. 氨化池的修建 常见的氨化池有水泥池、塑料袋、水缸等。水泥池的规格为长2米×宽1.5米×深1.5米，中间隔断。可采用地下式、半地下式和地上式3种形式。修建地下式氨化池要高出地面5厘米左右，以防止浸水。塑料袋选用0.1～0.2毫米的无毒聚乙烯塑料薄膜，可制成长2米×宽1米的规格，塑料薄膜要求厚薄均匀，无孔眼。

3. 尿素用量　每100千克秸秆（干物质）用尿素3～4千克。

4. 氨化操作程序　将氨化原料切碎成2～3厘米长。根据所称秸秆重量，称量出尿素用量，即100千克秸秆（干物质）用3～4千克尿素，并将尿素溶解于30～40千克水中。采用分层装填，每一层装20～30厘米厚，用喷壶将尿素水喷到秸秆上，边喷洒，边搅拌，一层一层地喷洒，一层一层地踩压，一直到池顶，顶部做成馒头状，切忌出现夹干层。无论是水泥池，还是塑料袋、水缸氨化秸秆，必须以无破损、不透气、不漏水为准。

5. 氨化时间　氨化时间长短决定于外界气温高低。气温高，时间短；气温低，时间长。气温17～25℃，氨化时间4周。

6. 氨化饲料的饲喂方法　氨化好的饲料为棕色或深蓝色，打开时有氨味，放出氨气后气味糊香，质地柔软。取出氨化料，放晾1～2天即可饲喂。氨化饲料取出后，池口要封严。一般当天取出，明天饲喂。饲喂氨化饲料应由少到多，逐步改善其适口性，可采取少给勤添，或与青草混喂的办法。犊牛或母牛怀孕后期不宜饲喂氨化饲料。

五、肉牛短期育肥技术

（一）选择好育肥牛

育肥牛要选改良的西门塔尔牛、夏洛莱牛、利木赞牛等健康无病、体重250千克以上、1～2周龄的未去势杂种公牛，选择眼亮有神，鼻镜湿润，嘴巴大，食欲强，采食量大，四肢粗壮，被毛光亮，体躯长，胸深而宽的牛较好。

（二）选择好饲喂方法

育肥前要驱除体内外寄生虫，用虫克星，每10千克体重皮下注射0.2毫升，或口服剂量为每千克体重0.1克；驱虫3天后，每头牛口服大黄去火健胃散350～400克健胃。加料时先粗后精，最后饮水。

（三）选择好饲料搭配

1. 育肥前期饲料搭配 酒糟6～8千克、玉米面2～3千克、豆粕0.75～1.0千克、食盐50克、添加剂50克、玉米秸5千克，开始喂酒糟时少量添加，经10天适应后再逐渐增加喂量。

2. 育肥中期饲料搭配 酒糟10～15千克、玉米面3千克、豆粕1千克、食盐50克、添加剂50克、玉米秸4～5千克。

3. 育肥后期饲料搭配 酒糟10～15千克、玉米面2千克、豆粕0.5～1千克（或尿素100克）、食盐50克、添加剂50克、玉米秸3.5～5千克。吃剩下的饲草饲料不能过顿或过夜，酒糟要新鲜优质，腐败、发霉及冰冻或带沙土的不能饲喂，以防中毒。如利用尿素代替豆粕时，要将尿素先溶解在少量水中，拌在精料中喂给，千万不能溶在水中直接饮用。尿素喂量一般成年牛每头日喂量以不超过100克为宜，以免中毒。

（四）选择好出栏时期

经过3～4个月短期育肥，牛已达到膘肥体壮，一般屠宰率可达58%，净肉率达50%，平均日增重可达1.25千克以上，此时育肥牛已增长到一定体重，如市场价格看好，应迅速出售，卖上好价。否则会增加饲养成本，降低增重速度，影响经济效益。

（五）肉牛持续育肥的几种方法

持续育肥是指犊牛断乳后，立即转入育肥阶段进行育肥，直到出栏，有以下两种方法：

1. 舍饲持续育肥技术 可充分利用随母哺乳或人工哺乳：

0～30日龄，每日每头全乳喂量6～7千克；31～60日龄，8千克；61～90日龄，7千克；91～120日龄，4千克。在0～90日龄，犊牛自由采食精料补充料。91～180日龄，每日每头喂精补料1.2～2.0千克。181日龄进入育肥期，按体重的1.5%喂精补料，粗饲料自由采食。犊牛转入育肥舍前，对育肥舍进行彻底消毒；育肥舍可采用规范化育肥舍或塑料膜暖棚舍，舍温以保持在6～25℃为宜，确保冬暖夏凉。当气温高于30℃时，应采取防暑降温措施。犊牛断乳后驱虫1次，10～12月龄再驱虫1次。日常每天刷拭牛体1～2次。

2. 放牧加舍饲持续育肥技术 当温度超过30℃，注意防暑降温，可采取夜间放牧的方式，提高采食量。春、秋季应白天放牧，夜间补饲。冬季采取舍饲育肥，根据预期日增重要求，补充一定数量的精料，注意适当增加能量饲料的比例。

放牧时应做到合理分群，每群50头左右，分群轮牧，放牧肥育时间一般在5～11月，放牧时要注意牛的休息、饮水和补盐。夏季防暑，狠抓秋膘。

六、牛的疫病防控

（一）瘤胃积食

1. 症状 主要是由于肉牛采食了大量劣质难消化的饲料或易膨胀的饲料而引起。症状是病牛食欲不佳、反刍减少或停止，粪便干黑，病牛经常用后蹄踢腹部。

2. 治疗 可用硫酸镁500克、鱼石脂30克、石蜡油1 000毫升加水灌服，同时静脉注射10%氯化钠500毫升。当病牛出现脱水、中毒等症状时，可用葡萄糖生理盐水1 500毫升、5%碳酸氢钠500毫升、25%葡萄糖500毫升混合静脉注射。

（二）瘤胃鼓气

1. 症状 主要是由于病牛采食了大量易发酵的饲料或发霉

腐败的饲料而引起。病牛采食后不久腹部急剧膨胀、呼吸困难，严重时可视黏膜发绀、食欲废绝。

2. 治疗 可用穿刺法，将16号封闭针垂直穿透胃壁刺入瘤胃内，使气体徐徐排出。也可给病牛灌服硫酸镁、人工盐、鱼石脂、松节油等缓泻剂。

（三）前胃弛缓

1. 症状 患牛食欲时好时坏，反刍减弱或停止。

2. 治疗 按时给病牛静脉注射10%氯化钠300～500毫升，维生素B_1 30～50毫升，10%安钠咖10～20毫升，每天1次；同时取党参、白术、陈皮、茯苓、木香各30克，麦芽、山楂、神曲各60克，槟榔20克，煎水内服。

（四）牛巴氏杆菌病

1. 症状 主要由多杀性巴氏杆菌所引起，各种家畜、家禽和野生动物的一种传染病的总称，急性病例以败血症和出血过程为主要特征。本病过去曾称为出血性败血病（简称“出败”）。

2. 治疗

（1）注射。

①青霉素按每千克体重6～9毫克，肌内注射，每8～12小时1次。

②链霉素按每千克体重10毫克，肌内注射，每天2次，临用前加灭菌注射水适量使其溶解。

③庆大霉素按每千克体重1 000～1 500单位，肌内注射，每天2次。

④20%磺胺嘧啶钠注射液5～10毫升，肌内注射，每天2次。

⑤发现肺炎症状，可用20%磺胺嘧啶钠100～150毫升，静脉注射，连用3天。或用复方磺胺-5-甲氯嘧啶注射液。此外还要进行对症治疗。心脏衰弱时，用安钠咖强心；下痢时给予鞣

酸；呼吸困难时可行气管切开术。

（2）灌服。

①冰片、硼砂等份，研成细末，吹入病畜喉内，或用蟾酥10克、麝香10克、螳螂4个（焙干）研成细末，拌匀吹入喉内。同时用山豆根20克，金银花、元参、山栀子各10克，射干、连翘、牛蒡子各10克，黄连10克，煎水灌服。

②贝母、白芷、苍术、细辛、茯苓各12克，半夏、知母、芜荑、川芎、天花粉各14克，共研细末，每次30克，加生姜6克、酒10克灌服。

③射干、连翘、金银花、山栀子、板蓝根各15克，元参、牛蒡子、黄连各14克，煎水，候温灌服。

④连翘、山栀子、蒲公英、石菖蒲各15克，款冬花、栝楼、知母、杏仁、贝母各14克，蝉蜕、甘草各12克，煎水灌服（高热稽留时比较适用）。

⑤兰花、白根草、山栀子、射干、山豆根各15克，水煎，萝卜籽、橘皮各12克，加水捣烂，混合灌服。

⑥金银花、蒲公英、瓜子金、十大功劳、薄荷、天胡荽、石胡荽、栝楼各15克，煎水灌服。

⑦元参、大青、狐狸藤、鱼腥草、麦冬各15克，煎水，候温灌服。

⑧白药（金钱吊蛤蟆）20克，研末，明矾15克，食盐10克，水冲，候温服。

⑨复方新诺明片，按每千克体重10毫克，内服，每天2次，直到体温下降，食欲恢复为止。

⑩强心可用安钠咖10～18毫克，加水1次内服。

（3）预防。平时应加强饲养管理，注意卫生，避免受寒、受热和拥挤，在长途运输中要细心管理，避免饥饿劳累。定期做好疫苗接种，尤其在长途运输前更不可忽视。对病畜应隔离，禁止疫区牛只转移，以防传播。污染的牛舍应用5%漂白粉、10%石灰水或来苏儿消毒，粪、垫草堆积发酵。一般可皮下或静脉注射抗出败多价血清 50～100 毫升，必要时在 12～24 小时后重复注射 1 次。

（五）布氏杆菌病

1. 症状 又称“波状热”，是由布氏杆菌引起的一种人畜共患传染病，简称“布病”。牛感染布病的主要症状是孕牛流产，受胎率下降。

2. 防病 预防布病应采取以免疫预防和扑杀病牛为主的综合性措施。具体方法如下：

①布病流行地区定期由动物防疫部门对牛进行检疫，净化畜群。检出的病畜捕杀、销毁并做无害化处理。

②牛的流产物要深埋；对污染的畜圈和场地进行彻底消毒。

③严禁买卖病牛，外引新畜时，必须经检疫证实无病后方可合群。

④健康牛应用布病疫苗进行疫苗接种。

⑤搞好环境卫生，接触牛后要洗手，不要在牛圈舍内吃食物，不吃未熟的肉和奶，不要玩牛犊。

⑥人畜屋舍要分离，牛接产时要做好个人防护，如穿工作服、戴口罩及橡胶手套等。

第三节　林下山羊养殖技术

羊为人类提供肉、奶、皮、毛等主要生活资料。羊肉既能御风寒，又可补身体，最适合冬季食用，被称为冬令补品；羊奶营养丰富，易于吸收，被视为乳品中的精品，被称为“奶中之王”。

一、圈舍建设

场址应选择地势高燥、排水良好、通风、土质坚实、周围无污染且便于防疫的地方。羊场周围3千米以内无化工厂、肉品加工厂、皮革厂、屠宰场及畜牧场等污染源。羊场距离城镇、居民区和公共场所1千米以上，距交通要道500米以上。羊场周围要有围墙或防疫沟，以周围的森林作为绿化隔离带。饲养小区要统一规划，合理布局。

羊场生产区要布置在管理区的下风或侧风向，办公室和宿舍应位于羊舍的上风向，兽医室和贮粪堆应在羊舍的下风向。

羊舍主要有单坡式和双坡式两种。羊舍应坐北向南，南坡向阳，实行半封闭或全封闭式。单坡式羊舍跨度一般为5～6米，双坡单列式羊舍为6～8米，双坡双列式羊舍为10～12米；羊舍檐口高度一般为2.6米左右。半封闭羊舍前面为半墙，高1.5米，夏季敞开，冬季封堵。羊舍内靠后墙留出饲喂通道。羊舍高度不低于2.5米，冬季有避风保暖设施的羊舍可适当增高。羊舍地板距地面高度0.7～1米，地面坡度30°～45°，有利于排水和圈舍干燥。

羊场应设净道和污道。配有沼气池等废弃物处理设施，废弃物不能对羊只和环境造成污染，鼓励发展生态养殖模式。

二、山羊品种

目前国内较为优秀的肉羊品种有四川的金堂黑山羊、南江黄羊、简阳大耳羊、成都麻羊及重庆的渝东白山羊等，它们既可单独饲养，又可作为与外种肉羊杂交的母本。我国饲养较多的国外优秀肉用山羊品种有南非的波尔山羊等，多用作杂交父本。

三、山羊的繁殖

（一）山羊的性成熟期、初配年龄

1. 性成熟期　山羊的性成熟期一般为5～6月龄，一般性成熟羊的体重为成年体重的40%～60%。

2. 初配年龄 山羊的初配年龄较早，一般母羊初配年龄在6～8月龄，公羊初次利用年龄为8～10月龄。根据经验，以羊的体重达到成年体重的70%时，进行第一次配种较为适宜。

（二）发情

山羊达到性成熟后有一种周期性的性表现，如有性欲、兴奋不安、食欲减退等一系列行为变化；外阴红肿、子宫颈开放、卵泡发育等一系列生殖器官变化。母羊的这些表现及异常变化称为发情。

山羊的发情周期平均为20天左右，发情持续期平均48小时左右。

（三）妊娠、配种

1. 初次配种年龄 一般情况下，山羊母羊6～8月龄，公羊8～10月龄就可以配种，生长慢，发育差的适当推迟配种年龄。

2. 配种时间

（1）交配的时机。山羊母羊发情持续期一般2天左右，但个体间差异较大。初次发情时间较短，比较适宜的配种时机是发情中期。

（2）适宜的配种季节。4月末至5月，10月末至11月是最适宜的配种季节，这样产羔的时间分别为9月末至10月以及2月末至3月，既避开了炎热的季节配种，也不在严冬季节产羔；既提高了受胎率，又能提高成活率。

3. 配种方法

（1）自由交配。自由交配是指公羊和母羊自己来选择交配的时间，不需要人工辅助，随时随地自由进行交配。这种交配方法省工省力，但是受胎率较低。同时自由交配不能推算产期，在管理方面带来一定的困难。

（2）人工辅助交配。当公羊爬跨时，一只手将圆盘状尾巴向上翻的同时，另一只手护住颈下前躯。一是注意观察母羊的发情表现，特别是察看外阴唇是否有黏膜红肿，如确有发情可进行交配；二是在舍饲和放牧过程中，有母羊接近公羊或公羊追逐母羊等表现时及时交配；三是在公羊、母羊分群饲养的情况下，早晚和放牧前后，有意把公羊放出进行试情，如有发情羊及时交配。

4. 公母羊的比例　种公羊和种母羊的比例：一般情况下，8 月龄至周岁公羊配 10～25 只母羊，周岁到 5 岁的公羊可以配 25～40只母羊。这种比例是指在自由交配和人工辅助交配时的比例。体质健康、性欲旺盛的公羊在春秋两季，一天可以配 3～5 次，但是频繁交配时应增加高蛋白质优质饲料和定期休息，因此要根据气候、营养条件和体质、性欲等各种因素确定比例。

四、山羊的饲养管理

（一）种公羊的饲养管理

人工授精情况下，种公羊的饲养管理可分为配种期和非配种期。

1. 配种期的饲养管理　配种前的 1～1.5 个月为配种预备期，在配种预备期应适当增加精料，按配种期喂给量的 60％～70％补给。

配种期日粮大致为混合精料 1.2 千克，苜蓿干草 2 千克，胡萝卜 2.5 千克，食盐 15～20 克，骨粉 10 克。在配种高峰期可酌情加喂鸡蛋 1～2 枚/天。还要保证种公羊有充足的运动量，冬春不少于 6 小时，夏秋 10 小时以上，每日游走不少于 10 千米，每日采精前驱赶运动不少于 2 千米。

2. 非配种期的饲养管理　在非配种期的种公羊除放牧外，冬季每天补精料 0.5 千克，夏秋季节以放牧为主，每天补精料 0.5 千克。

3. 种公羊的利用 成年种公羊每天采精 2 次，第一次与第二次采精须间隔 15 分钟以上。育成公羊采精隔天 1 次或每天 1 次。对自然交配的公羊应采取早晚配种，白天公羊、母羊分开饲养。

（二）种母羊的饲养管理

羊妊娠期为 150 天，可分为妊娠前期和妊娠后期两个阶段。

1. 妊娠前期的饲养管理 妊娠前期是母羊妊娠后的前 3 个月。可以用优质秸秆部分代替干草来饲喂，还应考虑补饲优质干草或青贮饲料等。日粮可由 50%青绿草或青干草、40%青贮或微贮饲料、10%精料组成。精料配方：玉米 84%、豆粕 15%、多维添加剂 1%，混合拌匀，每天喂 1 次，每只 150 克/次。

2. 妊娠后期的饲养管理 首先要有足够的青干草，必须补给充足的营养添加剂，另外补给适量的食盐和钙、磷等矿物饲料。在妊娠前期的基础上，能量和可消化蛋白质分别提高20%～30%和 40%～60%。日粮的精料比例提高到 20%，而在产前 1 周要适当减少精料用量，以免胎儿体重过大而造成难产。

3. 妊娠期的管理 此期的管理应围绕保胎来考虑，要细心周到，喂饲料和饮水时要防止拥挤和滑倒，不打、不惊吓。增加母羊户外活动时间，干草或鲜草用草架投给。产前 1 个月，应把母羊从群中分隔开，单放一圈，以便更好地照顾。产前 1 周左右，夜间应将母羊放于待产圈中饲养和护理。

（三）羊羔的饲养管理

1. 哺乳 羊羔出生后，一般十多分钟即能起立寻找母羊乳头。第一次哺乳应在接产人员的护理下进行，使羊羔尽快吃到初乳。

无乳吃的羊羔要寄养给“干娘”，找不到“干娘”的羊羔就要进行人工哺乳。

2. 补饲 羊羔出生十多天要训练吃铡短的优质草及混合精

料。枯草季节可适量喂些胡萝卜或大麦芽等。青草季节要防止吃草太多引起拉稀，特别是防止吃露水草。

3. 运动　寒冷季节出生的羊羔，在几天之内要放在暖圈内。1周后，无风时让羊羔在运动场活动，只要羊羔吃饱羊乳，一般不会冻坏。20日龄以后可于天气暖和时在近处放牧。但要限制运动量。

4. 断乳　性成熟早的品种，发育好的羊羔，可以2.5～3月龄时断乳。断乳后的羊羔在0.5～1个月内要增加营养，但要防止突然增加精料。断乳后的羊羔要一次和母羊分开，4～5天后即可安心吃草。

（四）育成羊饲养管理

育成羊是指断乳至第一次配种这一年龄段的幼龄羊。断乳后3～4个月，生长发育快，增重强度大，对饲养条件要求高。8月龄后，羊生长发育强度逐渐下降。

1. 前期的饲养管理要点　育成羊前期的日粮应以精料为主，并补给优质干草和青绿多汁饲料，日粮的粗纤维含量不超过15%～20%。

2. 育成期的饲养管理要点　育成期羊的瘤胃机能基本完善，可以采食大量的牧草和青贮、微贮秸秆。日粮中粗饲料比例可增加到25%～30%，同时还必须添加精饲料或优质青贮、干草。

五、山羊饲草料加工储存方法

参见本书林下牛养殖内容中的相关部分。切碎或铡短青贮饲料，一般切碎长度为2～3厘米，但对羊来说，各种青贮原料切得越细越好。

六、山羊的育肥

推行当年育肥、当年屠宰是增加羊肉产量，提高养羊业经济效益的重要措施。

（一）半牧半舍育肥

即白天充分利用林下资源放牧，晚上添加一定配合饲料育肥的方法。这种方法能充分利用自然资源，降低一定成本，生产效率相对较高，育肥期内羊的增重较快。出栏育肥羊的活体重较放牧育肥和混合育肥高 10%～20%，屠宰后胴体重高 20%。育肥羊可在 30～60 天的育肥期内迅速达到上市标准。

根据育肥前的状态，按照饲养标准和饲料营养价值配制羊的饲喂日粮。日粮精料含量为 45%，粗料和其他饲料的含量为55%的配比较为合适。舍饲日粮的投给可用料槽，要先喂适口性差的饲料，后喂适口性好的饲料，以免浪费。

混合精料配方：玉米 66%、豆饼 22%、麦麸 8%、骨粉 1.5%、盐（或营养舔砖）1.5%、尿素 1%。

粗饲料的组成，以微贮或青贮玉米秸秆为主，有条件的加喂大豆秸秆、花生秸秆、苜蓿和青绿多汁饲料等。

（二）放牧育肥

放牧育肥是林下养羊常用的最经济的肉羊育肥方法。通过放牧让肉羊充分采食各种野生植被（杂草）和灌木枝叶，以较少的人力物力获得较高的增重效果。

1. 选择适宜的放牧地　育肥山羊宜选择灌木丛较多的荒山荒坡放牧。充分利用夏秋季各种野生植被（杂草）和灌木枝叶生长茂盛、营养丰富的时期搞好放牧育肥。放牧地较宽的，应按地形划分成若干个小区实行分区放牧，每个小区放牧 2～3 天后再转入另一个小区放牧。

2. 放牧时间　夏秋时期气温较高，要做到早出晚归，每天至少放牧 8 小时以上，甚至可以采用夜间放牧，让肉羊充分采食，加快长膘增重。在放牧过程中要尽量减少驱赶羊群，使羊能安静采食，减少体能消耗。中午阳光强烈气温高时，可将羊群驱赶到背阴处休息。

七、林下羊的疫病防治

羊巴氏杆菌病、布氏杆菌病的症状和治疗可参考本书林下牛养殖技术。

（一）羊痘

1. 症状 羊痘是由病毒引起的急性接触性传染病。病羊体温升高至41～42℃，精神不振，食欲减退。先从嘴唇开始出现病症，后鼻、脸、四肢内侧、乳房等毛短或无毛处呈现红斑，相继成为丘疹，高于皮肤表面。2～3天后变成水泡，中央凹陷呈脐状，随之变为脓包。如无感染，几日后脓包变为褐色痂块。有的症状不典型，常发展到丘疹期而终止。

2. 防治 发现病羊应及时隔离，并对污染的羊舍、用具等进行彻底消毒。对皮肤上的痘疹，可用龙胆紫药水处理，黏膜上的痘疹用0.1%高锰酸钾、碘甘油等处理。如继发感染可用抗生素治疗。对常发区及受威胁区羊群，定期注射羊痘弱毒疫苗。

（二）羊传染性胸膜肺炎

1. 症状 羊传染性胸膜肺炎是羊特有的接触性传染病。其特征是高热、咳嗽、纤维性肺炎和胸膜炎。病羊体温升高到41℃以上，精神不振，离群呆立，悚于采食；两眼无光，被毛粗乱，发抖，呼吸加快，咳嗽次数增加，进、出羊舍咳嗽明显，有浆性或脓性鼻漏，磨牙；鼻唇及口内角有带有泡沫的液体，有呻吟声。孕母羊可发生流产。肺部听诊时可闻水泡音和胸膜摩擦音，病肺周围肺泡音和支气管音增粗。叩诊肺部有浊音区。压迫胸壁有时有疼痛表现。一般经过4～5天，病情恶化，则呼吸困难、弓背、颈伸直、衰弱，最后倒地，窒息死亡。

2. 防治

（1）把所有病羊隔离开，用青霉素、链霉素或磺胺类药物治疗，并给所有健康羊的饲料中加土霉素等抗生素。

（2）换垫料，清洁羊舍卫生，改善羊舍通风条件，并用1∶1 000百毒杀对羊舍及其周围环境进行喷雾消毒。

（3）白天放牧，晚上加大豆和玉米等精料。

（4）皮下或肌内注射山羊传染性胸膜肺炎氢氧化铝苗，6月龄以下小羊用3毫升，6月龄以上大羊用5毫升，注射后14天产生免疫力，免疫期1年。

（三）羊传染性脓包口膜炎（羊口疮）

1. 症状 本病以口腔黏膜及嘴唇出现红疹、脓包、溃烂为特征。主要危害羊羔。病原为滤过性病毒。病变多发生于唇部，经过红疹、水泡、脓包、烂斑等阶段，最后形成褐色硬痂。病羊口流发臭混浊的唾液，疼痛，叫唤，不吃食，哺乳病羔的母羊乳房可感染有许多小脓包。

2. 防治 在口腔黏膜未形成溃疡时，先用0.3%高锰酸钾冲洗再涂上碘甘油。对已形成溃烂的先用5%硫酸铜水擦洗，去掉烂斑上的污物，擦干后再涂上碘甘油，每天1次，连用3～4天。对有体温反应的可注射青霉素，或口服病毒合剂（将病毒灵1粒，新诺明1/2片，维生素B_2、维生素B_1各1片混合研末），早晚各1次，3～5天为一疗程。

（四）羊传染性结膜角膜炎

1. 症状 是由嗜血杆菌、立克次氏体引起的反刍家畜的一种急性传染病，损害部位仅限于眼部，病畜怕光流泪，结膜潮红充血，眼角流出黏液性或脓性分泌物，少数形成角膜云翳、白斑，或造成失明。该病常发于温度较高、蚊蝇较多的季节和空气流通不畅、氨气浓度较高的环境。

2. 防治

（1）病羊隔离，圈舍及时清扫消毒。

（2）用2%～5%硼酸水或淡盐水或0.01%呋喃西林洗眼，

擦干后可选用红霉素、氯霉素、四环素、2%黄降汞或 2%可的松等眼膏点眼。

（3）用青霉素或氯霉素溶液加地塞米松 2 毫升、0.1%肾上腺素 1 毫升混合点眼 2～3 次/天。

（4）出现角膜混浊或白内障的羊，可滴入拨云散或青霉素 50 万单位加病肉羊全血 10 毫升，眼睑皮下注射，或 50 万单位链霉素溶液 5 毫升眶上孔注射，2 天 1 次。

第四节　林下兔养殖技术

兔为哺乳类动物，兔肉属于高蛋白质、低脂肪、低胆固醇的肉类，含有多种维生素和 8 种人体所必需的氨基酸，可防止有害物质沉积，被誉为荤中之素、保健肉、美容肉、百味肉等，具有健脑益智、补中益气、凉血解毒、清热止渴、保护血管壁、阻止血栓形成等功效。兔毛质地蓬松，保温力强，是很好的纺织原料。

一、林下肉兔饲养技术要点

（一）繁殖技术

1. 初配年龄　中型品种一般为 4～5 月龄，公兔初配年龄应比母兔大。种兔公母比例一般以 1∶8 为宜，公母兔笼位距离应稍远。怀孕期一般为 30～31 天。

2. 配种　观察母兔发情，阴户“粉红早、黑紫迟、大红稍紫正当时”。将母兔“嫁”到公兔笼内，避免近亲交配。商品兔场的种母兔产后 12 天左右可配种。一般母兔发情后配种 2 次，可在发情当天早晚各配 1 次，也可当天配 1 次，第二天早晨再配 1 次。

（二）饲养技术

1. 饲养方式　多采用笼养，种兔 1 兔 1 笼，幼兔逐渐分笼，公母兔分笼饲养。育肥兔可采用床式平养，在长形的床式笼上可分段加间隔。

2. 日粮搭配　采用青（粗）饲料加配合饲料或混合精料的日粮结构，以青料为主，精料为辅。

3. 饲喂　饲草料要求无毒、无害、无露水、无泥沙、无霉变；饮水清洁，自由饮水。白天占日喂量的40%，夜间占日喂量的60%，定时定量。饲料更换逐步进行，每次加入新饲料不超过日喂量的1/3，1周更换完毕。

4. 饲养管理

（1）种公兔。配种前20天开始加强营养，配种期间补充蛋白质、维生素A、维生素E和矿物质饲料。

（2）种母兔。从妊娠后10天起，日喂量逐渐增加，产前2～3天适当减少精料。妊娠后第28天放入产仔箱，并垫上清洁稻草，产后注射2毫升大黄藤素，每天补充煮熟大豆20～30粒。

（3）仔兔。从出生到断乳期间的小兔为仔兔。仔兔出生后10小时内吃饱初乳，窝温保持30～32℃。18日龄补饲，30～40日龄逐渐断乳。

（4）幼兔。指从断乳到3月龄的小兔，是一生中死亡率最高的时期，要细致和周到，不能养得过密，一般为每平方米10～16只。

（三）常见病预防

1. 疫苗免疫　仔兔断乳时，首次注射兔瘟疫苗2毫升或兔瘟巴氏杆菌二联苗2毫升，2月龄时加注1次，以后每6个月1次，剂量均与首次免疫相同；魏氏梭菌病、大肠杆菌病、波氏杆菌病、葡萄球菌病病史较严重的场，应分清主次，注射这4种病的疫苗，每种疫苗注射时间以间隔7～10天为宜，以后每半年注射1次，均为每只2毫升。

2. 药物预防

（1）预防球虫病。仔兔从18日龄补饲起，日粮中每千克饲料拌 150 毫克氯苯胍精粉或 400 毫克地克珠利，连喂 45 天；治疗时每日每兔服一片（10 毫克）。

（2）预防腹泻病。每千克饲料拌 1%土霉素粉。

（3）预防疥癣病。每季度或配种前皮下注射一次伊维菌素，每千克体重 0.02 毫升，或饲喂阿维菌素片，每 10 千克体重 1 片。

（4）预防仔兔黄尿病。母兔产仔后肌内注射一次大黄腾素，每只 2 毫升，或喂磺胺类药。

（5）预防脱毛癣。口服灰黄霉素，成年兔每天 1～2 片，连服 7 天，同时用温肥皂水洗净后涂搽克霉唑软膏、红霉素软膏或脚气灵软膏等。

二、长毛兔饲养管理技术

科学的饲养管理技术是养好长毛兔，获得优质兔毛产品、取得良好效益的关键之一。在养殖实践中，重点把握好“种、料、管、防”四个主要方面，即品种良种化、饲料配合化、管理科学化、防疫制度化。

（一）品种良种化

目前国内饲养较多的主要有引进品种德系长毛兔和国内培育或正在选育的地方品系如浙江嵊州市的白雪公主、四川的荥经长毛兔、山东的蒙阴长毛兔以及重庆市石柱县的白玉长毛兔等。以上品种品系均为理想的饲养对象。

（二）饲料配合化

1. 青、粗饲料为主，精料为辅　兔为草食家畜，应以青草和秸秆类粗饲料为主，其营养不足部分再以精料补充。长毛兔因有一个发达的盲肠，占整个消化系统的 1/3，对植物中的粗纤维消化能力较强，所以在加工兔饲料时必须要加入 20%～30%谷壳、枯草糠、草粉之类的粗饲料，能减少消化系统疾病的发生，每天采食青饲料的量为其体重的10%～20%。

2. 合理搭配，饲料多样化　兔生长快，繁殖力高，体内代谢旺盛，而且肉、皮、毛、乳均含有丰富的营养物质，因此，需要从饲料中获取多种多样的营养成分才能满足其需要。饲喂单一饲料不仅不能满足兔的营养需要，还可能造成营养缺乏症而使其食欲减退，影响生长发育。所以日粮要由多种多样的饲料组成，配合原料可采用玉米、稻谷、大麦、麸皮、大豆、豆粕、菜籽饼、麦根、蚕沙、糠等进行合理搭配，加工成颗粒饲料，可以提高饲料使用效益，降低养兔成本。

3. 把关饲料质量关　注意饲料质量，做到饲料不新鲜、不清洁不喂，露水草不喂，霉烂变质饲料不喂，有毒饲料不喂。

（三）管理科学化

1. 变换饲料要逐渐增减　青草和枯草季节的饲料变换或受到饲料来源限制而不得不更换饲料时，要逐步过渡，慢慢变换，使兔的消化机能逐渐适应新的饲料，切不可突然变换，以防引起消化不良或拉稀、胀肚等症状。

2. 定时定量，先草后料　按照不同兔的营养需要和季节特点，定出每天喂兔次数、时间及喂量，并保持相对的稳定，以养成良好的进食习惯，促进饲料的消化吸收。要掌握“早晨喂得早、晚上喂得饱”这一规律，一般每只大兔每天饲喂颗粒饲料100～150克、青料500克左右。

3. 充分供给清洁饮水　水为兔生命活动所必需，供水量可根据兔的年龄、生理状态、季节和饲料特点而定。如高温季节的需水量大，喂水不能间断，生长发育旺盛的幼龄兔，饮水量要高于成年兔，妊娠母兔的需水量要增加，母兔在产前、产后要充分供水，如饮水不足，容易发生残食仔兔或咬死仔兔的现象。有条件的兔场或养兔户，最好在兔笼内装置自动饮水器，让兔自由饮水。

4. 保持安静，防止惊吓　兔子听觉灵敏，胆小容易受惊，经常竖耳听声，如果有惊动，就乱窜乱跳，十分不安。在分娩、哺乳和配种时受惊，影响更大，所以在管理上要轻手轻脚，保持环境安静，同时要注意预防狗、猫、鼠的侵袭。

5. 讲究卫生，保持环境清洁干燥　兔体弱、抗病力差，且爱干燥，因此要注意环境清洁卫生，每周必须打扫兔舍 1 次，清除粪便，经常保持兔舍清洁、干燥，使病原菌无法繁殖。

（四）防疫制度化

对各季节、各阶段的兔子要注意防疫时间和疫病种类。兔瘟、兔巴氏杆菌病、兔魏氏梭菌病、兔大肠杆菌病等均有疫苗，必需按要求免疫接种。预防兔瘟从 9 月开始至第二年 5 月，一般预防 2～3 次。梅雨季温度高，雨多湿度大，幼兔易患球虫病，死亡率高，因此要事先做好防暑防湿工作，并在地面撒石灰等吸湿杀菌，同时在加工兔饲料中添加抗球虫药物，防止球虫病的发生。

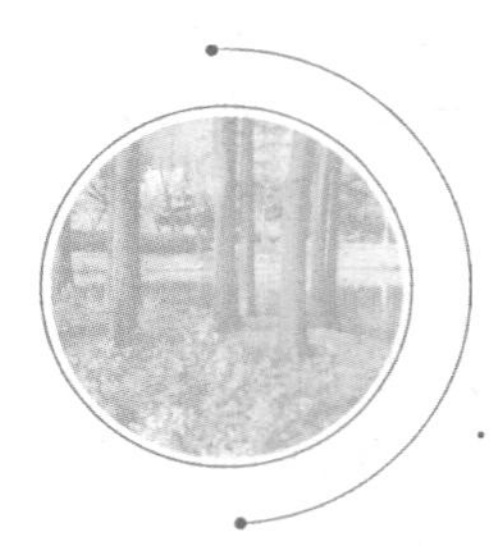

第十二章 林特模式

林特模式是指利用林下空间环境，养殖具有特种用途和价值的物种，如蜜蜂、林蛙等。林下蜜蜂养殖在我国南方地区比较常见，由于林间野花比较多，再加上有一些果树等，特别适合养殖蜜蜂，果树、野花及林木给蜜蜂提供蜜源，而蜜蜂则负责传递花粉，保证生态效益和经济效益的快速发展。林下养殖林蛙，丰富的森林资源和森林中多样性的物种为林蛙提供了极佳的生存环境和丰富的食物资源，充分利用林荫之下的土地资源发展林蛙养殖产业，是林农增收致富的有效途径。

第一节　林下蜜蜂养殖技术

蜜蜂，为蜜蜂科蜜蜂属昆虫的总称，包括中华蜜蜂、黑小蜜蜂、大蜜蜂、小蜜蜂、黑大蜜蜂、西方蜜蜂等。蜂蜜是蜜蜂从开花植物的花中采得的花蜜在蜂巢中经过充分酿造而成的天然甜味物质，气味清香浓郁，味道纯真甜美。蜂蜜营养丰富，具有益气补中、止痛解毒、养脾胃、除心烦、明耳目、通三焦等功效。

所有开花授粉的果园林下都可养蜂，蜜蜂为果树授粉，既减少人工费用，又能促进植物授粉而利于果树结果，同时蜂蜜、蜂王浆、蜂胶等蜂产品还可获得较好的经济收益，值得大力推广。本节介绍中华蜜蜂林下养殖技术。

一、生态习性

中华蜜蜂，简称中蜂，是我国土生土长的一个优良蜂种，具有抗病抗螨、耐寒耐旱、食性杂、适应性强、容易定地饲养等特点。特别是对山区的气候条件具有很强的适应性，在利用山区大宗蜜源及零星蜜源上有着西蜂无法比拟的优势。重庆当地植物资源中有40种以上的林木和植物都是中蜂的蜜源。

二、蜂场选择规划

利用林缘和苗圃地边，建立中蜂养殖基地。采用箱式蜂具养殖，视其发展数量，制备蜂箱，按规划区域摆放，就地饲养。

三、养蜂需要的工具及蜂箱制备

（一）养蜂工具

1. 隔王板　将蜂王隔在某个专门域的木板。

2. 覆布垫　蜂箱覆盖上一层保暖的帆布。

3. 起刮刀　检查蜂群的时候用的刀具。

4. 蜂扫　取蜜或看箱时用的扫把。

5. 巢框　做蜂脾用的木质框。

6. 巢础　做蜂脾的关键工具。

7. 压线器　用巢础做蜂脾时使用。

8. 其他用具　饲喂器、割蜜刀、摇蜜机、蜜桶、蜜罐、蜂斗、滤蜜纱布、养蜂用面罩等。

（二）蜂箱及蜂箱制备

蜂箱用作装蜜蜂用。是饲养中蜂的主要蜂具，按照标准蜂箱规格设计：选用厚度1.5厘米木板做成箱底长80厘米、宽60厘米、高40厘米的箱体，再做成大于箱体外沿0.3厘米，四边高5厘米的箱盖，箱体四角刻铆钉刷胶连接牢固，在箱口四周向下3厘米处钉宽度3厘米箱盖撑条，箱底宽出箱体1～1.2厘米，在箱体两侧10厘米处刻长5厘米、高0.5厘米的活开蜂门，盖上蜂箱以松紧适当为宜，蜂箱内口下1.2厘米处前后钉0.5厘米宽木条2个，蜂箱即制作完成。蜂箱还可按规格数量在木器厂定做。

四、中蜂过箱

圆槽中蜂过箱，先制蜂架、蜡片、巢础，蜂架高35厘米（2条）、宽2厘米（1条）、长38厘米，长条两头各留1.5厘米，用铁钉将2条35厘米长木条固定在两头，采用14号铁丝横拉3条拉丝固定。蜂片采用专制的中蜂蜂片模板，采用纯净蜂蜡溶化压制而成，用蜡黏接固定在蜂架梁和铁丝上，即可完成蜂架制作，巢础可在蜂具商店购置。过箱之前对蜂箱、蜂架和蜡片喷洒蜂蜜水，然后用蜂斗收笼圆槽蜂群，抖入蜂箱，在夜间过箱。

五、蜜蜂生产技术

（一）蜂场的选择和放置

5月初，蜜蜂过箱后，将蜜蜂放置在安静、背风向阳、干燥且靠近清洁水源和蜜源的地方。蜂箱下垫少许鹅卵石支撑，不宜过高，厚度在5厘米左右。

夏季时要做好防晒工作，尽量放在有树荫遮蔽的地方或搭遮阴棚，防止气温过高使蜂群产生闹窝等。

（二）蜂群的管理

根据当地气候条件，在各种树木、花草的花期，蜜源多时可以不饲喂。花期前蜜源少，要适量进行人工喂养，以扩大蜂群，为打蜜做准备。人工喂养是在蜂箱中加饲喂器，每天傍晚时分喂糖，糖水比例为1千克糖兑0.5千克水，再加少许食盐，煮沸放凉即可。

(三) 看箱

每隔 3～4 天开箱看一次蜂箱的蜜蜂产子繁殖情况，定期清除王台，防止过早分蜂、减小蜂群而不利于蜂蜜的采集。并根据蜂群的大小适当添加新蜂脾，必要时添加继箱，以扩大蜂群。底箱为子脾，一般为 8～10 页蜂脾，主要用以繁殖蜂群；上箱为蜜脾，一般为 4～6 页。蜂脾不宜过多，可根据蜂群大小适当增加。适当提脾，即把封盖子脾提到上箱，在底箱放新的蜂脾，有利于扩大蜂群。底箱和上箱用隔王板分开。弱势的蜂群可以更换蜂王或与其他弱势蜂群并箱，或从强势蜂群中提取带蜂或不带蜂的封盖子脾加强蜂群。定期查看螨虫等病害，并用螨片治螨，根据病害情况用 1～2 片螨片。看箱时，一定要做到轻拿轻放，尽量不要惊扰到蜜蜂以防被蜜蜂蜇伤。

(四) 流蜜期管理

取蜜的原则：在主要流蜜期开始后的 2～3 天取蜜，可以刺激蜜蜂采蜜的积极性，同时将蜂脾上的原有蜂蜜分离单独储存，用以采集单花种蜂蜜，提高蜂蜜的纯度；中期等到蜜脾封盖达一半以上时再取蜜；到后期要尽量少取多留，以保证蜂群有充足的粮食储备，但如果不过冬则可一次全取，人工喂糖，卖掉蜂群。提取蜜脾以不影响打蜜为前提，可起早取蜜，或添加继箱。

六、取蜜技术

取蜜即把蜜脾上的蜂蜜分离出来。操作之前要清理好取蜜场所、取蜜工具及容器。储蜜容器要用流水清洗干净，晾干备用。因蜂蜜是一种酸性黏稠液体，对铁、铝等金属制品及塑料桶有腐蚀作用，因而要用玻璃制品或陶瓷制品储存。戴好蜂帽，把蜂箱盖打开，轻轻将蜜脾提起少许，用两手握住框耳，用腕力突然上下抖动，把上面附着的蜜蜂抖落箱内，提出蜜脾，用蜂扫将残余的少量附蜂扫净，依次操作，直至完全，盖好蜂箱，待取蜜后再依次放回。把摇蜜机固定，以免摇蜜时剧烈晃动，用割蜜刀割去封盖，将重量相同的两页蜜脾一正一反放在摇蜜机内配重，起先要均匀缓慢摇动，之后适量加速，直至蜂蜜彻底分离。一般不分离子脾上的蜂蜜，如有必要（即蜂蜜压缩蜂王产卵面积时），要避免碰压脾面，轻轻摇动，避免摇出幼虫。

七、蜂蜜储存

摇蜜机分离出的蜂蜜含有死蜂、幼虫及蜂蜡等，不够纯净，应用纱布过滤后再盛入储存器皿内。长期储存蜂蜜应用密封防锈的容器，如涂有聚酯防锈涂料的钢桶等。

第二节　林下林蛙养殖技术

林蛙，别名哈士蟆、雪蛤，为蛙科林蛙属两栖小动物。林蛙是集食、药、补为一体的珍贵蛙种。林蛙肉质细嫩，营养丰富。从雌性体内提取的林蛙油具有润肺养阴、补肾益精、补脑益智、提高人体免疫力、美容养颜、抗衰老等独特功效。林蛙全身都是宝，利用林蛙胆、卵、皮、头等提取物可制成黑色生命源、催眠素和高级功能性保健品。

一、林蛙的生物学特征及生态分布

中国林蛙的外形如青蛙，头长、宽相等，吻端略突出于下颌，后肢长，蹼发达，善跳跃。四肢有清晰的横纹，体色随季节而变化，一般为褐色，土灰色散布黄色及红色斑点，鼓膜处有一深蓝色角斑，肤面乳白至乳黄色，散有红色斑点，背部褶在鼓膜上方。主要分布在长江以北各省份，如黑龙江、吉林、辽宁、内蒙古、青海、甘肃、陕西、山西、河北、河南、山东等地，四川、重庆有人工养殖。

二、林蛙的生活习性

林蛙有半年时间喜欢在水中生活，每年从10月下旬至第二年4月上旬，140～170天生长在流水的石缝中和石头下冬眠，一般在清明前后解除休眠，随河水上升，雄蛙上岸找净水区，并利用鸣叫声引诱雌蛙，开始交配产卵，卵先产在水较浅的水池边或枯草中，经5～8天孵出蝌蚪，刚孵出的蝌蚪以卵膜为食，以后吃一些动植物碎屑和水中的浮游生物及草炭土等，约经70天的发育，脱掉尾巴长出四肢，开始陆栖生活，以各种小昆虫为食。

三、林下养殖技术

（一）场地选择

场址选择在具有林蛙不同生活时期所需自然条件的地方，以免引起蛙群搬迁。饲养地要有山、水、草、木。最好选在两山夹一沟的凉沟，林木茂密成片，常年流水不断，沟河上游无污染，沟宽500米左右。

（二）建产卵池

产卵池也就是孵化池，应在前1年建好，也可利用现成的方塘和小塘坝做孵化池。孵化选择在地势平坦开阔且容易排水的地方，先将要建孵化池地方的地面用土垫高15～20厘米，以便抬高地面利于排水，池身中下部用宽50厘米、高50厘米的土垄围成长10米、宽4米的长方形池子，将池中及土坝上的小石子等杂物拣干净，以防弄坏塑料布，将两层或三层比较结实的塑料布铺到孵化池上，将塑料布的四边用土压实，在塑料布上面放水，水深30厘米为宜，池水要求干净，日流水量不超过1米^3，以利提高水温。在漏水的地方修成单排单灌式孵化池，先修1条小沟，让孵化池排在沟的两边，每个池子与水沟边留有通水口，便于池水流通，水口边用铁纱网或纱布封好，防止蝌蚪流出。在每个水口下游用石头修一拦水小坝，以便补充漏排水量。一般40米^{2}的孵化池可放250～400对种蛙。

（三）捕捞蛙卵

一般在4月初林蛙结束休眠时捕捞。每年4月初，在气温较高的阴雨之夜，出蛰林蛙会顺水至下游，上岸交配产卵，此时最适合捕捞种蛙。捕捞时可在河沟里修一小坝，并留一小流水口，让水形成落差，在水口下方安装捕蛙笼，种蛙顺水流过水口时，便落入捕蛙笼里。将捕捞的种蛙及时转放到孵化池中，在池的四周打木桩围塑料布，底边用泥土压死，以防种蛙外逃，也可将种蛙放在特制的产卵篓里，篓底直径60厘米，每篓放50对，篓坐于池水中间，再将所产卵块取出，将产完卵的雌蛙放掉，雄蛙收回篓里，使其继续与雌蛙抱对，也可收集散产的卵，放入孵化池内集中管理孵化。

（四）培育蝌蚪

在水温16～18℃时，林蛙受精卵4天左右可孵出蝌蚪，在寒冷的夜晚池面要加盖塑料薄膜，防止孵于水面上的卵块冻死，蝌蚪孵出3天后开始取食，首先吃包卵的卵膜，第5～7天卵膜吃完后再开始吃饵料，此时应开始投放蛙料，每万只投豆渣2千克，1周后投第二次食，每万只投放鱼粉、血粉和动物肉屑0.5千克，7份玉米面和3份豆饼混合浆2千克，以后每隔1周投食1次，每次比前一次增加玉米面或豆饼0.3千克，动物食料不变，投煮熟和发酵后的蒿草、野菜等青饲料，定期更换池水，保持水池清新，氧气充足。

（五）幼、成蛙管理

蝌蚪经过50天左右的喂养就变成幼蛙。一般6月下旬，当林蛙前脚开始伸出时，即停止投食，幼蛙登陆上岸不久，即进行陆栖生活，吃小虫、蚊蝇、黄粉虫、蝇蛆等。刚开始幼蛙生活能力很弱。这时可在池埂上、山坡旁放一些畜、鸟粪及青草之类，发酵后用来引诱昆虫供幼蛙捕食，或直接将黄粉虫或蝇蛆撒在蛙场四周的地面上喂养幼蛙及成蛙。黄粉虫一般用麦麸 70%、糠皮 19%、玉米面 6%、饼粉 2%，加少量青饲料，每 100 千克混合料再加入多种维生素 6 克、微量元素 100 克喂虫繁养；蝇蛆可用 1 份猪（牛、羊）血兑 40～50 份水加入少量麦麸或玉米面放到室外的缸中、盆中、水泥池上、土池中滋生，3～5 天自然产出大量的蛆，这种方法简便快捷，来得快，数量大。10 月上旬，林蛙开始冬眠，应对河床进行整理，清除河沙，增加大的石块，并在水流漩涡处或河床拐弯的地段两侧挖一些内大外小的人造洞穴，穴口要浸入水中，为冬眠做好准备。

四、幼蛙及成蛙养殖圈的搭建

养殖蝌蚪时可以让蝌蚪在太阳光下直接饲养，当蝌蚪变态成幼蛙以后就要让幼蛙在遮阴保湿的环境下生长，这样在平地养殖的林蛙就必须为其搭建养殖圈。首先可以用竹竿或竹片及钢筋搭建高度 1.8 米的拱棚，拱棚上面用遮阳网罩住，遮阳网四周底边用土埋压，在拱棚下修建幼蛙及成蛙养殖圈。修建蛙圈可以修一个大的养殖圈也可以修建数个养殖圈。在规划好养殖圈的大小后，沿每个养殖圈的四周每隔 1～2 米埋一根木桩，木桩高出地面 1 米，埋入地下 20～30 厘米，然后用塑料布将所有木桩围成一个圈形，塑料布底边埋入土中，上边用 1～2 米长的木板卷起用钉子钉到木桩的顶端，使塑料布垂直于地面，塑料布的上边沿在木板的作用下与地面保持平行，与木桩成直角以防蛙逃跑。孵化池可以建在幼蛙及成蛙养殖圈中，这样，蝌蚪变成幼蛙上岸后可以直接投喂而不需再换地方，省时省力，只是养殖蝌蚪时不要在拱棚上罩遮阳网，等到蝌蚪变成幼蛙时再罩上遮阳网。保湿操作可在晴天每天往养殖场内的地面上喷 1～2 次水。

五、延长生长时间

早春利用塑料布提高水温，提早孵化蝌蚪，促进早变态进入陆地生活。早春气温低也可先将网棚盖上塑料布，促使蛙提前捕食，晚秋盖塑料布延长幼蛙捕食时间。这样可使林蛙提前达到商品蛙规格。

六、越冬管理

林蛙在气温低于 10℃时就开始冬眠，不吃东西，减少活动。越冬管理的方法有：

（一）草下直接越冬

南方地区养殖可以采用地面盖 30～70 厘米厚的杂草、稻草，让林蛙在杂草、稻草下面直接越冬。

（二）窖内越冬

窖宽 2 米、深 2 米，四壁用砖石水泥等砌成，窖底为土层，窖盖覆土保温，留有通气孔道，地面放入石块、落叶等隐蔽物。每平方米大约储小蛙 3 000 只，或大蛙 700 只。要经常喷水。

（三）室内越冬池越冬

在室内修建水泥池，面积因地制宜，池深 1 米，水深 70～80 厘米。需经常换水，防止缺氧，水池上边盖上窗纱等防逃网。

（四）焊接镀锌板水池越冬

焊接镀锌板水池有移动方便、控制温度方便、换水方便等特点，可放置在空房的炕上，天冷时烧一下炕，或在池下方放一电暖器控制温度。实践证明，采用这种方法不仅操作简便，且安全可靠。

七、注意事项

一是冬季严禁破冰捕蛙，避免冻死林蛙。

二是夏季应设专人看管，严禁化学药剂和机械捕蛙捞蝌蚪。

三是预防禽兽、蛇捕食蝌蚪和幼蛙。

四是捕蛙时应当按“护、养、猎”并举的方法进行，保护好蛙种和资源环境。

参考文献

龚攀，隆金凤，2007. 春马铃薯—西瓜—大白菜间套高效栽培模式［J］. 吉林蔬菜（5）：9-10.

江秀莲，陈雪，陈娟，等，2016. 我国林下经济的发展模式和前景［J］. 中国林业经济（3）：85-86.

李月文，2009. 重庆森林食品资源利用及产业发展对策［J］. 四川林业科技（2）：95-97.

李月文，曹纯武，周飞，等，2013. 重庆6种木本森林蔬菜培育技术研究［J］. 中国林副特产（5）：50-55.

李月文，代江荣，代保忠，等，2015. 天麻林下种植与露地种植对比试验研究［J］. 重庆林业科技（1）：1-2.

李月文，蒋胜权，曹纯武，等，2008. 重庆三峡库区山野菜资源及开发利用［J］. 中国林副特产（6）：79-81.

李月文，王玲，吕玉奎，等，2013. 麻竹笋废弃物蛋白饲料-猪-沼-竹生态循环利用技术研究［J］. 重庆林业科技（1）：31-32.

李月文，曾小英，陈道静，等，2011. 重庆七跃山林下种植天麻技术研究［J］. 重庆林业科技（2）：33-35.

李月文，曾小英，李在军，等，2012. 林下种植的天麻质量分析与评价［J］. 安徽农业科学（18）：9635-9638.

李在军，吕玉奎，曾小英，2013. 林下种草养畜实用技术［J］. 重庆林业科技（1）：30.

吕玉奎，2008. 林下蘑菇丰产栽培技术［J］. 重庆林业科技（3）：32-33.

吕玉奎，2009. 适合林下养殖模式实例［J］. 农业信息周刊（9）：6.

吕玉奎，2014. 荣昌县麻竹林下循环经济典型案例分析研究［J］. 重庆林业科技（1）：45－47.
吕玉奎，2015. 麻竹林下套种草珊瑚栽培技术［J］. 农村百事通（9）：33－34.
吕玉奎，邓安桂，2012. 麻竹林下套种竹荪高产栽培技术［J］. 重庆林业科技（2）：33－35.
吕玉奎，邓义然，2008. 用麻竹笋加工废弃物栽培蘑菇试验初报［J］. 世界竹藤通讯（1）：30－34.
吕玉奎，王玲，吕玉素，2015a. 麻竹废弃物循环利用关键技术研究［J］. 世界竹藤通讯（1）：1－5.
吕玉奎，王玲，吕玉素，2015b. 麻竹林下黄精高效套种技术［J］. 南方农业（1）：12－13.
吕玉奎，王玲，吕玉素，2015c. 麻竹林下淫羊藿高效套种技术［J］. 南方农业（7）：6－7.
吕玉素，吕玉奎，2015. 麻竹林下大球盖菇高效套种技术［J］. 农村百事通（11）：32－33.
乔海云，张鹤平，2015. 林地生态养兔实用技术［M］. 北京：化学工业出版社.
唐静，杨祖建，吕玉奎，2020. 元宝枫林下套种黄精高效技术［J］. 农村百事通（16）：38－40.
王同仁，2001. 冬牧 70 黑麦草的种植技术［J］. 安徽农业（10）：25.
王正春，蒋海艳，李月文，等，2011. 武陵山区彭水羊肚菌菌丝分离及纯化培养研究［J］. 重庆林业科技（2）：8－10.
王正春，蒋海艳，李月文，等，2012a. 重庆彭水野生美味牛肝菌菌丝分离与鉴定［J］. 中国食用菌（1）：46－48.
王正春，蒋海艳，李月文，等，2012b. 重庆武陵山区几种食用菌菌种保藏试验研究初报［J］. 中国食用菌（3）：13－14.
王忠民，2005. 大蒜秋黄瓜菜豆高效套种模式［J］. 山西农业（12）：25.
徐锐，2000. 鲁梅克斯 K－1 杂交酸模种植技术［J］. 中国水土保持（10）：26－27.
玉俊英，郜玉钢，2011. 林药间作［M］. 北京：中国农业出版社.
赵利田，2004. 大蒜秋黄瓜菜豆套种模式［J］. 农家科技（9）：12－13.

图书在版编目（CIP）数据

林下高效种植养殖模式及实用技术 / 陈泽雄，吕玉奎主编．—北京：中国农业出版社，2021.11（2022.4 重印）

（高素质农民培育系列读物）

ISBN 978-7-109-28493-7

Ⅰ.①林… Ⅱ.①陈… ②吕… Ⅲ.①农业技术 Ⅳ.①S

中国版本图书馆 CIP 数据核字（2021）第 132653 号

中国农业出版社出版

地址：北京市朝阳区麦子店街 18 号楼

邮编：100125

责任编辑：郭　科

版式设计：杜　然　　责任校对：沙凯霖

印刷：北京通州皇家印刷厂

版次：2021 年 11 月第 1 版

印次：2022 年 4 月北京第 2 次印刷

发行：新华书店北京发行所

开本：880mm×1230mm　1/32

印张：11.25

字数：350 千字

定价：29.80 元

版权所有 · 侵权必究

凡购买本社图书，如有印装质量问题，我社负责调换。

服务电话：010－59195115　010－59194918